葡萄酒化学

李 华　王 华　袁春龙　王树生　编著

科学出版社

北 京

内 容 简 介

葡萄和葡萄酒的历史,与人类的文明史几乎是同步成长的。葡萄酒化学是在人类不断探索葡萄酒的未知世界的过程中诞生的,是一门古老而新兴的学科,涉及的领域非常广阔。本书是在西北农林科技大学葡萄酒学院研究生班开设的葡萄酒化学课程讲义的基础上编著的。介绍了葡萄酒中的各种所含物质和化学成分,以及葡萄酒酿造过程中所涉及的多种化学处理方法和反应体系。内容涵盖了从葡萄原料的质量控制到葡萄酒的转化、成熟等葡萄酒酿造的各个环节,科学、系统地介绍葡萄酒化学近年来国内外的研究成果。

本书可作为葡萄酒化学及其相关专业的本科生、研究生教材,也可供与葡萄酒酿造相关的研究人员和技术工作者参考。

图书在版编目(CIP)数据

葡萄酒化学/李华等编著.—北京:科学出版社,2005(2022.7 重印)

ISBN 978-7-03-015386-9

Ⅰ.葡… Ⅱ.李… Ⅲ.葡萄酒-食品化学 Ⅳ.TS 262.6

中国版本图书馆 CIP 数据核字(2005)第 035586 号

责任编辑:杨 震 袁 琦/责任校对:钟 洋
责任印制:赵 博/封面设计:王 浩

科学出版社 出版
北京东黄城根北街 16 号
邮政编码: 100717
http://www.sciencep.com
北京建宏印刷有限公司印刷

科学出版社发行 各地新华书店经销
*
2015 年 5 月第 一 版 开本:720×1000 1/16
2024 年 2 月第十二次印刷 印张:17
字数: 317 000
定价: 45.00 元
(如有印装质量问题,我社负责调换)

前　言

葡萄和葡萄酒的历史，与人类的文明史几乎是同步成长的。人与葡萄酒明显地有很多共同之处。巴斯拉德是这样描述的："什么是葡萄酒？葡萄酒是一种有生命的躯体，她具有最为丰富、平衡的精神，飘逸而沉着，连接着天地。与所有其他植物相比，葡萄更好地与大地的灵性结合在一起，而使葡萄酒具有其恰当的分量。葡萄终年随着太阳的运行而"辛勤劳作"，葡萄酒也永远不会忘记在酒窖的深处重复太阳的运行。正是由于葡萄酒重复着大自然的季节变化，才产生了最为惊人的艺术——葡萄酒的陈酿艺术。从本质上讲，葡萄从太阳、月亮、星星那里获得了一点点硫磺，而使自己能独立点燃并延续所有的生命之火。因此，真正的葡萄酒凝聚着天地之精华。"

在我国，葡萄，古代曾被称为"蒲陶"、"蒲萄"、"蒲桃"、"葡桃"等，葡萄酒则相应地叫做"蒲陶酒"、"蒲萄酒"、"蒲桃酒"、"葡桃酒"等。此外，在古汉语中，"葡萄"也可以指"葡萄酒"。关于葡萄两个字的来历，李时珍在《本草纲目》中写道："葡萄，《汉书》作蒲桃，可造酒，人醄饮之，则酺然而醉，故有是名"。"醄"是聚饮的意思，"酺"是大醉的样子。按李时珍的说法，葡萄之所以称为葡萄，是因为这种水果酿成的酒能使人饮后酺然而醉，故借"醄"与"酺"两字，叫做葡萄。

由此可见，人类从一开始认识葡萄酒，就对她产生了崇敬的感情，并认为她是自然赐予自己最珍贵的礼物之一，使之在人类的信仰和日常生活中都占有重要的地位。由于有史以来的传统、礼仪、神话和文字记载都赋予了葡萄酒特殊的作用，人类也一直试图揭开她神秘的面纱。在漫长的探索过程中，逐渐形成并完善了葡萄酒化学这门学科。

李华博士认为，葡萄酒的一切质量都存在于葡萄原料当中，而葡萄酒工艺师的作用则仅仅是将葡萄的潜在质量在葡萄酒中尽量经济、完美地表现出来，并由此提出：葡萄酒是种出来的。近年来，随着科学技术的迅猛发展，人们对葡萄酒及其酿造过程中的各种复杂现象的认识越来越深入，从而不断改善原料的质量，完善葡萄酒的酿造工艺和质量控制手段，促进了葡萄酒的技术进步，同时使葡萄酒产业的布局更为科学。所以，葡萄酒化学不仅是葡萄酒酿造及其质量控制中的基础，也是葡萄原料质量控制的基础。

综上所述，从葡萄原料的质量控制到葡萄酒的转化、成熟等葡萄酒酿造的各个环节，都离不开葡萄酒化学。但是，我国目前还没有一本有关葡萄酒化学的专著。基于此，我们在西北农林科技大学葡萄酒学院研究生班开出的葡萄酒化学课程讲义的基础上，编著了《葡萄酒化学》一书，力求科学、系统地介绍葡萄酒化学近年来国内外的研究成果，为我国葡萄酒事业的健康、可持续发展尽自己的绵薄之力。在本书的编著过程中，集中了葡萄酒学院研究生班全体同学的智慧，得到了科学出版社以及王朝葡萄酿酒有限公司的大力支持，傅建熙教授审阅了全书，在此一并致谢。

　　如前所述，葡萄酒化学是在人类不断探索葡萄酒的未知世界的过程中诞生的，是一门古老而新兴的学科，涉及的领域非常广阔。因此，本书的不妥和错误之处在所难免，敬请广大同行和读者批评指正。

编著者

2004 年 8 月

目　　录

第1章 绪 论

化学，是在原子和分子水平上研究物质的组成、结构、性能及其变化规律和变化过程中能量关系的科学。葡萄酒化学就是化学的一般规律、理论和方法在葡萄酒酿制中的具体应用，是葡萄酒学的基础。

我们知道，葡萄酒与人类文明几乎是同步发展的。在漫长的历史过程中，人们一直试图揭开葡萄酒形成的神秘面纱，努力想要回答葡萄是如何转化为葡萄酒，生葡萄酒又是如何变为晶莹剔透、芳香馥郁的琼浆玉液等问题，并在此基础上苦苦探索控制葡萄酒质量的方法，由此才诞生了葡萄酒化学这门学科。因此，葡萄酒化学是研究葡萄、葡萄酒及其酿造过程中的各种复杂现象以及葡萄酒的成分及其转化的科学，是葡萄原料质量控制、葡萄酒的酿造及其质量控制的基础。

1.1 葡萄酒的特性

根据国际葡萄与葡萄酒组织的规定（OIV 2003），葡萄酒只能是破碎或未破碎的新鲜葡萄果实或葡萄汁，经完全或部分酒精发酵后获得的饮料。生产葡萄酒，就是将葡萄这一种生物产品转化为另一种生物产品——葡萄酒。引起这一转化的主要媒介是一种叫做酵母菌的微生物。酵母菌存在于成熟葡萄浆果的果皮上，可以将葡萄浆果中的糖转化为酒精和其他构成葡萄酒气味和味道的物质。

所以，葡萄酒的关键词就是葡萄和酵母菌。因而葡萄酒是一种生物产品，它是从葡萄的成熟，到酵母菌及细菌的转化和葡萄酒在成熟过程中的一系列有序而复杂的各种化学转化的结果。葡萄酒的这一生物学特征使其具有许多突出的特性：多样性、变化性、复杂性、不稳定性和自然特性。

1.1.1 多样性

葡萄酒与一些标准产品不同，每一个葡萄酒产区都有其风格独特的葡萄酒。葡萄酒的风格取决于葡萄品种、种植葡萄地区的气候和土壤条件。由于众多的葡萄品种，各种气候、土壤等生态条件，各具特色的酿造方法和不同的陈酿方式，使所生产出的葡萄酒之间存在着很大的差异，形成了多种类型的葡萄酒。每一类葡萄酒都具有其特有的颜色、香气和口感。葡萄酒的多样性，满足了不同消费者的需求，使葡萄酒在世界上赢得了广大的消费群体。所以，我们应该尽量保持葡萄酒的这一特性。

1.1.2　变化性

对外界环境的敏感性是生物的一种特性。葡萄作为多年生植物，一旦在某一特定地点固定种植，就必然要受当地每年的外界条件的影响。这些外界因素包括每年的气候条件（降水量、日照、葡萄生长季节的活动积温）和每年的栽培条件（修剪、施肥等）。这些外界因素决定了每年葡萄浆果的成分，从而决定了每年葡萄酒的质量。这就是葡萄酒"年份"的概念。葡萄酒工艺师可以对原料的自然和（或）人为缺陷进行改良，但各葡萄酒产区生产的葡萄酒，仍然存在着优质年份和一般年份的差异。

1.1.3　复杂性

目前，在葡萄酒中已鉴定出 1000 多种化学成分，其中有 350 多种已被定量鉴定（Navarre 1998）。而且随着科学技术的不断发展，肯定会在葡萄酒中发现更多的成分。葡萄酒成分的复杂性，给消费者带来了双重的利益：葡萄酒的成分之多，使制假者无法仿制出真正的葡萄酒；同时，葡萄酒的复杂性也是其具有营养和保健价值的证据，说明葡萄酒并不是一种简单的酒精水溶液。

1.1.4　不稳定性

葡萄酒的 1000 多种成分包括了：氧化物、还原物、氧化还原催化剂（金属或酶）、胶体、有机酸及其盐、酶及其活动底物、微生物的营养成分等。所有这些成分就成为葡萄酒的化学、物理学和微生物学不稳定性的因素。所以，葡萄酒是一种随时间而不停变化的产品，这些变化包括葡萄酒的颜色、澄清度、香气、口感等。葡萄酒的这一不稳定性就构成了葡萄酒的"生命曲线"。不同的葡萄酒都有自己特有的生命曲线，有的葡萄酒可保持其优良的质量达数十年，也有些葡萄酒需在其酿造后的六个月内消费掉。葡萄酒工艺师的技艺就在于掌握并控制葡萄酒的这一变化，使其向好的方向发展，同时尽量将葡萄酒稳定在其质量曲线的高水平上。但是，在有些情况下，葡萄酒也会"生病"：它会浑浊、沉淀、失色、失光，甚至变成醋。如果将一瓶葡萄酒开启后，放置在室温下，让它与空气长期接触，它就会很自然地长出酒花或者变成醋，或者会再发酵（如果葡萄酒中含有糖）。此外，对于陈酿多年的葡萄酒，如果出现沉淀（包括色素、丹宁和酒石），也是很正常的。

1.1.5　自然特性

只需将葡萄浆果压破，存在于果皮上的酵母菌就会迅速繁殖，从每毫升葡萄汁中的几千个细胞增加到几百万个，并同时将葡萄转化成葡萄酒。所以，从理论上讲，葡萄浆果落地裂开后，果皮上的酵母菌就开始活动，酿酒也就开始了，而根本不需要人为加工。正因如此，人类起源的远古时期就有了葡萄酒，葡萄酒也成为已知的最古老的发酵饮料。埃及古墓中所发现的大量珍贵文物（特别是浮雕）清楚地描绘了当时古埃及人栽培、采收葡萄和酿造葡萄酒的情景，其中最著名的是 Phtah Hotep 墓址，距今已有 6000 年的历史。西方学者认为，这是葡萄酒业的开始。而近期中美科学家对距今约 9000～7000 年的河南舞阳县的贾湖遗址的研究结果，却使世界葡萄酒的人工酿造历史推前 3000 年：他们用气相色谱、液相色谱、傅里叶变换红外光谱、稳定同位素等分析方法，对在该遗址中发掘的大量附有沉淀物的陶片进行了一系列的化学分析，结果显示，陶片沉淀物含有酒精挥发后的酒石酸，而酒石酸是葡萄和葡萄酒特有的酸；陶片上残留物的化学成分有的与现代葡萄丹宁酸相同（Patrick et al. 2004）。这不仅说明人类至少在 9000 年前就开始酿造葡萄酒了，而且也说明在世界上可能是中国人最早开始酿造葡萄酒。但是，在漫长的历史过程中，葡萄酒的发酵、澄清、稳定等过程多是自然进行的；那时的葡萄酒只能算是“自然葡萄酒”，本身会浑浊、失色，甚至变成醋。这样就使得大量的葡萄酒产生各种败坏，造成相当惊人的浪费。所以，人们一直在寻求稳定葡萄酒的方法。但是，直到 1866 年，巴斯德发现了酒精发酵的实质，发明了巴氏消毒法，并开始对葡萄向葡萄酒的转化过程进行控制，才诞生了科学的葡萄酒工艺学。也正是由于巴斯德的工作，才诞生了现代微生物学。因此，葡萄酒虽然是自然赐予人类的礼物，但同时也是人类工作的结晶。

1.2　葡萄酒的质量

很显然，葡萄酒的质量是我们追求的目标。但是，什么是葡萄酒的质量呢？一个优质的葡萄酒，应是喝起来让人舒适的葡萄酒。葡萄酒的质量，应是令消费它的人满意的特性的总体。因此，葡萄酒的质量是一个很主观的概念，取决于每一个消费者的感觉能力、心理因素、饮食习惯、文化修养和环境条件等。这说明葡萄酒的质量无论在时间上还是在空间上都是多维的和变化的。因此，葡萄酒的质量只有通过消费者才能表现出来，而且受消费者的口味和喜好的影响。

摆在葡萄酒工艺师面前的问题是，如何使自己的产品适合各种消费者的口味。这就需要确定葡萄酒质量的各种构成因素，并通过对原料和酿造工艺的选择来达到这一目标。那么，葡萄酒质量的构成因素有哪些呢？无论其风格如何，所有喝起来舒适的葡萄酒都有一个共同的特征，即它们表现出平衡，一种在颜色、香气、口感之间的和谐。平衡，是葡萄酒质量的第一要素，所有消费者都不会喜欢某一种感觉（如酸、苦、涩）过头，他们喜欢葡萄酒不涩口，丰满，后味良好。所以，平衡是消费者对所有葡萄酒的最低质量要求。葡萄酒质量的第二个要素是风格，即一种葡萄酒区别于其他葡萄酒所独有的个性。这一层次是那些追求个性的消费者所要求的，也是最佳的质量。因此，真正的优质葡萄酒首先必须平衡，而且应具有其独特而优雅的风格。

实际上，葡萄酒的平衡取决于葡萄酒中多种能刺激我们视觉、嗅觉和味觉的物质之间的平衡和某种比例关系。所有葡萄和葡萄酒的构成成分都直接或间接地影响葡萄酒的质量，但其重要性却各不相同。我们可以简单地将这些成分分为一般成分和特有成分两大类。

一般成分包括糖、含氮物质、矿物质（特别是钾盐）、发酵产物等，它们虽然影响葡萄酒的质量，但并不是葡萄的特有成分（酒石酸除外），它们存在于所有的发酵饮料产品中。这些成分，与酚类物质一起，构成了葡萄酒的最低质量，即平衡。很多作为发酵微生物的营养物质和生长素的物质、发酵底物、酶等也参与构成葡萄酒的味道和颜色。葡萄中特有的构成成分的性质和它们相互之间的平衡，可使葡萄酒具有独特的风格和个性。这些物质主要是酚类物质（花色素和丹宁）及芳香物质（包括游离态和结合态）。这两类物质是葡萄酒个性的基本构成成分。

香气是给予消费者满足感所不可缺少的因素。由于构成葡萄酒香气的物质种类极多，因此香气在葡萄酒中具有特殊的重要性。香气使葡萄酒具有个性，使每个葡萄酒都具有其区别于其他葡萄酒的独特的风格。它取决于葡萄品种、产地，有时也取决于酿造技术（如二氧化碳浸渍发酵）。除风格以外，葡萄酒的香气构成还具有多变性、优雅性和来源的复杂性三个重要特性。

一种香气具有几种构成物，由它们形成一系列围绕某一中心特征气味的多个谐波，这些谐波就决定了葡萄酒香气的多变性。香气多变性的概念具有重要的实践意义，它可指导葡萄酒工艺师在葡萄酒（特别是白葡萄酒和桃红葡萄酒）的酿造过程中，更好地开发潜在的品种香气和发酵香气，特别是保证这两者之间的良好平衡。香气的优雅性也非常重要。一种香气不能是一种一般的、普通的气味，更不能是一种异味。气味可分为好闻的气味和难闻的气味。如果说消费者较难定义香气的质量，但他们对香气的缺陷却非常敏感。例如，由于对原料机械处理不当而带来的生青味；由氧化而形成的破败味甚至马德拉味；由还原而形成的硫味甚至臭鸡蛋味等还原味；由于卫生状况不良而形成的霉味；等等。最后，香气的来源非常复杂。一部分香气以游离态或（和）结合态的形式存在于葡萄浆果中。同时，在葡萄酒酿造的各个阶段，还会产生一些新的香气，包括原料的采收、破碎、压榨（发酵前香气）、发酵（发酵香气）、葡萄酒的陈酿和储藏（发酵后香气）。在这些过程中，任何一个错误，都会立即降低葡萄酒的质量。

多酚物质，包括丹宁和色素，是构成葡萄酒个性的另一类重要成分。它们主要参与形成葡萄酒的味道、骨架、结构和颜色。虽然颜色不一定与葡萄酒的口感质量存在着相关性，但它对品尝员判断葡萄酒的质量有很大的影响：如果他喜欢某一葡萄酒的颜色，可能对该葡萄酒的总体评价就好。红葡萄酒和桃红葡萄酒的颜色可从瓦红到宝石红再到紫红，这取决于黄色素（黄酮）和红色素（花色素苷及其复合物）之间的比例。而这一比例又取决于葡萄品种、原料的成熟度、卫生状况以及葡萄酒的酿造技术和取汁工艺。多酚物质还会间接地影响葡萄酒的香气，它们可加强或掩盖某些香气。丹宁可降低葡萄酒的果香，所以红葡萄酒的多酚物质含量越低，则口感越柔和，其果香就越浓郁、越舒适。因此，根据酿造工艺不同，红葡萄酒既可果香浓郁，也可丹宁感强。同样，白葡萄酒的多酚物质含量越低，其香气就越好。

构成葡萄酒浸出物的非挥发性物质（香气的支撑体）与香气（挥发性物质）之间的相互作用也具有重要的实践意义。对于香气浓郁的典型葡萄品种，就需要利用能加强其支撑体以平衡其过浓香气的酿造和储藏技术。例如，当用赤霞珠（Cabernet sauvignon）酿酒时，就需通过加强浸渍和在橡木桶中储藏来加强其丹宁支撑。在橡木桶中的储藏还会形成香草醛气味和木桶味而使葡萄酒的香气更为馥郁。同样，对麝香味浓的玫瑰香（Muscats）系列品种，应通过提高葡萄酒的酒度和糖度来平衡其过浓的品种香气，所以应该用其酿造含糖的葡萄酒或利口酒。

那么，无论是一般成分（糖、酒精、酸）还是特有成分（色素、丹宁、芳香物质），该如何利用好这些质量的构成因素？如何掌握它们之间的平衡以获得所需要的外观—口感—香气之间的感官平衡？这就是葡萄酒工艺师在从葡萄原料到消费者的酒杯这一葡萄酒酿造生物技术链中的目标。

1.3　葡萄酒的原料

整个葡萄酒的酿制过程相当漫长，而且到处是"陷阱"。它的起点是葡萄原料，即从优良品种的选择到良好的成熟度。优良的品种是一切的基础，"葡萄酒的一切首先存在于葡萄品种当中"。

在法国的葡萄酒产区，种植了 250 多个葡萄品种。这些品种在以下方面都存在着差异：

① 形态：果穗的形状（果梗的比例），果粒（大小、含汁量、果皮厚度）；

② 果粒的生物化学特性：含糖量、含酸量、含氮量，酒石酸、苹果酸和氨基酸之间的比例；

③ 特殊生物化学特性：花色素苷和多酚物质的含量，黄色素和红色素之间

的比例，芳香物质的含量、种类及其相互之间的比例；

④ 酶学特性：各种酶，特别是多酚氧化酶的含量。

葡萄品种的这些形态学及生物化学特性的差异，就决定了它们之间的工艺特性的差异，即葡萄品种具有工艺特异性。一些品种由于其含糖量高（合成糖量高，适于过熟或适于贵腐）而适合酿造利口酒（甜型酒），如歌海娜（Grenache）、马卡波（Maccabeu）、马尔瓦日（Malvoisie）、玫瑰香、赛美容（Semillon）、白诗兰（Chenin）、琼瑶浆（Gewurztraminer）等；另一些品种则由于含酸量高、含糖量低而适合酿造白兰地，如白玉霓（Ugni blanc）、鸽笼白（Colombard）等；有些品种则由于含糖量适中、含酸量较高而适合酿造起泡葡萄酒，如霞多丽（Chardonnay）、比诺（Pinots）等。

由此可见，葡萄浆果中的糖-酸（或葡萄酒中的酒-酸）平衡关系，决定了葡萄品种适于酿造何种类型的葡萄酒。但是，随着我们对葡萄浆果的生物化学认识的不断深入，除了这个相对简单的指标外，还应加入多酚物质和芳香物质这两个指标。正如前文所述，葡萄浆果中的多酚物质和芳香物质决定了葡萄酒的陈酿特性及其香气特性。因此，除了依照糖-酸平衡关系以外，我们还可将葡萄品种分为适于酿造结构感强、色深并需要陈酿的葡萄酒的品种〔如赤霞珠、比诺、西拉（Syrah）、穆尔外德（Mourvedre）等〕，以及适于酿造果香味浓、口感柔和的新鲜型葡萄酒的品种〔如佳美（Gamay）、神索（Cinsault）等〕。

一般来说，葡萄酒工艺师可选择一系列相互补充的葡萄品种，以使所要生产的葡萄酒在保证风格的前提下达到平衡。例如，在法国罗纳河谷地区的葡萄酒中，佳丽酿（Carignan）带来葡萄酒的骨架、颜色和典型性；神索带来其果香和优雅度；歌海娜带来其醇厚；穆尔外德和西拉则主要带来葡萄酒的醇香。这就是葡萄的品种结构。因此，各葡萄酒产区在确定其葡萄品种结构时应根据当地的生态条件，选择一系列能相互补充、取长补短的葡萄品种，以保证所要生产的葡萄酒的风格和典型性。

除葡萄品种这一遗传因素外，葡萄原料的质量还受土壤和气候的影响。产地的土壤和气候决定了葡萄酒的个性和年份。我们不可能将葡萄品种从其生态系统中孤立起来，"气候、土壤和葡萄苗圃是葡萄园的基础"。同样，我们也不能将葡萄品种从人为因素中孤立出来。葡萄果农通过栽培技术控制葡萄植株的生理，即营养、光合能力、光合产物在葡萄浆果和植株的主干、枝、叶及根系等其他器官之间的分配。所以，葡萄果农对葡萄原料的产量和质量都起着重要的作用，而葡萄酒工艺师则对此无能为力。但葡萄酒工艺师可对葡萄的成熟过程进行控制。

综上所述，葡萄酒的质量首先取决于葡萄原料的质量，即葡萄的成熟度和卫生状况。在与所要酿造的葡萄酒种类相适应的葡萄成熟的最佳阶段进行采收，应是葡萄酒工艺师的首要任务。

葡萄浆果从坐果开始至完全成熟，需要经历不同的阶段。第一个阶段是幼果期，在这一时期，幼果迅速膨大，并保持绿色，质地坚硬。糖开始在幼果中出现，但其含量不超过 10~20 g/L；相反，在这一时期中，酸的含量迅速增加，并在接近转色期时达到最大值。第二阶段是转色期，即是葡萄浆果着色的时期。在这一时期，浆果不再膨大。果皮叶绿素大量分解，白色品种果色变浅，丧失绿色，呈微透明状；有色品种果皮开始积累色素，由绿色逐渐转为红色或深蓝色等。浆果含糖量直线上升，由 20 g/L 上升到 100 g/L，含酸量则开始下降。第三阶段是成熟期，即从转色期结束到浆果成熟，大约需 35~50 d。在此期间，浆果再次膨大，逐渐达到品种固有大小和色泽，果汁含酸量迅速降低，含糖量增高，其增加速度可达每天 4~5 g/L。

浆果的成熟度可分为两种，即工业成熟度和技术成熟度。所谓工业成熟度，是指单位面积浆果中糖的产量达到最大值时的成熟度；而技术成熟度是指根据葡萄酒种类，浆果必须采收时的成熟度，通常用葡萄汁中的糖（S）/酸（A）比（即成熟系数 M）表示。这两种成熟度的时间有时并不一致，而且在这两个分别代表产量和质量的指标之间，通常存在着矛盾。现在，通常在葡萄转色后定期采样进行分析，并绘制成熟曲线，根据最佳条件（即葡萄酒质量最好），确定采收时的 M 值，从而确定采收期。对于同一地块的葡萄，在不同的年份，应使用相似的 M 值。

近年的研究结果（李华 2002）表明，酚类物质的变化是葡萄成熟尤其是红色品种成熟的重要指标。因此，我们建议，将酚类成熟系数体系与 M 值结合使用，可以更精确地综合评价葡萄的成熟状况，更合理地确定葡萄的最佳采收期。

成熟度差的葡萄原料，缺乏果胶酶，因而果粒硬且汁少，不仅增加压榨的难度，而且葡萄汁中的大颗粒物质含量高，影响葡萄酒的优雅度。此外，不成熟的葡萄原料中，富含氧化酶（影响葡萄酒的颜色和口感），脂氧化酶活性高（形成生青味），苦涩丹宁和有机酸含量高，缺乏干浸出物、色素和芳香物质。

在葡萄的成熟过程中，重要质量成分（糖、酚类物质、花色素苷、芳香物质）含量的变化与其中糖含量的变化相似，即在成熟过程中，含量是不断上升的。所以，糖是葡萄成熟的结果，随着其含量的增加，所有其他决定葡萄酒风格和个性的口感及香气物质都不停地上升。实践证明，这些物质之间的平衡，即对应于最好的葡萄酒原料中这些物质之间的平衡，只有在最优良的生态条件、最良好的年份才能获得。

这些生物化学的研究结果，具有重要的实践意义。它们表明，用加糖发酵的方式来弥补不成熟原料中含糖量低的缺陷是不可行的，因为成熟原料中除糖以外，还含有其他决定葡萄酒风格和个性的物质，即只有用成熟的原料才能酿造出优质的、独具风格的葡萄酒。

1.4　葡萄酒酿造

葡萄酒酿造就是将葡萄转化为葡萄酒的过程。它包括两个阶段：第一阶段为物理化学阶段，即在酿造红葡萄酒时，葡萄浆果中的固体成分通过浸渍进入葡萄汁；在酿造白葡萄酒时，通过压榨获得葡萄汁。但是，在这一阶段中，由于葡萄浆果中活细胞的存在，不可避免地会进行一些酶促反应，特别是由氧化酶催化的氧化反应。第二阶段为生物化学阶段，即酒精发酵和苹果酸-乳酸发酵阶段。同样，在该阶段中，由于生化反应导致基质的变化，也会伴随一系列化学及物理化学反应。

葡萄原料中，约 20% 为固体成分，包括果梗、果皮和种子；80% 为液体部分，即葡萄汁。果梗主要含有水、矿物质、酸和丹宁；种子富含脂肪和涩味丹宁；果汁中则含有糖、酸、氨基酸等，这三种所含的物质都是葡萄酒的非特有成分。而葡萄酒的特有成分则主要存在于果皮中。从数量上讲，果汁和果皮之间也存在着很大的差异。果汁富含糖和酸，芳香物质含量很少，几乎不含丹宁。而对于果皮，由于富含葡萄酒的特殊成分，则被认为是葡萄浆果中的"高贵"部分。

葡萄酒酿造的目标就是，在实现对葡萄酒感官平衡及对其风格至关重要的这些口感物质和芳香物质之间的平衡的基础上，保证发酵的正常进行。

1.4.1　浸渍：红葡萄酒的酿造

在红葡萄酒的酿造过程中，应使葡萄固体中所含的成分在控制条件下进入液体部分，即通过促进固相和液相之间的物质交换，尽量好地利用葡萄原料的芳香潜力和多酚潜力。这就是红葡萄酒酿造所特有的浸渍阶段。浸渍，可以在酒精发酵过程中进行，也可以在酒精发酵以前或极少数情况下在酒精发酵以后进行。

在传统工艺当中，浸渍和酒精发酵几乎是同时进行的。原料经破碎（将葡萄压破以便于出汁，有利于固-液相之间的物质交换）、除梗后，被泵送至浸渍发酵罐中进行发酵。在发酵过程中，固体部分由于受 CO_2 的带动而上浮，形成皮渣"帽"，不再与液体部分接触。为了促进固-液相之间的物质交换，一部分葡萄汁从罐底放出，被泵送至发酵罐的上部以淋洗皮渣"帽"的整个表面，这就是倒罐。

芳香物质比多酚物质更易被浸出，所以决定浸渍何时结束的是多酚物质的浸出状况。在此阶段，最困难的是，只浸出花色素和优质丹宁，而不浸出带有苦味和生青味的劣质丹宁。发酵形成的酒精和温度的升高，有利于固体物质的提取，但应防止温度过高或过低：温度过低（<20~25 ℃），不利于有效成分的提取；

温度过高（＞30～35 ℃），则会浸出劣质丹宁并导致芳香物质的损失，同时还有酒精发酵中止的危险。

倒罐是选择性浸出优质丹宁的最佳方式，但必须防止将果梗及果皮撕碎的强烈机械处理（破碎、除梗、泵送）。因为在这种情况下，几乎完全失去了选择性浸出的可能性。

在多酚物质当中，色素比丹宁更易被浸出。所以，根据浸渍时间的长短（从数小时到一周以上），我们可以获得各种不同类型的葡萄酒：桃红葡萄酒、果香味浓且应尽快消费的新鲜红葡萄酒或醇厚、丹宁感强、需陈酿的红葡萄酒等。浸渍时间的长短，还取决于葡萄品种、原料的成熟度及其卫生状况等因素。

浸渍结束后，需通过出罐将固体和液体分开。液体部分（自流酒）被送往另一个发酵罐，继续发酵，然后进行澄清过程中的物理化学反应。固体部分中还含有一部分酒，因而通过压榨而获得压榨酒。同样，压榨酒被单独送往另一个发酵罐，继续发酵。在有的情况下，短期浸渍后，一部分葡萄汁从浸渍罐中分离出来，用来酿造桃红葡萄酒。这样酿造的桃红葡萄酒，比用经破碎后的原料直接压榨后酿造的桃红葡萄酒香气更浓，颜色更稳定。

对原料加热浸渍是另一种浸渍技术。它是将原料破碎、除梗后，加热至70 ℃左右浸渍20～30 min，然后压榨，葡萄汁在冷却后进行发酵。这就是热浸发酵。热浸发酵主要是利用提高温度来加强对固体部分的提取。同样，色素比丹宁更易浸出。我们可通过对温度的控制，达到选择利用原料的颜色和丹宁潜力的目的，从而可生产出一系列不同类型的葡萄酒。热浸还可控制氧化酶的活动，这对于易受灰霉菌危害的葡萄原料极为有利，因为这类原料富含能分解色素和丹宁的漆酶。几分钟的热浸即可在颜色上获得与经几天普通浸渍相同的效果。同时，由于浸渍和发酵是分别进行的，可以更好地对它们进行控制。

对原料的浸渍也可用完整的原料在CO_2气体中进行，这就是CO_2浸渍发酵。浸渍罐中为CO_2所饱和，并将葡萄原料完整地装入浸渍罐中。在这种情况下，一部分葡萄被压破，释放出葡萄汁；葡萄汁中的酒精发酵保证了密闭罐中CO_2的饱和。浸渍8～15 d后（温度越低，浸渍时间应越长），分离自流酒，将皮渣压榨。由于自流酒和压榨酒都还含有很多糖，所以将自流酒和压榨酒混合后或分别继续进行酒精发酵。在CO_2浸渍过程中，没有破损的葡萄浆果会进行一系列的厌氧代谢，包括细胞内发酵形成酒精和其他挥发性物质；苹果酸的分解；蛋白质、果胶质的水解；液泡物质的扩散；以及多酚物质的溶解等，并形成特殊的令人愉快的香气。由于果梗未被破损，并且没有被破损葡萄释放的葡萄汁所浸泡，所以只有对果皮的浸渍，因而CO_2浸渍可获得芳香物质和酚类物质之间的良好平衡。通过CO_2浸渍发酵后的葡萄酒口感柔和、香气浓郁，成熟较快。它是目前已知的惟一能用中性葡萄品种获得芳香型葡萄酒的酿造方法。宝祖利发酵法则

是 CO_2 浸渍发酵与传统酿造法的结合，故有人称之为半二氧化碳浸渍发酵法。

1.4.2　直接取汁：白葡萄酒的酿造

与红葡萄酒一样，白葡萄酒的质量也取决于主要口感物质和芳香物质之间的平衡，但白葡萄酒的平衡与红葡萄酒的平衡是不一样的。白葡萄酒的平衡一方面取决于品种香气与发酵香气之间的合理比例，另一方面取决于酒度、酸度和糖之间平衡。多酚物质则不能介入。对于红葡萄酒，我们要求与深紫红色相结合的结构、骨架、醇厚和醇香，而对于白葡萄酒，我们则要求与带绿色调的黄色相结合的清爽、果香和优雅性，一般需避免氧化感和带琥珀色调。

为了获得白葡萄酒的这些感官特征，应尽量减少葡萄原料固体部分的成分，特别是多酚物质的溶解。因为多酚物质是氧化反应的底物，而氧化过程将破坏白葡萄酒的颜色、口感、香气和果香。

此外，从原料采收到酒精发酵，葡萄原料会经历一系列的机械处理，这会带来两方面的问题：一方面会破坏葡萄浆果的细胞，使其释放出一系列的氧化酶及其氧化底物——多酚物质和作为氧化促进剂并能形成生青味的不饱和脂肪酸；另一方面可形成一些悬浮物，这些悬浮物在酒精发酵过程中，会促进影响葡萄酒质量的高级醇的形成，同时抑制提高葡萄酒质量的酯的形成。

因此，白葡萄酒的酿造工艺就十分清楚了。用于酒精发酵的葡萄汁应尽量是葡萄浆果的细胞汁，用于取汁的工艺必须尽量柔和，以减小破碎、分离、压榨和氧化这些负面影响。

实际上，白葡萄酒的酿造工艺包括：将原料完好无损地运入酒厂，防止在葡萄采收和运输过程中的任何浸渍和氧化现象；破碎，分离，分次压榨，SO_2 处理，澄清；用澄清汁在 $18\sim20\,℃$ 的温度条件下进行酒精发酵，以防止香气的损失。此外，应严格防止外源铁的进入，以防止葡萄酒的氧化和浑浊（铁破败）。因此，所有的设备最好使用不锈钢材料。

在取汁时，最好使用直接压榨技术，也就是将葡萄原料完好无损地直接装入压榨机，分次压榨，这样就可避免葡萄汁对固体部分的浸渍，同时可更好地控制葡萄汁的分级。利用直接压榨技术，还可将红色葡萄品种（如黑比诺）酿造成白葡萄酒。

上述工艺的缺陷是，不能充分利用葡萄的品种香气，而品种香气对于平衡发酵香气是非常重要的。所以，在利用上述技术时，选择芳香型葡萄品种是第一位的。此外，为了充分利用葡萄的品种香气，也可采用冷浸工艺，即尽快将破碎后的原料，在 $5\,℃$ 左右浸渍 $10\sim20\,h$，这样可使果皮中的芳香物质进入葡萄汁，同时抑制酚类物质的溶解和防止氧化酶的活动。浸渍结束后，分离，压榨，澄清，在低温下发酵。

1.5 发 酵

发酵是葡萄酒酿造的生物化学过程，也是将葡萄浆果转化为葡萄酒的主要步骤。它包括酵母菌将糖转化为酒精和发酵副产物以及乳酸菌将苹果酸分解为乳酸两个生物化学过程，即酒精发酵和苹果酸-乳酸发酵。只有当葡萄酒中不再含有可发酵糖和苹果酸时，它才被认为获得了生物稳定性。

对于红葡萄酒，这两种发酵进行得必须彻底。苹果酸-乳酸发酵可降低酸度（将二元酸转化为一元酸），同时降低生酒的生青味和苦涩感，使之更为柔和、圆润、肥硕。而对于白葡萄酒，情况则较为复杂。对于含糖量高的葡萄原料，酒精发酵应在酒与糖达到其最佳平衡点时中止，同时避免苹果酸-乳酸发酵。对于干白葡萄酒，一般需要在酒精发酵结束后进行苹果酸-乳酸发酵，但对于那些需要果香味浓、清爽的干白葡萄酒则不能进行苹果酸-乳酸发酵。总之，对于需要进行酒精发酵和苹果酸-乳酸发酵的葡萄酒，重要的是酒精发酵和苹果酸-乳酸发酵不能交叉进行，因为乳酸菌除分解苹果酸以外，还可分解糖而形成乳酸、醋酸和甘露糖醇，这就是所称的乳酸病。

幸运的是，葡萄汁是一种更利于酵母菌生长的培养基，乳酸菌在其中的生长受到了它的酸度和酒精的抑制。因此，一般情况下，当乳酸菌开始活动时，所有的可发酵糖基本都被酵母菌消耗完了。但有时也会出现酒精发酵困难甚至中止的现象。葡萄酒工艺师的任务就是，使酒精发酵迅速、彻底，并且在酒精发酵结束后，（在需要时）立即启动苹果酸-乳酸发酵。所以，在葡萄汁（醪）中，需要促进酵母的活动而暂时抑制乳酸细菌的活动。但是对细菌的抑制也不能太强烈，否则就会使酒精发酵结束后的苹果酸-乳酸发酵推迟，甚至完全抑制苹果酸-乳酸发酵。

乳酸细菌的主要抑制剂是 SO_2，应尽早将其加入到破碎后的葡萄原料或葡萄汁中，这就是 SO_2 处理。SO_2 的用量根据原料的卫生状况、含酸量、pH 和酿造方式不同而有所差异，一般为 $30\sim100$ mg/L（葡萄汁）。由于 SO_2 还具有抗氧化、抗氧化酶和促进絮凝等作用，所以在白葡萄酒的酿造时，其用量较多，以防止氧化，并促进葡萄汁的澄清。

目前，SO_2 几乎是葡萄酒工艺师所能使用的惟一的细菌抑制剂。但在使用时，必须考虑其对酒精发酵的影响。葡萄的酒精发酵可自然进行，这是因为在成熟葡萄浆果的表面存在着多种酵母菌，它们在葡萄破碎以后会迅速繁殖。由于各种酵母菌抵抗 SO_2 的能力不同，所以 SO_2 对酵母菌有选择作用，也可抑制所有的酵母菌。因此，在多数情况下，可通过选择 SO_2 的使用浓度，来选择优质野生酵母（通常为酿酒酵母 *Saccharomyces cerevisiae*），或者杀死所有的野生酵母，而选用特殊的人工选择酵母（如增香酵母、非色素固定酵母等）。

　　一旦葡萄原料通过 SO_2 处理和加入选择酵母后，葡萄酒工艺师就应促进酵母菌的生长及其发酵活性。在这个过程中，葡萄酒工艺师应对两个因素进行控制。一个因素是温度。温度一方面影响酵母菌的繁殖速度及其活力，另一方面影响酒精发酵。当温度高于 40 ℃时，酵母菌就会死亡，温度高于 30 ℃时，发酵中止的可能性就会加大。因而，符合酵母菌生物学要求和葡萄酒工艺学要求的温度范围是 18～30 ℃。另一个因素是氧。在添加酵母前的一系列处理过程中，葡萄汁所溶解的氧，很快就被基质中的氧化酶所消耗，留给酵母菌的氧则很少，因而酵母菌的繁殖条件至少部分地为厌氧条件。在厌氧条件下，促进酵母菌的生存和繁殖的主要因素是细胞中的固醇类物质和非饱和性脂肪酸，但这两者的生物合成都需要氧。因此，必须为酵母菌供氧。供氧的最佳时间为入罐之后，酒精发酵之前。在这个时候，如果我们希望酒精发酵迅速彻底，就必须进行一次开放式倒罐。

　　在酒精发酵结束以后，接着登场的就是乳酸菌。由于葡萄酒的酸度高、pH低、酒度高，不利于乳酸菌的活动，苹果酸-乳酸发酵的控制就比较困难。为了促进苹果酸-乳酸发酵的顺利进行，可在酒精发酵时，对其中几罐的原料不进行 SO_2 处理，并进行轻微的化学降酸。在酒精发酵结束后，用这几罐葡萄酒与其他罐葡萄酒混合，同时防止温度过低，应将温度控制在 18～20 ℃。在苹果酸-乳酸发酵结束后，应立即进行 SO_2 处理，防止乳酸菌分解戊糖和酒石酸。

　　很显然，酒精发酵不仅仅是将糖转化为乙醇，同时也对香气起着非常重要的作用。正是在这一阶段，才使葡萄汁具有了葡萄酒的气味。一般认为，酒精发酵所产生的香气物质为其形成的酒精量的 1‰左右。工艺师的作用就是促进这些香气物质的形成，并且防止它们由于 CO_2 的释放而带来的损失。

　　在发酵结束后，葡萄就转化成了葡萄酒，葡萄酒的生物化学阶段也就此结束。此后，葡萄酒再次进入化学和物理化学阶段。这一阶段的作用是将生葡萄酒转化为可供消费者享用的成熟葡萄酒。

1.6　葡萄酒的稳定和成熟

　　刚发酵结束后的葡萄酒，富含 CO_2，而且浑浊。红葡萄酒的颜色为不太让人喜欢的紫红色。葡萄酒具有果香，但口感平淡，酸涩味苦，并且不稳定。如果将一瓶生葡萄酒放入冰箱，几天后，就会出现酒石和色素沉淀。这是葡萄酒在酒罐或在酒桶中的成熟过程中缓慢出现的正常现象。这一成熟过程可持续几个月，或者数年，甚至数十年。

　　分析结果表明，这些沉淀物主要是酒石酸氢钾、色素、丹宁、蛋白质及微量的铁盐和铜盐。实际上，葡萄酒既是化学溶液，又是胶体溶液。它含有以溶解状态存在的多种化学物质，其中一些接近饱和状态；同时还含有多种大分子胶体，包括果胶、多糖等碳水化合物，蛋白质，丹宁、花色素苷等多酚类物质等。决定葡萄酒稳定和成熟的主要是离子平衡、氧化、还原、胶体反应等，极少数情况下还有酶反应和细菌活动。

在葡萄酒的成熟和稳定过程中，最快的反应是酒石酸盐的沉淀。在葡萄酒的pH条件下，酒石酸与钾离子结合，形成酒石酸氢钾；酒石酸氢钾难溶于酒精，并且其溶解度在低温下会降低。因此，在酒精发酵结束后，随着温度的降低，就会出现结晶沉淀而形成酒石。沉积在发酵罐内壁的酒石层，有时可达数厘米。苹果酸-乳酸发酵会加速酒石沉淀，因为这一发酵可提高葡萄酒的pH。

第二个重要的现象涉及多酚物质。花色素以游离态和与丹宁结合态的两种形式存在于葡萄酒中。丹宁本身也是由聚合度不同的黄烷聚合而成，它也以游离态和结合态的形式存在。在葡萄酒的储藏过程中，小分子丹宁的活性很强，它们或者分子间聚合，或者与花色素苷结合。这样，游离花色素苷就逐渐消失，因而，陈年葡萄酒的颜色与新酒的颜色就不一样了。随着黄色调的加强，红葡萄酒的颜色由紫红色逐渐变为宝石红色，最后变为瓦红色。与黄烷的聚合度有关的涩味也逐渐降低，从而使葡萄酒更加柔和，并保留其骨架。聚合度最高的丹宁就变得不稳定而絮凝沉淀。葡萄酒多酚物质的这些转化，必须通过在葡萄酒中正常存在的微量铁和铜离子催化的氧化反应来实现。但是，这些氧化反应必须在控制范围内。所以，葡萄酒的成熟和稳定，必须要有氧的参与，但氧的量必须控制。在成熟和稳定过程中，氧的加入是通过葡萄酒的分离或者由桶壁渗透来实现的。因此，确定葡萄酒的分离时间或者在木桶中的陈酿时间，就成为葡萄酒陈酿艺术的关键。

通过上述反应，葡萄酒就逐渐地、缓慢地达到其离子、胶体和感官平衡状态。

通常需要通过人为的方式，加速葡萄酒陈酿过程中的这些沉淀和絮凝反应。第一种方式就是低温处理，即将葡萄酒的温度降低到接近其冰点，保持数天后，在低温下过滤。然后就是下胶，即在葡萄酒中加入促进胶体沉淀的物质。它们或者与葡萄酒中的胶体带有相反的电荷，或者可与葡萄酒中的胶体粒子相结合。如在白葡萄酒中用于去除蛋白质的膨润土，在红葡萄酒中用于去除过多丹宁的明胶和蛋白。它们在絮凝过程中，还会带走一部分悬浮物，从而使葡萄酒更为澄清。

下胶澄清的机制比过滤更为复杂。它会引起蛋白质、丹宁和多糖之间的絮凝，同时还能吸附一些非稳定因素。所以下胶不仅能够使葡萄酒澄清，同时也能使葡萄酒稳定。

在低温处理和下胶以后，葡萄酒就可被装瓶了。在装瓶前，需要对其进行一系列过滤，过滤的孔径应越来越小，最后一次过滤应为除菌过滤。在装瓶以后，葡萄酒就进入还原条件下的瓶内储藏阶段，这一阶段是将果香转化为醇香的必需阶段。但目前还没有完全研究清楚其原理。

主要参考文献

李华. 1992. 葡萄酒品尝学. 北京：中国青年出版社

李华. 1995. 现代葡萄酒工艺学. 西安：陕西人民出版社

李华. 2000. 葡萄酒与葡萄酒研究进展——葡萄酒学院年报（2000）. 西安：陕西人民出版社

李华. 2002. 葡萄酒与葡萄酒研究进展——葡萄酒学院年报（2002）. 西安：陕西人民出版社

李华. 2003. 第三届国际葡萄与葡萄酒学术研讨会论文集. 西安：陕西人民出版社

李华. 2004. 葡萄酒与葡萄酒研究进展-葡萄酒学院年报（2004）. 西安：陕西人民出版社

Navarre C. 1998. L'oenologie. Paris：Lavoisier

O I V. 2003. International code of enological practices. Paris

Patrick E McGovern，et al. 2004. Fermented beverage of pre- and proto- historic China. PNAS，
　　101（51）：17593

Ussegllio-Tomasset L. 1995. Chimie Oenologique. Paris：Lavoisier

第 2 章　葡萄与葡萄酒中的糖

糖是自然界存在的一大类具有多种化学结构和生物功能的有机化合物。葡萄植株在光能的作用下，利用水和 CO_2 通过光合作用合成碳水化合物，维持植株的生长发育。

糖是葡萄浆果中的重要营养物质，是葡萄酒酒精发酵的基质，同时还是葡萄酒中的重要呈味物质。这类物质主要由碳、氢和氧组成。由于一些糖分子中氢和氧原子数之比往往是 2∶1，刚好与水分子中氢、氧原子数之比相同，因此过去误认为这类物质是碳与水的化合物，故有"碳水化合物"之称。但实际上有些糖，如鼠李糖（Rhamnose，$C_6H_{12}O_5$）和脱氧核糖（Deoxyribose，$C_5H_{10}O_4$）等，它们分子中氢和氧原子数之比并非 2∶1；而一些非糖物质，如甲醛（CH_2O）、乙酸（$C_2H_4O_2$）和乳酸（$C_3H_6O_3$）等，它们分子中氢和氧原子数之比却都是 2∶1。所以，称糖为"碳水化合物"并不恰当。只是沿用已久，现在已成为人们对糖的习惯称呼了。

2.1　糖的定义和分类

糖类是指多羟基醛或多羟基酮以及能水解生成多羟基醛或多羟基酮的一类有机化合物。根据它们水解的情况可分为单糖、低聚糖和多糖（图 2-1）。凡是不能被水解成更小分子的糖称为单糖（Monosaccharides）。单糖可根据糖分子中含碳原子数的多少分为三碳糖、四碳糖、五碳糖和六碳糖等。在自然界分布广且意义大的是五碳糖和六碳糖，它们又分别称为戊糖（Pentose）和己糖（Hexose），

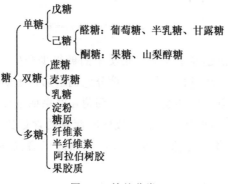

图 2-1　糖的分类

其中最常见的是葡萄糖（Glucose）、果糖（Fructose）和半乳糖（Galactose）。凡能水解成少数（2～6 个）单糖分子的糖称为低聚糖（Oligosaccharides）。其中以双糖存在最为广泛，重要代表为蔗糖（Sucrose）、麦芽糖（Maltose）和乳糖（Lactose）。凡能水解为多个单糖分子的糖称为多糖（Polysaccharides），其中以淀粉（Starch）、糖原（Glycogen）和纤维素（Cellulose）等最为重要。

2.1.1　单糖

葡萄浆果中的糖主要有葡萄糖、果糖、少量的戊糖和蔗糖以及多糖。葡萄糖和果糖一般在浆果的果肉中，也就是果汁中，在果皮和种子中则很少。而果皮和穗梗中则含有多糖，如戊聚糖、半纤维素和纤维素等。另外，未成熟浆果果肉中还有果胶和淀粉。

葡萄汁中的单糖主要为葡萄糖和果糖（图 2-2），前者是右旋 D-型，后者是左旋 D-型，葡萄糖具有醛的性质，果糖具有酮的性质。

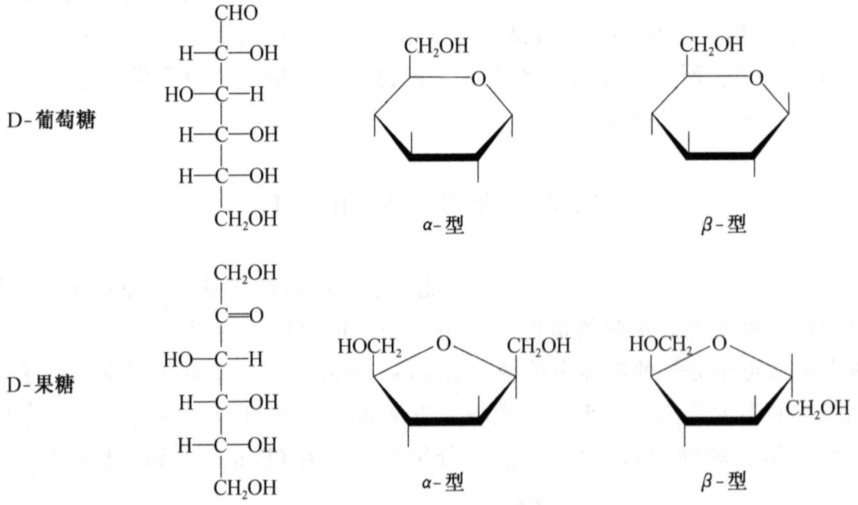

图 2-2　葡萄糖和果糖的结构

葡萄浆果在第一次迅速生长期，果实中的糖很少产生，进入缓慢生长期后，糖分开始积累，到第二次迅速生长期，糖分急剧增加，短期内的日均增长量可达 0.5%～1.0%，直至果实生理成熟为止。葡萄在幼果期主要成分是葡萄糖，成熟过程中果糖/葡萄糖比值增加，至完全成熟时两者的含量比较接近，但葡萄糖的含量稍高于果糖，两者的比值约为 0.95，成熟时二者总量可达 150～250 g/L（Peynaud 1981）。

葡萄糖和果糖均为可发酵糖，但发酵中两者的变化是不同的，随着发酵的进行，葡萄糖与果糖的比值逐渐下降。这是因为酵母优先利用了葡萄糖。表 2-1 是葡萄汁发酵过程中糖变化的情况。

表 2-1　单糖在酒精发酵过程中的变化 *

酒度/(体积分数)	葡萄糖/(g/L)	果糖/(g/L)	葡萄糖/果糖
0	123	126	0.97
0.7%	111	125	0.88
5.3%	57	103	0.55
12.4%	8	32	0.25

* Peynaud 1981。

在酒精发酵快结束时，剩余的糖主要是果糖。我们知道果糖的甜度是葡萄糖的 2 倍，所以，在甜型葡萄酒中，如果两种葡萄酒的总含糖量相等，其中果糖含量高的葡萄酒就会甜一些。因此，用加入浓缩葡萄汁的方法酿造的甜型葡萄酒，就没有用终止发酵的方法酿造的葡萄酒甜，因为其果糖含量比后者的要低。

葡萄糖与果糖的比值，还可用另外一个指标来衡量，就是 P/x。其中，P 代表葡萄酒中的含糖量，x 代表比旋光度。在实验室，可通过测定葡萄酒的 P/x 值来检验葡萄酒是否人为加糖：一般葡萄酒的 P/x 值低于 4；若等于 5.26，则葡萄酒中果糖与葡萄糖的含量相等；若高于 5.26，则葡萄酒中葡萄糖的量高于果糖，并有一定的蔗糖存在。此外，P/x 值也可用于区别用酒精终止发酵生产的利口酒和直接在葡萄汁中加酒精生产的蜜甜尔（Peynaud 1981，李华 2000）。

在酒精发酵完全的葡萄酒中，始终含有少量的果糖和葡萄糖；在红葡萄酒中，葡萄糖主要源于陈酿过程中糖苷的水解。

葡萄浆果中含有痕量的蔗糖，但在酒精发酵中由于转化酶的作用而完全消失。同样，如果在酒精发酵前加入蔗糖，它也会被转化。所以，如果在葡萄酒中检测出蔗糖，则肯定是在葡萄酒中人为加入的。由于有关国际标准不允许在葡萄酒中加糖，故含有蔗糖的葡萄酒肯定是假葡萄酒。

葡萄浆果中还含有少量的戊糖，约为 1.0 g/L 左右。葡萄汁中所含的戊糖均为结合态，在发酵过程中会游离出来，对酵母来说，戊糖是不可发酵性糖，因此这些糖也被保留在葡萄酒中。由于果皮与穗梗要比果肉含有较多的戊糖及戊聚糖，戊聚糖在葡萄酒储藏过程中会逐渐水解，红葡萄酒比白葡萄酒含有更多的戊糖。另外，果汁中也含有少量的阿拉伯糖、木糖及鼠李糖。由于这些糖的存在，在干葡萄酒中测定还原糖就不可能为 0，而在 1~2 g/L。这就是为什么将还原糖的含量低于 2 g/L，作为酒精发酵终止的指标。

乳酸菌发酵葡萄糖生成乳酸及挥发酸，发酵果糖还可生成甘露醇，阿拉伯糖被细菌发酵，则可使葡萄酒黏稠如油。醛糖与酮糖均可与亚硫酸结合，形成结合

态 SO_2，从而降低有效 SO_2 的量。

2.1.2　双糖

双糖由两个单糖分子的残基构成。天然存在的双糖是由己糖残基构成的，如蔗糖是由一分子果糖与一分子葡萄糖构成，麦芽糖由两分子的葡萄糖构成。

（1）蔗糖。日常食用的糖主要是蔗糖。甘蔗、甜菜、胡萝卜和有甜味的果实（如香蕉、菠萝等）里面都富含有蔗糖。蔗糖（图 2-3）是由 α-D-葡萄糖和 β-D-果糖各一分子按 α、$\beta(1{\rightarrow}2)$-糖苷键型缩合、失水形成的。它是葡萄植株中糖的主要运输形式。

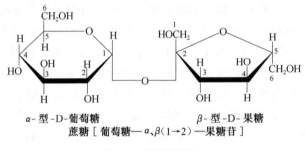

α-型-D-葡萄糖　　　　　　　β-型-D-果糖
蔗糖［葡萄糖——α、β(1→2)——果糖苷］

图 2-3　蔗糖的结构

蔗糖很甜，易结晶，易溶于水，但较难溶于乙醇。若加热至 160 ℃，便成为玻璃样的晶体，加热至 200 ℃便形成棕褐色的焦糖。它没有游离醛基，无还原性。$[\alpha]_D^{20℃}$ 为 $+66.5°$，右旋性。经水解后，由于水解产物中果糖的 $[\alpha]_D^{20℃}$（$-92.4°$），比另一水解产物葡萄糖的 $[\alpha]_D^{20℃}$（$+55.2°$）的绝对值大，使水解液具有左旋性。

在欧亚种（*Vitis vinifera*）品种的葡萄汁中，有痕量蔗糖存在，但在北美葡萄品种及欧美杂交种品种的葡萄汁中，存在较多的蔗糖。其含量依葡萄品种不同而有所变化，一般为 $2.0 \sim 5.0 \, g/L$，也有少数达到 $6.0 \sim 9.0 \, g/L$，最高可达 $15.7 \, g/L$。

酒精发酵以后，葡萄汁中原来的蔗糖即被水解而消失。在通常的葡萄酒酿造条件下，成熟的葡萄或加糖的葡萄汁，完全发酵后所产生的葡萄酒都不含蔗糖。若发现某葡萄酒中含蔗糖，则一定是人工加入的。

（2）麦芽糖（图 2-4）。它大量存在于发芽的谷粒，特别是麦芽中。淀粉、糖原被淀粉酶水解也可产生少量麦芽糖。它是由两个葡萄糖分子缩合、失水形成的。其糖苷键型为 $\alpha(1{\rightarrow}4)$。

麦芽糖分子内有一个游离的苷羟基，能使 Fehling 试剂还原，所以具有还原性。它在水溶液中有变旋现象，其 $[\alpha]_D^{20℃}$ 为＋136°，且能成脎，极易被酵母发酵。如两分子 α-D-葡萄糖按 $\alpha(1\to6)$ 糖苷键型缩合、失水，则生成异麦芽糖（Isomaltose）（图 2-5），它存在于分枝淀粉和糖原中。

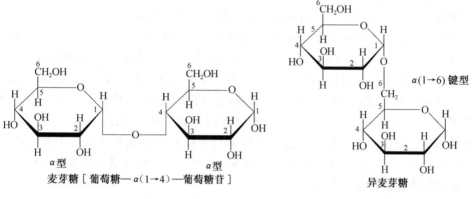

图 2-4　麦芽糖的结构　　　　　　　　　图 2-5　异麦芽糖的结构

（3）乳糖（图 2-6）。它是哺乳动物乳汁中所含的主要的糖。牛乳含乳糖 4.0%，人乳含乳糖 5.7%，这是乳婴食物中惟一的糖。它是由 α-D-葡萄糖和 β-D-半乳糖各一分子以 $\beta(1\to4)$-糖苷键型缩合、失水形成的半乳糖苷。

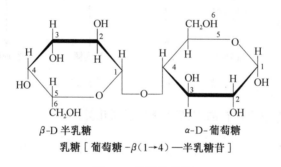

图 2-6　乳糖的结构

（4）海藻糖。海藻糖是由两分子 α-D-吡喃葡萄糖以 $\alpha(1\to1)$ 糖苷键型缩合、失水结合成的双糖，不存在于葡萄汁中，是发酵末期酵母自溶后的产物（22%的分析检验结果显示酒样中不含有海藻糖），红葡萄酒含有海藻糖平均 150 mg/L，最多时可超过 500 mg/L，白葡萄酒中含量更少，用贵腐葡萄所酿的葡萄酒中含量较多。

2.1.3　多糖与杂糖

多糖是由多个单糖分子失水、缩合而成的。它是自然界中分子结构复杂且庞大的糖类物质。按其功能来说，某些不溶性多糖，如植物的纤维素和动物的几丁质（即壳多糖），可构成植物和动物骨架的原料；另一些作为储存形式的多糖，如淀粉和糖原等，在需要时，可以通过生物体内酶系统的作用，分解、释放单糖；还有许多多糖，具有更复杂的生理功能，如黏多糖（Mucopolysaccharide）、糖蛋白等，它们在动物、植物和微生物中都起着重要作用。

多糖可以由一种单糖缩合而成，称为均多糖（Homopolysaccharide），如戊糖胶（Pentosan）、木糖胶（Xylan）、阿拉伯糖胶（Arabinan）、己糖胶（淀粉、糖原、纤维素等）；也可以由不同类型的单体缩合而成，称为杂多糖（Heteropolysaccharide），如结缔组织中的透明质酸，是糖胺聚糖中结构最简单的一种。糖胺聚糖（Glycosaminoglycan），又称糖胺多糖、黏多糖（Mucopolysaccharides）、氨基多糖、酸性糖胺聚糖等。通过共价键与蛋白质相连接构成蛋白聚糖（Proteoglycans）。这类物质存在于软骨、腱等结缔组织中，构成组织间质。各种腺体分泌的润滑黏液，大多富含黏多糖。

多糖在水溶液中不形成真溶液，只能形成胶体，无甜味，无还原性，但有旋光性，无变旋现象。大多数多糖可在酸、酶或加热作用下水解（图2-7）。

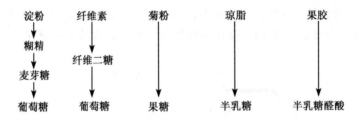

图 2-7　几种多糖的水解模式

葡萄与葡萄酒中所含有的多糖可分为下列几类。

2.1.3.1　果胶类

葡萄浆果的果胶物质主要是不溶性的原果胶。它们与纤维素和半纤维素一起构成细胞壁的主要成分。在浆果的成熟过程中，在原果胶酶的作用下，原果胶逐渐被分解为可溶性的果胶酸和果胶酯酸，进入果肉细胞中。果胶酸的结构很复杂。它们主要是由D-半乳糖醛酸以1，4-糖苷键连接而成的直链，但也含有如L-半乳糖等其他糖类成分。果胶则是半乳糖醛酸的一部分羧基形成甲酯的果胶酸。

果胶和果胶酸可溶于水形成胶体。在一定情况下，它们也可影响葡萄酒的澄清。因为它们具有保护性胶体的作用，可影响其他胶体物质和悬浮物质的絮凝反应，但原果胶不溶于水。

在葡萄采收时，原果胶存在于果皮中，果胶和果胶酸则存在于果汁中，浆果越成熟，破损量越大，葡萄汁中果胶和果胶酸的含量就越高。由于是胶体，因此可使葡萄汁黏稠，它们的相对分子质量越大，葡萄汁的稠度就越大。

果胶物质引起浑浊，影响澄清，堵塞过滤。所以，对葡萄汁应进行果胶酶处理。但是，在葡萄酒中，果胶物质的含量很少，因为葡萄中的原果胶酶使它们分解。

2.1.3.2 树胶类

是非果胶性多糖，主要是由除葡萄糖以外的醛糖构成的多糖。其分子链中，是半乳糖醛酸与戊糖（阿拉伯糖、鼠李糖）、己糖（半乳糖，甘露糖）相结合的产物。

2.1.3.3 黏胶类

由葡聚糖和其他低分子多糖组成。这类物质是灰霉菌产生的，所以在用受灰霉菌危害的葡萄原料生产的葡萄酒中，这类物质形成无色光亮的丝状物。可用以葡聚糖酶为主的酶处理将它们分解。

糖与非糖物质如脂类或蛋白质共价结合，分别形成糖脂（Glycolipids），糖蛋白（Glycoproteins）和蛋白聚糖，总称为结合糖或复合糖。糖与蛋白质之间，以蛋白质为主，其一定部位以共价键与若干糖分子链相连所构成的分子称为糖蛋白。其总体性质更接近蛋白质，其中糖含量变化很大，如免疫球糖蛋白含量仅占4%，而人胃糖蛋白含糖量高达 82%。与糖蛋白相比，蛋白聚糖的糖是一种长而不分支的多糖链，即糖胺聚糖，其一定部位上与若干肽链连接，糖含量可超过95%，多糖呈现系列重复双糖结构。其性质与多糖更相近。

葡萄汁中的某些大分子物质，如花色苷-丹宁，其中是否含糖苷及所含糖苷的类型，可用于对葡萄酒所用原料的鉴定，例如欧亚种葡萄不含双葡萄糖苷，而美洲种则含有双糖苷，可直接利用色谱分析法，对葡萄酒的色素进行分析对比，确定酿酒原料的来源。多糖类的相对分子质量多数在 $2 \times 10^4 \sim 2 \times 10^5$ 之间，故不同的多糖类混合在一起，可以形成糖质胶体而使葡萄汁与葡萄酒具有胶黏性。多糖总量在葡萄成熟前期逐渐增多，后期有降低的趋势。

在葡萄汁或酸化了的葡萄酒中加入少量酒精，立即变成乳浊状，并形成凝胶沉淀，这些沉淀物实际上就是多糖类化合物。在发酵过程中，果胶水解而释放出甲醇和果胶酸，而果胶酸在一定条件下产生沉淀，所以储存数月的澄清葡萄酒中，几乎不含有果胶。树胶是一种典型的保护性胶体，在葡萄酒的胶体相中起着十分重要的作用，它含量约为 0.1～3 g/L。黏性多糖是由灰霉菌分泌的，虽然其含量很低，但由于可覆盖过滤层的表面，给葡萄酒的澄清带来困难。

2.2　糖　的　性　质

2.2.1　旋光活性

旋光活性是指一种物质能使偏振光的振动平面发生旋转的特性，大多数糖（含有非对称碳原子）具有旋光活性。除旋光方向外，旋光度的大小（比旋光度）也具有重要意义。根据此种现象可对糖进行定性与定量分析。

2.2.1.1　偏振光和偏振光的振动面

光波是电磁波，是横波。其特点之一是光的振动方向垂直于传播方向。普通光源所产生的光线是由多种波长的光波组成，它们都在垂直于传播方向的各个不同的平面上振动。图 2-8 左表示普通的单色光束朝我们的眼睛直射过来时的横截面。光波的振动平面可以有无数个，但都与其前进方向相垂直。当一束单色光通过尼科耳棱镜（由方解石晶体加工制成，图 2-8 中）时，由于尼科耳棱镜只能使在与其晶轴相平行的平面内振动的光线通过，因而通过尼科耳棱镜的光线，就只在一个平面上振动。这种光线叫做平面偏振光，简称偏振光（图 2-8 右）。偏振光的振动方向与其传播方向所构成的平面，叫做偏振光的振动面。

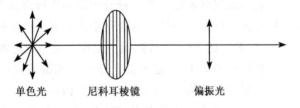

　　单色光　　　　尼科耳棱镜　　　　偏振光

图 2-8　平面偏振光的形成

当普通光线通过尼科耳棱镜成为偏振光后，再使偏振光通过另一个尼科耳棱镜时，则在第二个尼科耳棱镜后面可以观察到：如果两个尼科耳棱镜平行放置（晶体相互平行）时，光线的亮度最大；如两个棱镜成其他角度时，则光线的亮度发生不同程度的减弱，接近 90° 时较暗，接近 0° 时较亮。

2.2.1.2　旋光性物质和物质的旋光性

自然界中有许多物质对偏振光的振动面不发生影响，例如水、乙醇、丙酮、甘油及氯化钠等；还有另外一些物质却能使偏振光的振动面发生偏转，如某种乳酸及葡萄糖的溶液。能使偏振光的振动面发生偏转的物质具有旋光性，叫做旋光性物质；不能使偏振光的振动面发生偏转的物质没有旋光性，叫做非旋光性物质。

　　当偏振光通过旋光性物质的溶液时，可以观察到有些物质能使偏振光的振动面向左旋转（逆时针方向）一定的角度，这种物质叫做左旋体，具有左旋性，以"—"表示；另一些物质则使偏振光的振动面向右旋转（顺时针方向）一定的角度，叫做右旋体，具有右旋性，以"＋"表示。

2.2.1.3　旋光度和比旋光度

　　如将两个尼科耳棱镜平行放置，并在两个棱镜之间放置一种溶液，在第一个棱镜（起偏振器）前放置单色可见光源，并在第二个棱镜（检偏振器）后进行观察。可以发现，如在盛液管中放置水、乙醇或丙醇时，并不影响光的亮度。但如果把葡萄糖或某种乳酸的溶液放于盛液管内，则光的亮度就减弱以至变暗。这是由于水、乙醇等是非旋光性物质，不影响偏振光的振动面；而葡萄糖等是旋光性物质，能使偏振光的振动面向右或左偏转一定的角度。要达到最大的亮度，必须把检测振器向右或向左转动同一角度。旋光性物质的溶液使偏振光的振动面旋转的角度，叫做旋光度，以 α 表示。

　　一种物质的旋光性，主要取决于该物质的分子结构。但在测定物质的旋光度时，还受到测定条件的明显影响。影响旋光度的因素包括溶液浓度、液层厚度（即盛液管的长度）、所用光线（单色光）的波长、测定时的温度以及所用溶剂等。因此，同一种旋光性物质在不同条件下测定的 α 值也不一样。但如固定实验条件，则被测物质的旋光度即为常数。它能反映该旋光性物质的本性，叫做比旋光度，以 $[\alpha]$ 表示。比旋光度与测得的旋光度 α 有以下关系：

$$[\alpha]_{\lambda}^{t} = \frac{\alpha}{l \times c} \tag{2-1}$$

式中：λ——测定时所用单色光的波长，通常用钠光的 D 线（$\lambda = 589$ nm）；

　　　c——溶液浓度，g/mL；

　　　l——盛液管的长度，dm。

　　当 c 和 l 都等于 1 时，则 $[\alpha] = \alpha$。因此，物质的比旋光度就是浓度为 1 g/mL 的溶液，放在 1 dm 长的管中测得的旋光度。所用溶剂须写在比旋光度值后面的括号中。因为即使在其他条件都相同时，改变溶剂也会使 $[\alpha]$ 值发生变化。

　　比旋光度是旋光性物质的一种物理常数。就像每种物质都有一定的熔点、沸点、折射率、密度一样，各种旋光性物质都有其比旋光度（见表 2-2）。

表 2-2　重要单糖、低聚糖和多糖的比旋光度

单　糖	$[\alpha]_D^{20℃}$	低聚糖、多糖	$[\alpha]_D^{20℃}$
D-阿拉伯糖	−105.0°	麦芽糖	+130.4°
L-阿拉伯糖	+104.5°	蔗糖	+66.5°

续表

单　糖	$[\alpha]_D^{20℃}$	低聚糖、多糖	$[\alpha]_D^{20℃}$
D-木糖	$+18.8°$	转化糖	$-19.8°$
D-葡萄糖	$+52.2°$	乳糖	$+55.4°$
D-果糖	$-92.4°$	糊精	$+195°$
D-半乳糖	$+80.2°$	淀粉	$\geqslant196°$
D-甘露糖	$+14.2°$	糖原	$+196°\sim+197°$

　　有些糖在开始溶解时，比旋光度不断变化，但到一定时间后就稳定于一个恒定的值，此种现象称为变旋现象。变旋现象的原因是开始时不同结构形式的糖可互相变化，而最后各种形式的糖将达到一定的平衡所致。如葡萄糖以两种具有不同比旋光度的形式存在，α-D-($+$)葡萄糖（$[\alpha]_D^{20℃}=+112°$）和 β-D-($+$)葡萄糖（$[\alpha]_D^{20℃}=+18.7°$），将两种葡萄糖分别溶于水后，其旋光率都逐渐转变为 $+52.2°$。

2.2.2　水解

　　在酸或酶的作用下，双糖和多糖可发生水解，其中酸的作用快于酶的作用，水解的程度与速度取决于溶剂的 pH 和温度。戊糖与强酸共热，因脱水而生成糠醛。己糖与强酸共热，先生成羟甲基糠醛，然后分解成乙酰丙酸、甲酸、CO、CO_2，以及少量未分解的羟甲基糠醛。无机酸比有机酸水解作用强，水解作用随温度的升高而加速。

　　蔗糖经过水解生成等物质的量的葡萄糖与果糖的混合物，称为转化糖（Invert sugar），这种作用称为转化（Inversion）。转化这一概念是据原始终产物的旋光性不同而定义的。蔗糖的旋光性为右旋，而其分解产物（葡萄糖和果糖的混合物）却使偏振光左旋，蔗糖水解物的比旋光度为 $-19.8°$，表明偏振光的旋转方向发生了变化。酵母菌可分泌转化酶，将蔗糖水解为转化糖；而另一些酵母（如克氏酵母等）则不能分泌转化酶，只能依靠葡萄汁中的转化酶将蔗糖水解为转化糖。

2.2.3　甜度

　　糖除了主要作为发酵的基质外，另一个作用就是赋予葡萄酒甜味。各种糖的甜度不同，而甜度与糖的结构及空间立体构型有关。确定糖的甜度一般都采用比较法，因此所获数值只是一个相对值。通常选择蔗糖为标准，设蔗糖的甜度为1.00。表 2-3 列出了以蔗糖为标准的各种糖的相对甜度。

表 2-3　几种糖和非热源性甜味剂的相对甜度

糖　类	甜　度	糖　类	甜　度
蔗糖	1.00	半乳糖	0.32
果糖	1.33	乳糖	0.16
转化糖	1.30	糖精*	400
葡萄糖	0.74	环己胺磺酸钠*	30
木糖	0.40	天冬苯丙二肽*	180
麦芽糖	0.32	莫内林*	2000

* 非热源性甜味剂。

2.2.4　焦糖化

如果对蔗糖加热或和酸、酸性钠盐一起加热，蔗糖即开始熔融，并变成黄色乃至褐色，这种现象称为焦糖化。当糖熔融（温度范围 $180\sim190$ ℃）时，除产生显色反应外，还形成二乙酰基，二乙酰基是典型焦糖味的来源。

焦糖化的蔗糖与水混合即为焦糖色素，可用于对露酒、味美思酒等的着色。焦糖色素含有不同酸性的羟基、羰基、羧基、烯醇盐和酚羟基，随着温度、pH的增加，反应速度也增加，pH＝8.0时的反应速度是pH＝5.9时的10倍。在没有缓冲盐存在的情况下，生成了大量的腐殖质（Humus）。腐殖质具有高相对分子质量（平均化学式为 $C_{125}H_{188}P_{80}$），略带苦味，在形成焦糖化风味过程中必须避免产生腐殖质。

2.2.5　麦拉德反应

糖和氨基化合物（主要指肽和蛋白质的氨基）的反应称为麦拉德反应（Maillard reaction），是非酶褐变的主要类型。该反应的产物为类黑精（Melanoidin），在糖和蛋白质加热时可形成这种褐色化合物，从而使葡萄汁（酒）变成褐色。几种单糖都可与氨基发生褐变反应，D-阿拉伯糖、D-木糖、D-核糖的褐变反应强度约为 D-葡萄糖、D-果糖的两倍，糖与氨基反应的难易程度除与糖的种类有关外，还取决于氨基酸分子中氨基是处于 α 位还是 β 位。

麦拉德反应之初溶液呈无色，并不显示紫外吸收；随着反应的进行，溶液变黄，近紫外吸收增加，此时，加入还原剂，例如亚硫酸盐，能产生部分脱色的效果；反应的最后阶段，产物呈红棕色，以至深棕色，加亚硫酸盐已不能使其脱色。此时，由于复杂的醛醇缩合和聚合作用，产生了类似于焦糖的风味和不溶性的胶体类黑精。

麦拉德反应的直接后果是氨基酸（尤其是必需氨基酸）的损失、葡萄汁（酒）的褐变及产生不良风味。

2.3　葡萄酒中的多糖对香气及酒石稳定性的影响

葡萄酒中的多糖主要来源于葡萄浆果（酸性多糖和中性多糖）、酵母（糖苷和甘露蛋白），以及感染灰霉病的葡萄浆果中由灰霉菌（*Botrytis cinerea*）分泌的糖苷。所有这些多糖都能在酒精中沉淀，其在葡萄酒中含量为 0.3～1.0 g/L（表 2-4）。在法国布根地地区生产的霞多丽（Chardonnay）干白葡萄酒，通常是在橡木桶中发酵，然后在酒泥上陈酿数月，并且在陈酿过程中每周搅拌 1～2 次。用这种方法酿造的葡萄酒，通常含有很多的由酵母菌产生的多糖，特别是甘露蛋白。Feuillat 工作组（1999）已经证实在酒泥上陈酿的葡萄酒中富含甘露蛋白，并且研究了甘露蛋白对葡萄酒的作用。其研究结果证明，甘露蛋白不仅可促进苹果酸-乳酸发酵，还可通过提高葡萄酒的稳定性（包括蛋白、酒石、多酚）、改善葡萄酒的香气和口感等方面，提高葡萄酒的感官质量。

表 2-4　葡萄酒中大分子的来源和含量

来源	种类	含量/(g/L)
葡萄浆果	色素	0.2～0.5
	丹宁	1～5
	蛋白	0.05～0.10
	中性和酸性多糖	
酵母	糖苷	0.3～1.0（多糖）
	甘露蛋白	
灰霉菌	糖苷	
添加剂	阿拉伯树胶	0～0.1
	焦酒石酸	0～0.1

2.3.1　酵母菌甘露蛋白的来源和构成

酵母菌甘露蛋白来源于细胞壁：一方面，在酒精发酵过程中，由酵母菌的生活细胞释放而进入葡萄汁或葡萄酒；另一方面，当葡萄酒在酒泥上陈酿时，由酵母菌死细胞的自溶而进入葡萄酒。在发酵过程中所释放的甘露蛋白的量，取决于酵母菌的菌系和对葡萄汁的澄清处理。葡萄汁的澄清度越高，则多糖含量越低，酵母菌释放的甘露蛋白量也越大（表 2-5，表 2-6）。

表 2-5　酒泥对葡萄酒中胶体总量和总氮的影响*

陈酿的方式	胶体总量/(mg/L)	总氮/(mg/L)
在细酒泥上陈酿	809	350

续表

陈酿的方式	胶体总量/(mg/L)	总氮/(mg/L)
在全部酒泥上陈酿	893	368
在全部酒泥上陈酿并带搅拌	930	392

* 霞多丽，在酒泥上陈酿 8 个月。

表 2-6　葡萄酒酵母（*S. cerevisiae*）在酒精水缓冲液（pH＝3，40℃）自溶过程中胶体的产量

天　　数	0	1	3	6	9	14
胶体/(mg/L)	0	20	30	79	200	450
酵母活细胞/%	69	10	0	0	0	0

2.3.2　甘露蛋白的组成

甘露蛋白是复合糖的一种，主要成分是糖，蛋白质含量较少，其性质接近糖的性质（表 2-7、2-8）。在白葡萄酒中，甘露蛋白常常引起酒的混浊和沉淀。

表 2-7　甘露蛋白的制备

甘露蛋白	制备方法
A（Herlin 1997）	用活性干酵母按下述方法制备：蒸馏水洗，在 125 ℃ 进行 90 min，在 pH＝7 的缓冲液中配成悬浮液，离心，用 3 倍的酒精将离心液沉淀，干燥
D	与 A 的方法相同，但，将离心液直接用热或冷冻干燥
FS	用酵母菌皮制备（Fould Springer 公司，法国）
MP1	用酵母菌皮制备（Fould Springer 公司，法国）
MP2	用酵母菌皮制备（Fould Springer 公司，法国）
GB	Gist Brocades 公司，荷兰

表 2-8　甘露蛋白的成分

甘露蛋白	总　糖 (以葡萄糖表示)/%	蛋白质 (以 BSA 表示)/%	氨基酸 (HPLC)/%	氨基酸糖苷 (HPLC)/%
A	70.30	28.60	3.10	0.45
D	60.10	19.50	2.60	0.27
GB	84.80	15.30	1.70	0.46
FS	87.50	7.00	0.80	0.40
MP1	73.60	14.00	1.20	0.30
MP2	86.00	6.60	0.95	0.30

表 2-9　甘露蛋白对白葡萄酒在 4 ℃条件下酒石结晶必需时间的影响

时间 /h	对照	A/(mg/L)			D/(mg/L)			GB/(mg/L)			FS/(mg/L)			MP1/(mg/L)			MP2/(mg/L)		
		250	500	1000	250	500	1000	250	500	1000	250	500	1000	250	500	1000	250	500	1000
0	−	−	−	−	−	−	−	−	−	−	−	−	−	−	−	−	−	−	−
24	+	−	−	−	−	−	−	−	−	−	−	−	−	−	−	−	+	−	−
48	+	−	−	−	+	−	−	−	−	−	−	−	−	−	−	−	+	−	−
72	+	−	−	−	+	−	−	−	−	−	−	−	−	+	−	−	+	+	−
96	+	−	−	−	+	+	−	−	−	−	−	−	−	−	−	−	+	+	−

－：无结晶；＋：有结晶。

表 2-9 的结果表明，所有的甘露蛋白都能抑制葡萄酒的酒石结晶，其中 A、GB 和 FS 效果最好，而 MP1、D 和 GP2 的效果次之。

如果比较 A 和 D 就会发现，它们的制备方法相似。A 是将酵母提取物用酒精沉淀，而 D 则是将酵母提取物冷冻干燥（表 2-7），因而 A 的蛋白和糖的含量比 D 高。两者的蛋白种类基本一致，但 A 的各类蛋白含量都高于 D（表 2-8）。比较 GB 和 FS，GB 的蛋白含量要高得多，而这两者的蛋白和糖的种类都不一样，但它们对酒石稳定都有良好的作用。

上述结果表明，在酒精发酵过程中以及当白葡萄酒在酒泥上陈酿时，由酵母菌释放或自溶产生的甘露蛋白可以影响葡萄酒的香气质量；甘露蛋白可以改变芳香物质的挥发性；甘露蛋白还可提高葡萄酒的酒石稳定性，同时可提高葡萄酒的"肥硕感"及香气的馥郁性。

2.4 小　　结

糖是自然界存在的一大类具有广谱化学结构和生物功能的有机化合物，是葡萄浆果重要的营养物质和葡萄酒酒精发酵的基质，也是葡萄酒中的重要呈味物质，对葡萄酒的生物化学、物理、物理化学性质和感官质量具有重要的影响。这类物质主要由碳、氢和氧组成，其分子式通常以 $C_n(H_2O)n$ 表示，习惯称"碳水化合物"。

糖是含多羟基醛类或酮类化合物，根据它们水解的情况可分为单糖、低聚糖和多糖。凡是不能被水解成更小分子的糖为单糖；凡能水解生成少数（2～10）个单糖分子的称为低聚糖，其中以双糖存在最为广泛，重要代表为蔗糖、麦芽糖和乳糖；凡能水解为多个单糖分子的糖为多糖，其中以淀粉、糖原和纤维素等最为重要；与非糖物质结合的糖称为复合糖，如糖蛋白和糖脂等；糖的衍生物称为衍生糖，如糖胺、糖酸和糖酯等。

葡萄浆果中的糖主要有葡萄糖、果糖、少量的戊糖和蔗糖以及多糖。葡萄糖和果糖一般在浆果的果肉中，也就是果汁中；在果皮、种子中则很少。而果皮和穗梗中含有多糖如戊聚糖、半纤维素和纤维素等。另外未成熟浆果果肉中还有果胶、淀粉。在葡萄酒中，主要有葡萄糖、果糖、少量的戊糖以及多糖。单糖和低聚糖具有旋光活性、水解、甜度、焦糖化和麦拉德反应等性质，这些性质对葡萄酒的酿造具有重要作用，也是分析、测定酒中糖含量的主要理论依据。

主要参考文献

贺普超，罗国光. 1994. 葡萄学. 北京：中国农业出版社

李华. 2000. 葡萄与葡萄酒研究进展——葡萄酒学院年报（2000）. 西安：陕西人民出版社

李华. 2000. 多糖对葡萄酒香气及酒石稳定的作用. 酿酒，5：64

李华. 2000. 现代葡萄酒工艺学（第二版）. 西安：陕西人民出版社

李华. 2001. 葡萄集约化栽培手册. 西安：西安地图出版社

秦含章. 1991. 葡萄酒分析化学. 北京：中国轻工业出版社

沈同，王镜岩. 1990. 生物化学（第二版）. 北京：高等教育出版社

汪小兰. 1987. 有机化学（第二版）. 北京：高等教育出版社

Feuillat M. 1999. L'action des polysaccharides sur la stabilization aromatique et tartrique. Revue des oenologues，93：23

Peynaud E. 1981. Connaissance et travaille du vin，2eme edition. Dunod

第 3 章　葡萄浆果中的酸和葡萄子油

一穗葡萄浆果是由果梗和果粒两部分构成的。果粒又是由果皮、果肉和种子构成的。构成葡萄浆果的各个部分，在结构和化学成分上有很大的差异，所以在葡萄酒工艺学中就具有不同的作用。葡萄果粒的物理组成见表 3-1。

表 3-1　葡萄果粒的物理组成

品种部位	平均重量/g	果肉/%	果皮/%	种子/%
赤霞珠	1.32	74.4	19.8	5.8
梅尔诺	1.62	78.8	16.4	4.8
索味浓	1.60	82.9	14.2	2.9
赛美容	1.83	76.0	21.0	3.0

3.1　酸

葡萄浆果中的酸可分为有机酸和无机酸。在这些酸中，最主要的有酒石酸、苹果酸和柠檬酸。它们主要存在于果肉中。

3.1.1　酒石酸 (Tartaric Acid)

酒石酸，学名 2, 3-二羟基丁二酸，化学式 HOOC—CHOH—CHOH—COOH。由于酒石酸分子中含有两个相同的不对称碳原子，所以有 D-型、L-型、DL-型和内消旋 4 种异构体。自然界存在的酒石酸为 D-型。

葡萄浆果中的酒石酸为右旋异构体，相对分子质量为 150.09，白色单体，熔点 171～174 ℃，相对密度 1.760，有强酸味，易溶于水和乙醇。酒石酸为二元酸，如果我们用 H_2T 来表示酒石酸，其电离平衡常数如下：

$$H_2T \Longrightarrow H^+ + HT^- \qquad \frac{[H^+][HT^-]}{[H_2T]} = K_1 \qquad (3\text{-}1)$$

$$HT^- \Longrightarrow H^+ + T^{2-} \qquad \frac{[H^+][T^{2-}]}{[HT^-]} = K_2 \qquad (3\text{-}2)$$

在水溶液中，酒石酸的 $pK_1 = 3.04$，$pK_2 = 4.34$。

酒石酸是葡萄浆果中最强的酸，也是其特有的酸，还没有在其他水果中发现酒石酸。

由于酒石酸有两个相邻的羟基（—OH），就使其具有一些特殊的物理和化学性质，其中在葡萄酒学中最重要的是其高酸度、水溶性和盐等。

在酒石酸的盐中，最重要的是酒石酸氢钾（HOOC—CHOH—CHOH—COOK，又叫"酒石"）和中性酒石酸钙：

$$
\begin{array}{l}
CHOH—COO \\
\qquad\qquad\qquad\searrow \\
\qquad\qquad\qquad\qquad Ca \cdot 4H_2O \\
\qquad\qquad\qquad\nearrow \\
CHOH—COO
\end{array}
$$

这两种盐的溶解度较低，在葡萄酒中会形成酒石沉淀。除在霉烂的葡萄浆果中存在的半乳糖二酸可形成溶解度低的钙盐外，酒石酸，是惟一可引起葡萄酒不稳定的有机酸。

3.1.2 苹果酸（Malic Acid）

学名羟基丁二酸，化学式 HOOC—CH$_2$—CHOH—COOH，相对分子质量为134.09。苹果酸分子中含有一个手性碳原子，因此有两种旋光异构体（左旋体和右旋体）和一种外消旋体。葡萄浆果中的苹果酸，属左旋苹果酸，无色针状晶体，有爽快的酸味，相对密度1.601，熔点130～131℃，易溶于水和乙醇。

苹果酸也是二元酸，其 $pK_1=3.46$；$pK_2=5.13$。

与酒石酸比较，苹果酸只比酒石酸少一个羟基，但其酸性却小得多：苹果酸的第一个酸根的电离度为酒石酸的1/3，第二个酸根的电离度为酒石酸的1/6。

3.1.3 柠檬酸（Citric Acid）

柠檬酸为三元酸，学名2-羟基-1，2，3-丙烷三羧酸，相对分子质量为192.12，相对密度1.542（20℃），熔点153℃，无色晶体，常含一分子结晶水，具有可口酸味。在干燥空气中加热至40～45℃，失去结晶水，成为无水柠檬酸。易溶于水和乙醇，其结构式为

$$
\begin{array}{l}
CH_2—COOH \\
| \\
HO—C—COOH \\
| \\
CH_2—COOH
\end{array}
$$

如果我们用 H_3C 来表示柠檬酸，则其电离平衡常数如下：

$$H_3C \rightleftharpoons H^+ + H_2C^- \qquad \frac{[H^+][H_2C^-]}{[H_3C]} = K_1 \qquad (3-3)$$

$$H_2C^- \rightleftharpoons H^+ + HC^{2-} \qquad \frac{[H^+][HC^{2-}]}{[H_2C^-]} = K_2 \qquad (3-4)$$

$$HC^{2-} \rightleftharpoons H^+ + C^{3-} \qquad \frac{[H^+][C^{3-}]}{[HC^{2-}]} = K_3 \qquad (3-5)$$

在水溶液中，$pK_1=3.15$；$pK_2=4.71$；$pK_3=6.41$。

柠檬酸的第一个酸根的电离度几乎与酒石酸的第一个酸根相似；第二个酸根的电离度为酒石酸的一半，但比苹果酸的大 3 倍；其第三个酸根，在葡萄酒的pH(2.8～3.8) 范围内，完全不电离。所以，柠檬酸表现的特性介于酒石酸和苹果酸之间的二元酸。

除酒石酸、苹果酸和柠檬酸以外，在葡萄浆果中其他酸的含量很少。这些酸只有在受灰霉菌（*Botrytis cinerea*）危害后，其含量才会增高。

葡萄浆果中的酸部分地与钾、镁、钙离子以及少量的钠离子形成盐。

3.1.4 滴定酸和灰分碱性

为了描述并且比较葡萄浆果不同部分的酸，必须了解葡萄酒分析中两个常用的概念：滴定酸和灰分碱性。

葡萄酒中含有多种酸，特别是有机酸。它们或者以游离状态，或者以酸性盐（如酒石酸氢钾）状态存在，所有这些酸的酸性基团的总和就叫做葡萄酒的总酸。由于总酸量是通过用一定浓度的碱溶液（通常为 0.1 mol/L 的 NaOH 溶液）滴定来计算的，所以又叫滴定酸。

假设中和一定体积的酒石酸溶液消耗了 10 mL 浓度为 1 mol/L 的 NaOH，该体积溶液中含有多少酒石酸呢？由于酒石酸为二元酸，1 L 浓度为 1 mol/L 的 NaOH 可中和同样体积的 0.5 mol/L 的二元酸，所以该溶液中酒石酸的含量为

$$10 \text{ mL} \times 0.5 \text{ mol/L} = 0.005 \text{ mol}$$

而酒石酸的相对分子质量为 150，所以 10 mL 浓度为 1 mol/L 的 NaOH 就中和了酒石酸：

$$0.005 \text{ mol} \times 150 \text{ g/mol} = 0.75 \text{ g}$$

因此，该溶液中就含有 0.75 g 酸。以上所描述的就是滴定酸，它可通过在中和过程中所用的滴定碱液的体积来确定溶液中的含酸量。

现在，假定我们取 10 mL 含酸溶液，用 0.1 mol/L NaOH 将它中和至 pH=7，并且所用溶液为 15 mL，则该溶液中滴定酸（单酸）的含量为

$$15 \text{ mL} \times (0.1 \text{ mol/L})/10 \text{ mL} = 0.15 \text{ mol/L}$$

如果我们分别用酒石酸（二元酸，相对分子质量 150）和硫酸（二元酸，相对分子质量 98）表示该溶液的滴定酸，则有

$$0.15 \text{ mol/L} \times 0.5 \times 150 \text{ g/mol} = 11.05 \text{ g/L}（酒石酸）$$

$$或 \ 0.15 \text{ mol/L} \times 0.5 \times 98 \text{ g/mol} = 7.35 \text{ g/L}（硫酸）$$

以上实验可以完全说明滴定酸不同的表示法及其相互之间的关系。

酒石酸、苹果酸和柠檬酸都是由碳原子、氢原子和氧原子构成的。将一定体积含有这些酸的混合溶液置入蒸发器皿中，加热蒸发后，这些酸以结晶状态存在于

蒸发器的底部。再将它们完全燃烧，直至不再有烟或蒸汽，即将这三种酸与空气中的氧发生反应。在该反应中，空气中的氧将酸中的氢转化为水，将碳转化为 CO_2，并且它们都以气体的形态被去除。在实验结束时，蒸发器中什么也没有了。如果在冷却以后在蒸发器中加入水，则没有东西可溶解在水中，水仍然保持中性。

如果我们用酒石酸氢钾溶液重复上面的实验，在燃烧的过程中，所有的有机部分，即由碳和氢构成的部分，都被破坏并且以 H_2O 和 CO_2 的形式被去除，但钾却以 K_2CO_3 的形式留在蒸发器中。如果用水去回收残留物，我们就获得了碳酸钾溶液。但是碳酸盐，如其钾、钙、镁和钠盐，都是一种强碱弱酸盐。这是由于碳酸在水中会以式（3-6）分解：

$$H_2CO_3 \Longleftrightarrow H_2O + CO_2 \tag{3-6}$$

所以，如果 CO_2 以气体释出，平衡就会趋于右边。碳酸的第一和第二电离系数分别为 $pK_1 = 6.52$ 和 $pK_2 = 10.2$。

如果在碳酸钾溶液中加入一定浓度（如 0.1 mol/L）的强酸，如盐酸溶液，则碳酸氢钾会被完全转化为氯化钾，盐酸也被中和，同时碳酸也会被分解为 CO_2 和 H_2O。

在酒石酸氢钾被完全燃烧后，如果用水去回收残留物，就得到了碱性溶液。我们可以用酸液滴定来测定其碱度。例如，我们取 25 mL 酒石酸氢钾溶液，在蒸发和燃烧以后，用了 5 mL 浓度为 0.1 mol/L HCl 去中和它（实验1），则该溶液的灰分碱度为

$$5 \text{ mL} \times 0.1 \text{ mol/L} /25 \text{ mL} = 0.02 \text{ mol/L}$$

如果取 25 mL 同样的溶液，在没有燃烧以前直接用 0.1 mol/L NaOH 去滴定，其用量会为 5 mL。将中和以后的溶液燃烧以后，用 0.1 mol/L HCl 溶液去滴定残留物溶液，则需 10 mL 浓度为 0.1 mol/L HCl（实验2）。

以上实验说明什么呢？酒石酸氢钾，用 KHT 来简单表示，是一种一半已成盐的酸，而且可能完全成盐：

$$KHT + NaOH \rightarrow KNaT + H_2O \tag{3-7}$$

在实验1中，所测得碱度的物质的量浓度数相当于完全中和酸所需的一半，它与在实验2中直接滴定时所用 NaOH 的物质的量浓度数相等，而该 NaOH 的物质的量浓度数则已代表完全中和所需的物质的量浓度数，因为另一半在此之前已被中和。在中和并燃烧以后所测得的碱度，是上述两种测定的两倍，并表示完全中和所有酒石酸所需的碱量。所以，如果要用物质的量浓度来表示在本实验中酒石酸氢钾溶液中的酒石酸总量，就必须将滴定酸度和灰分碱度相加：

$$0.02 + 0.02 = 0.04 \text{（mol/L）}$$

以上例子清楚地说明，灰分碱度表示有机酸的成盐（结合）部分，而滴定酸度则表示有机酸的可成盐（游离）部分。像 K_2SO_4 这样的盐在燃烧过程中不发

生任何变化，所以也不是碱度的构成部分。

　　总之，在部分成盐的有机酸的混合溶液中，滴定酸表示可成盐的酸度，而灰分碱度则表示已成盐的酸度，两者之和就是有机酸总量。

　　总酸决定着葡萄酒的 pH，因此，决定了细菌是否能分解葡萄酒的成分。一定的总酸量可以抑制或推迟葡萄酒中微生物的活动，从而有利于葡萄酒的储藏。因此，国际标准规定，佐餐葡萄酒的总酸量不能低于 4.5 g/L（酒石酸）或 2.9 g/L（H_2SO_4）。

　　总酸也是影响葡萄酒感官质量的重要因素之一。对于所有的红葡萄酒，若总酸量较低，则酒体柔和、圆润；相反，如果总酸量过高，则酒体粗糙、瘦弱。对于白葡萄酒，大多数消费者则喜欢有较为明显的酸度，有良好的清爽感。此外，总酸也能影响葡萄酒的颜色及其稳定性。

　　一般情况下，葡萄酒的酸度约为其葡萄醪酸度的 3/4。但如果葡萄醪酸度低，则在发酵过程中总酸增高；相反，则总酸降低，且降低的幅度与葡萄醪的酸度成正比。在酒精发酵过程中由于形成酸而使酸度升高，但在酒精发酵结束后，由于苹果酸-乳酸发酵和酒石酸氢钾的沉淀而使酸度降低。

3.2　葡萄子油

　　葡萄种子占葡萄浆果总重量的 3%～6%。近年来，随着对葡萄种子研究的不断深入，发现其具有较高的营养价值和药用价值，具有降低血脂、抗氧化、清除自由基、抗癌等作用。到目前为止，从葡萄种子中已经分离出多种化学成分，其中主要涉及脂肪油类、黄酮及多酚类、蛋白质等成分（表 3-2）。

表 3-2　葡萄子的主要化学成分的含量[*]

化学成分	水分/%	灰分/%	粗脂肪/%	粗蛋白/%	粗纤维/%
含　量	11.10	11.97	10.15	8.96	23.16

[*] 许申鸿等 2002。

　　葡萄种子中油脂含量丰富，约为 14%～17%。葡萄种子经压榨或溶剂浸提后，即可得到葡萄子油。其油色为淡黄色，晶莹透亮。其凝固点为 -10～-15℃，相对密度为 0.923～0.926（20℃），折光率为 1.473～1.477（25℃），黏度为 6.7（20℃），皂化值为 179～192，含水量为 0.10%～0.12%，过氧化值为 0.042%～0.044%。对其进行加热试验，280℃时油色不变，无析出物。

　　葡萄子油中有大量不饱和脂肪酸，质量分数高达 90% 以上，与大豆、麦芽脂肪含量相近（表 3-3）。其中亚油酸含量达 75% 以上，比一般食用油，甚至药用油（核桃油和红花油）都高。葡萄子油中还含有 20 多种微量元素，如 Mg、Ca、K、Na、Fe、Cu、Zn、Mn、Co，以及维生素 A、维生素 C、维生素 D、维生素 E 等，其中含维生素 E360 mg/kg，含 β-胡萝卜素 42.55 mg/kg，植物甾醇含量可达 500 mg/100 g。这些都表明葡萄子油是一种具有良好保健功能的食用油，葡萄子油的医疗保健作用日益受到人们的重视。

表 3-3　葡萄子精油中的脂肪酸含量[*]

脂肪酸	含量/%	脂肪酸	含量/%	脂肪酸	含量/%
月桂酸	0.0281	棕榈油酸	0.0456	亚油酸	76.4955
豆蔻酸	0.0144	硬脂酸	0.0356	亚麻酸	0.8913
棕榈酸	6.8213	油　酸	14.8987	花生酸	0.7695

[*] 王敬勉等 1997。

葡萄子油是脂肪酸的甘油酯：

$$
\begin{array}{l}
\mathrm{CH_2-O-\overset{\displaystyle O}{\overset{\|}{C}}-R_1} \\[4pt]
\mathrm{CH-O-\overset{\displaystyle O}{\overset{\|}{C}}-R_2} \\[4pt]
\mathrm{CH_2-O-\overset{\displaystyle O}{\overset{\|}{C}}-R_3}
\end{array}
$$

此外，葡萄种子中还含有大量矿物质。

3.3　蜡　质　层

　　在葡萄浆果的表皮上，覆盖着一层角质及蜡质，这就是蜡质层。在电子显微镜下观察，蜡质层就像一系列相互堆积的浅裂片状物。据 Radler 的研究，葡萄蜡质层中 2/3 为油烷酸，该酸结构与甾醇的结构相似，在发酵过程中与甾醇和一些长链脂肪酸一样，表现为发酵促进剂。另外 1/3 则由一百多种物质构成，主要为醇、酯、脂肪酸等长链化合物。油烷酸的结构如下：

3.4　小　　结

在葡萄浆果中最主要的酸有酒石酸、苹果酸和柠檬酸。

酒石酸可以与矿质元素形成不溶性的酒石酸盐，如酒石酸氢钾和酒石酸钙，从而影响葡萄酒的稳定性。苹果酸可进行苹果酸-乳酸发酵，对葡萄酒的品质有重要的影响。柠檬酸可与三价铁形成可溶性稳定络合物，常用此反应特性来防止葡萄酒的铁破败病。

滴定酸是指被碱中和的酸，一般以酒石酸计，主要是有机酸中的游离酸。不同品种、气候和栽培条件，滴定酸的含量不同。滴定酸含量也是果实理化性质的一个指标。

灰分碱测定先加过量的硫酸，再用 NaOH 滴定。在部分成盐的有机酸的混合溶液中，滴定酸表示可成盐的酸度，而灰分碱度则表示已成盐的酸度，两者之和就是有机酸总量。如果需要酸化或去酸化，就可用公式（3-8）来计算需要加酸或加碱的量：

$$\frac{\Delta|B|}{\Delta|pH|} = 2.303\frac{TC}{T+C} \tag{3-8}$$

式中，T 表示总酸度，C 表示灰分碱，$\Delta|B|$ 表示需要增加或减少的酸量，$\Delta|pH|$ 表示需要增加或降低的 pH 数值。

此外，灰分碱还可用来建立酸碱平衡，即：

$$C+[NH_4^+]+T = \sum[A^-] \tag{3-9}$$

式中，$[NH_4^+]$ 和 $[A^-]$ 分别表示铵离子和有机阴离子的浓度。

葡萄种子中油脂含量丰富，约为 $14\%\sim17\%$。葡萄子油是脂肪酸的甘油酯。虽然葡萄子油是一种具有良好保健功能的食用油，但在葡萄酒的酿造过程中，应避免压破种子，防止葡萄子油进入葡萄酒中。

葡萄蜡质层的主要成分是油烷酸，它具有发酵促进剂的作用。

主要参考文献

傅建熙. 2000. 有机化学. 北京：高等教育出版社

郜志峰，傅承光，张彦从. 1994. 单柱离子色谱测定葡萄不同成长期的苹果酸、酒石酸和柠檬酸. 河北大学学报（自然科学版），14（3）：34

高年发，李小刚，杨枫. 1999. 葡萄及葡萄酒中有机酸及降酸研究. 中外葡萄与葡萄酒. 4：6

顾国贤. 1996. 酿造酒工艺学（第二版）. 北京：中国轻工业出版社

贺普超. 1994. 葡萄学. 北京：中国农业出版社

李凤英. 2002. 葡萄籽中主要化学成分及其开发应用. 河北职业技术师范学院学报，16（2）：

65

李华. 2000. 现代葡萄酒工艺学（第二版）. 西安：陕西人民出版社

刘光启，马连湘，刘杰. 2002. 化学化工数据手册（有机卷）. 北京：化学工业出版社

刘天明，李华，王华. 1998. 雷司令葡萄反季果酿酒特性研究. 河南职技师院报，26（2）：33

卢春生，雷茵霞，张新华. 1999. 无核白葡萄果实发育期间矿质元素和营养成分变化. 西安：
　　西北农业学报，8（1）：91～94

邱冬梅. 1996. 葡萄籽油的生产工艺. 江苏科技信息，（11）：17

王敬勉等. 1997. 葡萄籽油生产工艺研究. 中国油脂，22（2）：10

汪小兰. 1997. 有机化学（第三版）. 北京：高等教育出版社

魏福祥. 2001. 葡萄籽中活性成分提取工艺的研究. 精细化工，18（7）：394

徐莉. 2002. 葡萄籽化学和药理学研究进展. 吉林中医药，22（1）：61～62

许申鸿等. 2002. 葡萄籽化学成分分析及其抗氧化性质的研究. 食品工业科技，（2）：18

杨桂馥. 2002. 软饮料工业手册. 北京：中国轻工业出版社

张继澍. 1999. 植物生理学. 西安：世界图书出版公司

张振文，李华，宋长冰. 2002. 节水灌溉对葡萄及葡萄酒质量的影响. 园艺学报，29（6）：
　　515

翟衡，杜金华. 2001. 酿酒葡萄栽培及加工技术. 北京：中国农业出版社

Roger B. Boulton，Vernon L. Singleton. 2001. 葡萄酒酿造学原理及应用. 赵光鳌译. 北京：
　　中国轻工业出版社

Usseglio-Tomsset L. 1995. Chimie oenologique. 2eme edition. Paris：Tec & Doc

第 4 章 葡萄与葡萄酒中的矿物质

植物体内的矿物质是将植物材料放在 105 ℃下烘干称重，其中蒸发的水分约占植物组织的 10%～95%，干物质占 5%～90%，干物质中包含有机物和无机物，将干物质放在 600 ℃灼烧时，有机物中的碳、氢、氧、氮等元素以 CO_2、水、分子态氮、NH_3 和氮的氧化物形式挥发掉，一小部分硫变为 H_2S 和 SO_2 的形式散失，余下一些不能挥发的灰白色残渣成为灰分（Ash）。灰分中的物质为各种矿质的氧化物、硫酸盐、磷酸盐、硅酸盐等，构成灰分的元素称为灰分元素（Ash element）。它们直接或间接来自土壤矿质，故又称矿质元素（Mineral element）。葡萄酒中的无机物质则称为灰分，是葡萄酒蒸发和焚烧后的残留物质。

4.1 矿质元素的分类及其功能

矿质元素，在人体内经过氧化后生成氧化物，按其性质分为酸性矿质元素如磷、氯、硫、碘等和碱性矿质元素，如钙、镁、钠、钾等。含碱性矿质元素较多的食品，在生理上为碱性食品，含酸性矿质元素较多的食品为酸性食品。葡萄酒虽然含有各种有机酸，在味觉上呈酸性，但这些有机酸在人体内经氧化生成 CO_2 和水而排出体外，故在生理上并不显酸性，而其中存在的矿质元素属于碱性元素，因为它是干浸出物在温度为 525±25 ℃连续通风条件下经碳化而获得的。在这种条件下，所有与有机酸结合的盐都被转变成无机酸盐，主要是碳酸钾，还有碳酸钙和碳酸镁等。强无机酸（HCl、H_2SO_4、HNO_3 和 H_3PO_4）在葡萄酒中以与盐结合的状态存在，在灰分中不被转变，故葡萄酒在生理上属于碱性食品。

正常情况下人的血液，由于自身的缓冲作用，其 pH 保持在 7.3～7.4 之间。人们食用适量的碱性或酸性食品后，其中非金属元素经体内氧化，生成阴离子酸根，在肾脏中与氨结合成铵盐，被排出体外。金属元素在体内经氧化，生成阳离子碱性氧化物，与 CO_2 结合成各种碳酸盐，从尿中排出体外，这样仍能使人的血液的 pH 保持在正常的范围之内，在生理上能达到酸碱平衡的要求。若饮食不合理或食品搭配不当，容易引起人体生理上酸碱平衡失调，导致营养失调及代谢失调。

矿物质在生物体内的功能主要表现在：

（1）构成人体组织的重要材料。矿物质是构成人体组织的重要材料，如钙、磷、镁是骨骼和牙齿的重要成分；磷、硫是构成组织蛋白的成分；铁参与血红蛋白和细胞色素的组成；锌是体内 70 多种酶的重要组分。

（2）维持体液渗透压。矿物质是细胞内液及细胞间液的重要成分，它们和蛋白质共同存在，维持着各组织细胞的渗透压。因而在体液移动和停留过程中起重要作用。

（3）维持机体的酸碱平衡。酸性碳酸盐和磷酸盐与 H^+ 或 OH^- 结合时，生成不易离解的酸，或者生成接近中性的盐，当组织代谢产生酸时，不会使体液的 pH 有明显的变化。

（4）酶的活化剂。有些元素是酶的活化因子，如氯离子对唾液淀粉酶，镁离子对磷酸酶，锰离子对于脱羧酶均有活化作用。

此外，各种无机离子，特别是保持一定比例的钾、钠、钙、镁离子是使肌肉、神经产生一定兴奋性所必需的物质。

4.2　葡萄果实中的矿质元素

葡萄浆果包括果皮、果肉、种子三部分，它们的矿质元素的种类和含量也不相同。

4.2.1　果皮

葡萄果皮中矿物质占 1.5%～2%。对黑比诺（Pinot noir）和白比诺（Pinot blanc）矿物组成的比较（表 4-1）分析可以看出，两者的成分含量有一定差异，但总体排序为氧化钾、氧化钙、磷酸酐、氧化镁等，黑色果皮中含有较多的钠、镁、铁、锰及磷酸，同时由于红葡萄酒酿造中存在着葡萄汁对果皮的浸渍作用，因此，在红葡萄酒中上述物质的含量比在白葡萄酒中高。

表 4-1　黑比诺和白比诺成熟浆果果皮的矿物质成分[*]

品　种	氧化钾 (K_2O) /%	氧化钠 (Na_2O) /%	氧化钙 (CaO) /%	氧化镁 (MgO) /%	氧化铁 (Fe_2O_3) /%	氧化锰 (MnO) /%	硫酸酐 (SO_3) /%	氯 (Cl) /%	磷酸酐 (P_2O_5) /%
黑比诺	41.65	2.13	20.32	6.02	2.11	0.76	3.48	0.5	19.57
白比诺	46.88	1.62	21.73	4.45	1.97	0.51	3.88	0.71	15.68

[*] 李记明等 1996。

4.2.2　果肉

成熟的葡萄，果肉约占果粒全部质量的 75%～80%。果肉的细胞较大，其组成成分中几乎全部为液泡汁，即葡萄汁，余下的固体部分，则由极薄的细胞膜和极细的纤维素导管所组成，含量极小，只有果肉质量的 0.5%。因此，通常将果肉与果汁的化学成分不加区分。葡萄汁的矿物质（MgO、CaO、Cl、S、Fe_2O_3、MnO、K_2O、P_2O_5 等）为 2~3 g/kg。

4.2.3 种子

种子通常占浆果质量的 4.1%，葡萄种子中的常量元素 K、Ca、P 含量较高，而 Na 元素含量低。微量元素中 Cu、Zn、Al 等营养元素含量均较高。总之，种子中的矿物质较高，占 2%~4%（表 4-2）。

表 4-2　葡萄子中矿质元素的含量[*]

矿质元素	含量/(mg/g)	矿质元素	含量/(mg/g)
K	2.769	Cu	8.526
Ca	2.414	Zn	8.126
P	2.199	Li	4.480
Mg	0.878	Al	13.290
Na	0.200	Si	4.771
Fe	0.293	Sr	5.584
Mn	0.033		

[*] 李凤英等 2002。

在不同生长发育阶段，葡萄果实中不同矿质元素的含量变化，会影响其矿质元素的绝对含量和平衡，即一种矿质元素的含量会影响其他元素的吸收。葡萄果实中钾含量的增幅明显大于其他元素，尤其是从葡萄转色期开始，浓度明显增加，说明果实从枝叶中获得钾的能力提高，而钾对增加果实中光合产物的运输和储藏以及提高品质、增加产量是有利的。但葡萄果实中钾含量的增高又对钙的含量产生明显影响，二者呈负相关。果实中各种矿质元素的含量在不同生长发育期以单果计算总体呈上升趋势，尤其是在转色期以后。但由于果实体积的膨胀，矿质元素的相对浓度呈下降趋势。

4.3　葡萄酒中的矿质元素

葡萄酒的无机成分对于酿酒的生化过程及加工工艺都有重要的意义，其中有些是酒精发酵必不可少的，有些是氧化还原系统的重要因子，有的对澄清和风味有影响。另外，大部分无机盐是人类营养所必需的元素，只是对某些元素，为了避免中毒，法律上做出了最大含量的规定。葡萄酒中灰分的含量约为干浸出物的1/10，为 1.5~3 g/L，因品种、土壤、酒种的不同而有差异（表 4-3），一般由未成熟的葡萄、加糖或掺水的葡萄汁制成的葡萄酒灰分含量低。

表 4-3　葡萄酒灰分含量*

灰分/(mg/L)	2500
K/(mg/L)	698
Na/(mg/L)	41
Ca/(mg/L)	80
Mg/(mg/L)	156
Fe/(mg/L)	30
碱度(以 CO_3^{2-} 计)/(mg/L)	542
PO_4^{3-}/(mg/L)	245
SO_4^{2-}/(mg/L)	559
Cl^-/(mg/L)	28
总量/(mg/L)	2379

* Peynaud 1981。

　　矿质元素在葡萄酒中通常以阳离子和阴离子两种形式存在。表 4-3 是 Peynaud（1981）对一种葡萄酒的分析结果，他认为灰分与离子总量间的差值部分就是一些微量元素的含量。

4.3.1　阳离子

　　葡萄酒中含有多种阳离子，其中主要的有钾、钠、钙、镁、铁、铜、砷、铅、镉，这些离子主要来源于土壤并通过原料和加工器具进入葡萄酒中。在酒精发酵过程中，阳离子会有不同程度的损失。其损失量为：铁：25%～28%，铜：75%～95%，锌：7%～66%，锰：15%～48%，镉：60%～75%。葡萄酒中这些阳离子的含量对于葡萄酒的质量有重要的影响。我们（李记明等 1994）用原子吸收分光光度计对在陕西丹凤生产的一系列单品种葡萄酒中的钾、钙、镁、锌、铁和铜进行了分析，结果见表 4-4。

表 4-4　葡萄酒中阳离子的含量

白色品种	K /(mg/L)	Ca /(mg/L)	Mg /(mg/L)	Zn /(mg/L)	Cu /(mg/L)	Fe /(mg/L)
琼瑶浆（Gewurztraminer）	1420	381	79	1.31	0.18	2.09
雷司令（Riesling）	1560	189	72	0.32	0.13	1.36
霞多丽（Chardonnay）	1230	299	87	0.42	0.08	2.13
索味浓（Sauvignion）	1330	368	68	0.26	0.02	0.96
白诗兰（Chenin blanc）	1000	271	75	0.22	0.02	1.18
白玉霓（Ugni blanc）	407	549	74	0.72	0.04	3.00
平　　均	1158	343	76	0.54	0.08	1.79

续表

红色品种	K /(mg/L)	Ca /(mg/L)	Mg /(mg/L)	Zn /(mg/L)	Cu /(mg/L)	Fe /(mg/L)
黑比诺(Pinot noir)	1210	153	79	0.11	0.02	2.29
赤霞珠(Cabernet sauvignon)	1630	190	89	0.22	0.08	1.50
佳利酿(Carignan)	1050	205	92	0.31	0.09	1.06
品丽珠(Cabernet franc)	1750	171	74	0.17	0.08	1.53
神索(Cinsault)	560	168	61	0.20	0.10	1.53
西拉(Syrah)	1400	224	91	0.26	0.13	1.15
梅尔诺(Merlot)	880	164	89	0.49	0.13	1.96
平　　均	1211	182	82	0.25	0.09	1.57

在我们的实验范围内，可以得出以下结论：

（1）钾　钾是葡萄酒中主要的阳离子，其主要作用为降低酸度。钾的含量与葡萄酒的酒石酸钾的稳定性有重要关系，葡萄酒中钾的含量受品种、地区生态条件、采收期等因素的影响。在发酵过程与陈酿期，由于酒石酸钾的溶解度降低及沉淀析出，钾含量减少。白葡萄酒含钾量为 407 mg/L（白玉霓）～1560 mg/L（雷司令），平均为 1158 mg/L；红葡萄酒含钾量为 560 mg/L（神索）～1750 mg/L（品丽珠），平均为 1211 mg/L。通常白葡萄酒中的钾含量比红葡萄酒中的低。

（2）钙　钙除了来源于土壤和果实自身之外，还来于降酸用的碳酸钙、过滤板、助滤剂或澄清剂等。钙能产生许多相对不溶性盐，其中最难溶的是草酸钙，草酸被用来说明液体中钙的存在，因为草酸与钙结合能造成混浊和沉淀。酒石酸钙也相对难溶，尤其是在有乙醇存在时。白葡萄酒中钙的含量为 189 mg/L（雷司令）～549 mg/L（白玉霓）之间，平均为 343 mg/L，比红葡萄酒中的钙含量 153 mg/L（黑比诺）～224 mg/L（西拉），平均为 182 mg/L 高。

由表 4-4 还可以看出，葡萄酒中的钾含量与钙含量之间存在着负相关关系，这进一步证明在葡萄对这两种元素的吸收时，它们之间的拮抗作用。

（3）镁　镁是葡萄酒中继钾与钙之后的第三个重要阳离子，在发酵和陈酿过程中，镁浓度不增加，因为所有的镁盐都是可溶的。在红葡萄酒酿造过程中，对葡萄固体部分的浸渍增加了镁的含量。在白葡萄酒中，其含量范围为 68 mg/L（缩味浓）～87 mg/L（霞多丽），平均为 76 mg/L；红葡萄酒的镁的含量为 61 mg/L（神索）～92 mg/L（佳利酿），平均为 82 mg/L。

（4）铁　葡萄酒中的铁主要来源于土壤和加工设备，一般葡萄汁在发酵时铁损失 1/3～1/2，大部分存在于酵母细胞中。但葡萄酒铁含量大于 8 mg/L，在 pH、丹宁、磷酸含量适当的情况，会引起葡萄酒的铁破败病。磷酸铁难溶于乳酸及酒石酸，但易溶于苹果酸。所以，当苹果酸-乳酸发酵时，会出现磷酸铁沉淀。一般葡萄酒含铁量为 0～5 mg/L。为了防止葡萄酒的铁破败,我国葡萄酒国家标准规定,白葡萄酒和加香葡萄酒中铁含量不能大于 10 mg/L,红葡萄酒和桃红葡萄酒中铁含量不能大于 8 mg/L。

(5)铜　铜和铁一样会引起葡萄酒混浊,降低葡萄酒的质量。正常情况下,葡萄汁和葡萄酒中含铜很少,约 0.1～0.3 mg/L。但是,在葡萄园使用含铜试剂(例如波尔多液),或葡萄汁和葡萄酒与含铜容器接触时,就会提高酒中的含铜量。为了防止葡萄酒的铜破败,OIV 规定,葡萄酒中铜含量不得高于 1 mg/L。

此外,葡萄和葡萄酒中还含有锌、铝、锰、砷、镉、钴、铬、镍等元素,但它们的含量较微。

4.3.2　阴离子

葡萄汁和葡萄酒中主要的阴离子相当于可溶性盐的含量,总的阳离子也代表总的阴离子,当灰分碱(代表有机阴离子)被减去时,便可得到无机阴离子的总量。

葡萄酒中的阴离子主要有溴离子、磷酸根离子、硫酸根离子、氯离子,还有硼酸根离子、硅酸根离子、碘离子、氟离子等。

(1)溴离子。正常情况下葡萄与葡萄酒中溴的含量很少,一般为 0.1～0.7 mg/L。溴的含量受土壤条件及使用药剂的影响。含氯化物高的土壤,溴化物含量也高。在葡萄园中使用杀虫剂和杀菌剂时,也会使酒中溴含量显著提高。此外,溴含量高是葡萄酒掺杂的一个标志,可能是加有溴醋酸作为防腐剂造成的,这在许多国家是禁止使用的。

(2)氯离子。对于葡萄酒中氯化物的含量我国还没有一个明确的界限。各国提出氯化钠的界限是 500 mg/L,相当于 304 mg/L 的氯化物,瑞士和法国的限定为 607 mg/L,如果超过这个范围,可能是加有防腐剂——氯酸或者是离子交换剂没有被清洗干净。种植于海滨地区的葡萄或用干化葡萄酿成的葡萄酒中氯化物的含量较高。有时下胶时添加食盐于葡萄酒中,也会提高氯化物的含量。

(3)硫酸根离子。天然葡萄酒含有从葡萄果粒中带来的少量硫酸盐类,其变化因土壤而异。这些硫酸盐在葡萄汁发酵期间,一部分被酵母利用,一部分转变为硫或 SO_2,部分进入葡萄酒中,葡萄酒中硫酸盐还可来自储藏中 SO_2 的氧化。

(4)磷酸根离子。葡萄酒中的磷通常以无机磷与有机磷两种状态存在,后者在酒精发酵的某些阶段是很重要的。一般在缓慢发酵或已停止发酵的葡萄汁中添加磷酸盐。白葡萄酒中含磷酸根离子(PO_4^{3-})0.07～0.5 g/L,红葡萄酒含量 0.15～1 g/L,其中无机磷约占 9/10,有机磷占 1/10。磷酸含量高,易引起磷酸铁破败病。

　　须强调指出的是，为了保证葡萄酒的安全，OIV 对葡萄酒中一些元素（成分）的最高限额进行了规定（表 4-5）。

表 4-5　葡萄酒中一些成分含量的高限（mg/L）*

砷	硼（以硼酸计）	溴	镉	铜	氟	钠	甲醇	柠檬酸
0.2	80	1	0.01	1	1	60	红葡萄酒：300；白、桃红葡萄酒：150	1000

铅	锦葵素二糖苷	锌	硫酸盐（以硫酸钾计）
0.2	15	5	一般：1000；对在橡木桶中陈酿 2 年以上的葡萄酒、加糖葡萄酒、利口酒：1500；对加浓缩葡萄汁的和自然甜型葡萄酒：2000；酵母膜陈酿葡萄酒：2500

* OIV 2003。

4.4　小　　结

　　矿质元素按性质可分为酸性矿质元素和碱性矿质元素两大类。它们在体内参与新陈代谢，有些是构成人体组织的重要材料，有些维持体液渗透压，有些维持机体的酸碱平衡，有些是酶的活化剂。因此矿质元素在人体内起着重要的作用。

　　葡萄浆果不同的部分中的矿质元素的种类和含量不同，这也决定了葡萄的加工特性。在生长发育过程中，葡萄果实一种元素的含量变化会影响其他元素的吸收，矿质元素的含量以单果计算总体上呈上升趋势，但相对浓度呈下降趋势。

　　葡萄酒中无机成分对于酿酒的生化过程及加工工艺都有重要的意义，通常以阳离子和阴离子两种形式存在。各种阳离子和阴离子在不同的酒中的含量和作用是不同的。阳离子主要有：钾、钙、镁、铁、铜等，阴离子主要有：SO_4^{2-}、CO_3^{2-}、Cl^-、Br^- 等，它们的含量对葡萄酒的质量有重要影响。

主要参考文献

李凤英，李润丰. 2002. 葡萄子中主要化学成分及其开发应用（综述）. 河北职业技术师范学院学报，16（2）：65

李记明，李华. 1994. 葡萄酒成分分析与质量研究. 食品与发酵工业，（2）：30

李记明，魏冬梅. 1996. 葡萄果实的化学成分与酿酒特性. 葡萄栽培与酿酒，（3）：32

卢春生，雷茵霞，张新华. 1999. 无核白果实发育期间矿质元素和营养成分变化. 西北农业学报，8（1）：91～94

王永亮. 2001. 进口葡萄酒微量元素技术监督的卫生学意义. 微量元素与健康研究, 18 (1):
 24

O I V. 2003. International code of oenological practices. Pairs

Peynaud E. 1981. Connaissance et travaille du vin, 2eme edition. Dunod

Ribereau-Gayon P, Glories Y, Maujean A, Dubourdieu D. 2000. Handbook of enology. New
 York: John Wiley & Sons Ltd

第5章　葡萄与葡萄酒的含氮化合物

在葡萄酒中含氮化合物含量大约有 $1\sim3$ g/L。对于酿酒工艺来说，含氮物质对于发酵作用、微生物繁育、葡萄酒的稳定性等都有决定性的作用。含氮物质既参与葡萄酒的营养价值，也决定葡萄酒的感官特性。葡萄酒中的含氮化合物会因葡萄品种、栽培管理方式、酿造工艺不同而不同。

由于氮是酵母菌生长必不可少的元素，因此葡萄浆果中的含氮化合物具有重要的地位。

5.1　铵态氮和有机氮

葡萄和葡萄酒中含氮化合物包括有机氮和无机氮，它们的总和就是总氮。无机氮则主要是铵态氮。铵态氮是以铵盐的形式存在的，它可在碱性溶液中释放出氨。氨可用蒸馏法进行回收，并可用强酸标准液（如 HCl）将氨固定，使之形成氯化铵。如果再用碱液滴定过量的酸，通过计算，就可得到铵态氮的量：

$$NH_4^+ + OH^- \longrightarrow NH_4OH \Longleftrightarrow NH_3 \uparrow + H_2O$$

$$NH_3 + H_2O \Longleftrightarrow NH_4OH$$

$$NH_4OH + HCl \longrightarrow NH_4Cl + H_2O$$

例如，如果取 100 mL 葡萄汁，用水稀释并用氢氧化镁进行碱化。通过蒸馏将氨回收到 10 mL 浓度为 0.05 mol/L 的 H_2SO_4 溶液中，然后用 0.1 mol/L 的 NaOH 溶液滴定剩余的酸。如果所消耗的碱液为 4 mL，则有 10 mL－4 mL＝6 mL 的酸液与被蒸馏出的氨发生了反应。6 mL 浓度为 0.05 mol/L 的 H_2SO_4 被 100 mL 葡萄汁中的氨中和，即 1 L 葡萄汁中的铵可中和 6 mL 浓度为 0.5 mol/L 的 H_2SO_4。由于 6 mL 的 0.5 mol/L H_2SO_4 含有 3 mmol 的 H_2SO_4，而铵离子与一价金属离子相似，所以葡萄汁中的铵含量为 6 mmol。已知氮的相对原子质量为 14，所以 100 mL 葡萄汁中的铵态氮的含量为

$$6 \text{ mmol} \times 14 \text{ g/mol} = 84 \text{ mg}$$

有机氮是指分子中含有碳氮键的有机化合物。在葡萄与葡萄酒中，这类化合物主要包括氨基酸、多肽和蛋白质。

5.2　氨　基　酸

自然界中组成蛋白质、多肽的氨基酸都是 α-氨基酸。有的氨基酸中含有第

二个羧基如天冬氨酸和谷氨酸，这些属于酸性氨基酸。有的含有第二个碱基如赖氨酸、精氨酸和组氨酸，这些属于碱性氨基酸。大多数氨基酸只含有一个羧基和一个氨基，属于中性氨基酸（表 5-1）。

胺的化学式决定于在 NH_3 分子中氢的取代。所以，有三种胺：

(1) 伯胺，即 RNH_2；

(2) 仲胺，即 R_2NH；

(3) 叔胺，即 R_3N。

氨基酸的一般化学式为：
$$R-\overset{\overset{\displaystyle NH_2}{|}}{C}HCOOH$$

天然的 α-氨基酸除甘氨酸外，均含有一个手性碳原子，都有旋光性。从这些天然氨基酸的立体化学研究证明，所有 α-碳原子都具有相同的构型，而且这些构型与 L-(−) 甘油醛相同。

5.2.1 氨基酸的分类和命名

α-氨基酸可按烃基不同分为脂肪族、芳香族和杂环族氨基酸，也可根据分子中羟基和氨基酸的数目不同分为中性氨基酸（一氨基一羧基氨基酸）、酸性氨基酸（一氨基二羧基氨基酸）和碱性氨基酸（二氨基一羧基氨基酸）。

氨基酸的命名，习惯上多用俗名、英文名称缩写符号和中文代号，例如：两个碳原子的氨基酸因具有甜味称为甘氨酸，英文缩写符号为 Gly，中文代号为"甘"。氨基酸的系统命名方法和其他取代酸方法相同，即以羧酸为母体来命名。组成蛋白质的 α-氨基酸的方法、名称、缩写符号及结构式列于表 5-1。

表 5-1 组成蛋白质的 α-氨基酸

分类	俗名	缩写符号	中文代名	系统命名	结构式
中性氨基酸	甘氨酸	Gly	甘	氨基乙酸	$CH_2(NH_2)COOH$
	丙氨酸	Ala	丙	2-氨基丙酸	$CH_3CH(NH_2)COOH$
	丝氨酸	Ser	丝	2-氨基-3-羟基丙酸	$CH_2(OH)CH(NH_2)COOH$
	半胱氨酸	Cys	半胱	2-氨基-3-巯基丙酸	$CH_2(SH)CH(NH_2)COOH$
	胱氨酸	Cys-Cys	胱	双-3-硫代-2-氨基丙酸	$\begin{array}{l}S-CH_2CH(NH_2)COOH\\ \mid \\ S-CH_2CH(NH_2)COOH\end{array}$
	苏氨酸*	Thr	苏	2-氨基-3-羟基丁酸	$CH_3CH(OH)CH(NH_2)COOH$
	缬氨酸*	Val	缬	2-氨基-3-甲基丁酸	$(CH_3)_2CHCH(NH_2)COOH$
	蛋氨酸*	Met	蛋	2-氨基-4-甲硫基丁酸	$CH_3SCH_2CH_2CH(NH_2)COOH$
	亮氨酸*	Leu	亮	2-氨基-4-甲基戊酸	$(CH_3)_2CHCH_2CH(NH_2)COOH$
	异亮氨酸*	Ile	异亮	2-氨基-3-甲基戊酸	$CH_3CH_2CH(CH_3)CH(NH_2)COOH$

续表

分类	俗　名	缩写符号	中文代名	系统命名	结　构　式
中性氨基酸	苯丙氨酸*	Phe	苯丙	2-氨基-3-苯基丙酸	⟨苯环⟩—CH₂CH(NH₂)COOH
	酪氨酸	Tyr	酪	2-氨基-3-(对羟苯基)丙酸	HO—⟨苯环⟩—CH₂CHCOOH，上接NH₂
	脯氨酸	Pro	脯	吡咯啶-2-甲酸	CH₂—CH—COOH / CH₂—CH₂—NH
	羟脯氨酸	Hyp	羟脯	4-羟基吡咯啶-2-甲酸	CH₂—CH—COOH / HO—CH₂—CH₂—NH
	色氨酸*	Trp	色	2-氨基-3-(β-吲哚)丙酸	⟨吲哚环⟩—CH₂—CH—COOH，CN₂
酸性氨基酸	天冬氨酸	Asp	天冬	2-氨基丁二酸	HOOCCH₂CH(NH₂)COOH
	谷氨酸	Glu	谷	2-氨基戊二酸	HOOCCH₂CH₂CH(NH₂)COOH
碱性氨基酸	精氨酸	Arg	精	2-氨基-5-胍基戊酸	H₂N—C(=NH)—NH(CH₂)₃CHCOOH，上接NH₂
	赖氨酸*	Lys	赖	2,6-二氨基己酸	H₂NCH₂CH₂CH₂CH₂CH(NH₂)COOH
	组氨酸	His	组	2-氨基-3-(5'-咪唑)丙酸	⟨咪唑环⟩—CH₂CH(NH₂)COOH

* 必需氨基酸。

5.2.2　氨基酸的酸碱性质

氨基酸分子中同时含有羧基和氨基，所以它不但能同碱或酸反应生成盐，而且同一分子内的羧基和氨基也能互相作用生成盐：

$$R-\underset{\underset{NH_2}{|}}{CH}-COOH \rightleftharpoons R-\underset{\underset{\overset{+}{N}H_3}{|}}{CH}-COO^- \qquad (5-1)$$

内盐

这种同一分子内的碱性基和酸性基相互作用生成的盐叫做内盐。内盐分子既含有带正电荷的基团，又含有带负电荷的基团，所以事实上它是一个带有双重电荷的离子，故称为两性离子或偶极离子。固体氨基酸就是以偶极离子的形式存在的。由于偶极离子间的静电吸引力较大，所以氨基酸的熔点都比较高。

因为氨基酸分子是一个两性离子，所以在酸性介质中，它的羧基负离子接受质子，即发生碱式解离，故它带正电荷；在碱性介质中，它的铵根正离子给出质子，与 OH⁻ 结合成水，即发生酸式解离，所以它带负电荷。氨基酸既能发生碱式解离又能发生酸式解离，因此它是一个两性电解质。氨基酸加酸和加碱的变化可用反应式（5-2）表示：

$$R-\underset{\underset{NH_2}{|}}{CH}-COO^- \underset{OH^-}{\overset{H^+}{\rightleftharpoons}} R-\underset{\underset{NH_3^+}{|}}{CH}-COO^- \underset{OH^-}{\overset{H^+}{\rightleftharpoons}} R-\underset{\underset{NH_3^+}{|}}{CH}-COOH \qquad (5\text{-}2)$$

　　阴离子　　　　　　　　两性离子　　　　　　　　阳离子
pH＞等电点　　　　　　pI（等电点）　　　　　　pH＜等电点

　　从上面的反应式可以看出，氨基酸在不同 pH 的介质中能以不同的离子状态存在。例如，丙氨酸在 pH＝6 的溶液中，它以两性离子的形式存在；当加入酸时（pH＜6），它以阳离子状态存在；而加入碱时（pH＞6），它以阴离子状态存在。

　　如果我们把任何一种氨基酸的溶液放入电场中，它的阳离子会向阴极移动，而它的阴离子会向阳极移动。如果调节溶液的 pH，直至它不导电，换句话说，溶液中没有能向阳极或阴极移动的离子存在，此时溶液的 pH 称为这个氨基酸的等电点。氨基酸在等电点时，是以两性离子存在的。例如，丙氨酸在 pH＝6 的溶液中是以两性离子形式存在的，因此，丙氨酸的等电点为 6。氨基酸的等电点通常用 pI 表示（表 5-2）。

表 5-2　常见氨基酸的等电点

名　　称	pI（20 ℃）	名　　称	pI（20 ℃）
甘氨酸	5.97	苯丙氨酸	5.48
丙氨酸	6.00	酪氨酸	5.66
丝氨酸	5.68	脯氨酸	6.30
半胱氨酸	5.02	羟脯氨酸	5.83
胱氨酸	4.60（30 ℃）	色氨酸	5.89
苏氨酸	6.53	天冬氨酸	2.77
缬氨酸	5.96	谷氨酸	3.22
蛋氨酸	5.74	精氨酸	10.76
亮氨酸	5.98	赖氨酸	9.79
异亮氨酸	6.02	组氨酸	7.59

　　氨基酸在等电点时溶解度最小，最容易沉淀，所以可以利用等电点的这一性质从含有多种氨基酸的混合物中分离出不同的氨基酸。

　　由于氨基酸分子的结构不同，各种氨基酸的等电点也不同（表 5-2），因而在同一 pH 溶液中，它们所带电荷也不同，这就使得它们在电场中的移动状况不同和对离子交换剂的吸附作用不同。利用这种性质就可以通过电泳和离子交换层析法从混合物中分离出各种氨基酸。

5.2.3　L-氨基酸的味感

　　不同的氨基酸具有不同的味感特性，并且都具有一定的味感阈值（表 5-3）。虽然氨基酸具有一定的味感，但是葡萄酒中含有的其他成分会将这种味感掩盖。

表 5-3　L-氨基酸的味感

	氨基酸的名称	界限值/(mg/100 mL)	甜	苦	鲜	酸	咸
甜味氨基酸	甘氨酸	110	+++				
	丙氨酸	60	+++				
	丝氨酸	150	+++			+	
	苏氨酸	260	+++	+		+	
	脯氨酸	300	+++	++			
	羟脯氨酸	50	++				
	赖氨酸盐酸盐	50	++	++	++		
	谷氨酰胺	250	+		+++		
苦味氨基酸	缬氨酸	150	+	+++			
	亮氨酸	380		+++			
	异亮氨酸	90		+++			
	蛋氨酸	30		+++	+		
	苯丙氨酸	150		+++			
	色氨酸	90		+++			
	精氨酸	10		+++			
	精氨酸盐酸盐	30		+++			
	组氨酸	20		+++			
酸味氨基酸	组氨酸盐酸盐	5		+		+++	+
	天冬酰胺	100		+		++	
	天冬氨酸	3				+++	
	谷氨酸	5				+++	
鲜味氨基酸	天冬氨酸钠	100			+++		
	谷氨酸钠	30			++		+

　　在葡萄中，已经发现 24 种氨基酸。表 5-4 列出了 Lafon-Lafourcade 和 Peynaud 用微生物方法测定的成熟葡萄汁中主要氨基酸及其平均含量（Usseglio-Tomasset 1995）。但是，用微生物方法和用化学方法测定出的氨基酸的结果并不一定完全相符。

　　脯氨酸的氨基在一个杂环中，也被称为亚氨基酸。此外在葡萄中还有半胱氨酸和蛋氨酸两种含硫氨基酸。

表 5-4　葡萄汁中主要氨基酸及其平均含量(mg/L)

精氨酸	脯氨酸	苏氨酸	谷氨酸	丝氨酸	亮氨酸	甘氨酸
327	266	258	173	69	20	22
赖氨酸	组氨酸	异亮氨酸	缬氨酸	苯丙氨酸	天冬氨酸	蛋氨酸
16	11	7	6	5	2	1

我们（李记明等 1994）用 121NBAA 分析仪对琼瑶浆、雷司令、霞多丽、缩味浓、白诗兰、白玉霓 6 个干白葡萄酒和黑比诺、赤霞珠、品丽珠、梅尔诺、神索、西拉、佳利酿 7 个干红葡萄酒的氨基酸含量进行了分析，表 5-5 中列出了干白葡萄酒和干红葡萄酒的平均含量。

表 5-5　6 个干白葡萄酒和 7 个干红葡萄酒中氨基酸的平均含量

氨基酸种类	白葡萄酒/(mg/L)	红葡萄酒/(mg/L)
天冬氨酸	14.10	5.37
苏氨酸	3.28	0.50
丝氨酸	5.19	1.75
谷氨酸	17.11	6.53
脯氨酸	202.36	247.75
甘氨酸	6.99	1.23
丙氨酸	19.32	3.01
胱氨酸	4.01	1.67
缬氨酸	5.95	0.72
蛋氨酸	2.48	1.46
异亮氨酸	3.73	0.88
亮氨酸	6.49	1.77
酪氨酸	3.43	0.48
苯丙氨酸	3.32	0.67
赖氨酸	13.86	3.00
精氨酸	3.33	2.51
组氨酸	1.61	0.93
氨基酸总量	316.56	280.23

在所测试的葡萄酒中，除干红葡萄酒的脯氨酸含量比干白葡萄酒的高外，干红葡萄酒的其他氨基酸含量均低于干白葡萄酒，这主要是由于红葡萄酒中丹宁与蛋白产生絮凝沉淀，以及在苹果酸-乳酸发酵过程中乳酸菌对氨基酸消耗的结果。

5.2.4　氨基酸的成肽反应与肽

α-氨基酸在直接加热时，发生分子间失水，生成环二肽（即 2，5-哌嗪-1，4-二酮的衍生物）：

$$2R-\underset{\underset{NH_2}{|}}{CH}-COOH \xrightarrow{\triangle} \underset{\underset{HN}{}}{R-HC}\underset{}{\overset{\overset{O}{\|}}{\underset{C}{}}}\overset{}{\underset{CH-R}{NH}}\underset{\overset{\|}{O}}{C} + H_2O \qquad (5-3)$$

（环二肽）3，6-二烃基-2，5-哌嗪二酮

环二肽中的酰胺键" —CONH— "称为肽键，由于反应产物是两分子氨基酸缩合成的，故称为环二肽。

如果想得到由不同氨基酸形成的直链二肽或多肽，必须防止反应中氨基酸自身的缩合。通常采用"封闭法"，即先用一种试剂使氨基酸的氨基或羧基发生反应（即所谓"封闭"），生成仅含自由羧基或自由氨基的氨基酸；然后使其和另一分子氨基酸缩合，最后除去封闭基团，即得二肽。例如，将甘氨酸的氨基封闭合成二肽——甘氨酰丙氨酸的反应：

$$C_6H_5CH_2OCOCl + H_2NCH_2COOH \longrightarrow C_6H_5CH_2OCONHCH_2COOH \qquad (5-4)$$
（苄氧碳酰氯）　　　　　　　　　　　　　　　　（N-苄氧碳酰基甘氨酸）

$$C_6H_5CH_2OCONHCH_2COOH + SOCl_2 \longrightarrow C_6H_5CH_2OCONHCH_2COCl + SO_2 + HCl$$
（N-苄氧碳酰基甘氨酰氯）

$$C_6H_5CH_2OCONHCH_2COCl + H_2N-\underset{\underset{CH_3}{|}}{CH}-COOH \xrightarrow{-HCl}$$

$$C_6H_5CH_2OCONHCH_2CONH-\underset{\underset{CH_3}{|}}{CH}-COOH \xrightarrow{H_2O}$$

$$H_2N-CH_2-CONH-\underset{\underset{CH_3}{|}}{CH}-COOH + C_6H_5CH_2OH + CO_2\uparrow \qquad (5-5)$$
（甘氨酰丙氨酸）　　　　　（苯甲醇）

上面反应的最终产物——甘氨酰丙氨酸实际上是两分子氨基酸脱一分子水生成的产物，故称为二肽。由三分子氨基酸经成肽反应连接起来的产物称为三肽。

在生物体内核酸的作用下氨基酸之间能直接发生成肽反应：

$$H_2N-\underset{\underset{R}{|}}{C}HCOOH + H_2N\underset{\underset{R'}{|}}{C}HCOOH \xrightarrow[\text{（生物体内）}]{\text{核酸}} H_2N\underset{\underset{R}{|}}{C}HCONH\underset{\underset{R'}{|}}{C}HCOOH + H_2O$$

(5-6)

（二肽）

生物体中广泛存在着一个重要的三肽称为谷胱甘肽：

$$\underset{\substack{\text{N-端}}}{\text{HOOC}-\underset{\substack{|\\ \text{NH}_2}}{\text{CH}}-\text{CH}_2-\text{CH}_2-\underset{\substack{\|\\ \text{O}}}{\text{C}}-\text{NH}-\text{CH}-\underset{\substack{\|\\ \text{O}}}{\text{C}}-\text{NH}-\text{CH}_2-\underset{\substack{\\ \text{C-端}}}{\text{COOH}}} \quad (5\text{-}7)$$

谷氨酰-半胱氨酰-甘氨酰（谷胱甘肽）

谷胱甘肽是由谷氨酸、半胱氨酸和甘氨酸依次成肽而生成的。

在肽链中，每个氨基酸都失去了原有的完整性，所以常把肽链中的氨基酸叫做氨基酸残基。把肽链两端 α-碳原子上保留有完整氨基的氨基酸残基叫 N-端氨基酸残基；保留有完整羧基的氨基酸残基叫做 C-端氨基酸残基。例如，在谷胱甘肽分子中，C-端是甘氨酸的残基，N-端是谷氨酸的残基。

肽的命名是以 C-端氨基酸残基相对应的氨基酸为母体，把肽链中其他氨基酸残基都称为"某氨酰"，并从 N-端氨基酸残基开始从左向右依次写在母体名称的前面。例如，谷胱甘肽叫做谷氨酰-半胱氨酰-甘氨酸。

谷胱甘肽分子中有一个易被氧化的巯基（—SH），所以称为还原型谷胱甘肽，常用 GSH 表示。当—SH 被氧化时，两分子 GSH 之间形成二硫键，生成氧化型谷胱甘肽（GS—SG）：

$$2\text{HOOC}-\text{CH}-\text{CH}_2-\text{CH}_2-\text{C}-\text{NH}-\text{CH}-\text{C}-\text{NH}-\text{CH}_2-\text{COOH} \underset{[\text{H}]}{\overset{[\text{O}]}{\rightleftharpoons}}$$

（GSH）

（5-8）

（GS—SG）

氧化型谷胱甘肽被还原时又转变成还原型谷胱甘肽。谷胱甘肽在生物体内的氧化还原反应中起着重要的作用。

多分子氨基酸经成肽反应生成的多聚体叫做多肽。多肽是蛋白质部分水解的产物。生物体内存在着许多游离的多肽，它们都有特殊的生理功能。肽也称为多肽，是含有 2～50 个氨基酸单元的聚合物。根据肽分子中氨基酸单元的数目可以称为二肽、三肽、四肽……多肽。氨基酸间的聚合作用由蛋白酶催化进行。葡萄浆果中 60%～90% 的有机氮都是以肽的形式存在。可以根据相对分子质量的大小将它们分为胨和胨。胨的相对分子质量较大，可以达到一万，加入铵盐后会形成沉淀。

5.3　蛋　白　质

蛋白质和多肽一样是由氨基酸以酰胺键形成的高分子化合物。它与多肽的区别在于多肽的肽链比蛋白质的短，相对分子质量比蛋白质的低，一般相对分子质量在一万以上的才称为蛋白质。蛋白质的含氮量变化不大，其平均值为 16%，即每克氮相当于蛋白质 6.25 g。因此，我们可以通过氮的定量分析来测定生物样品中蛋白质的含量：

$$W_{粗蛋白质} = 6.25 W_{氮} \tag{5-9}$$

式中，6.25 为计算蛋白质含量的转换系数。

5.3.1　蛋白质的分类与结构

天然蛋白质按其组成可分为简单蛋白和结合蛋白两大类。仅由氨基酸组成的蛋白质称简单蛋白；由简单蛋白与非蛋白分子（辅基）结合而成的复杂蛋白质称为结合蛋白（图 5-1）。

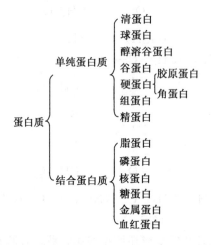

图 5-1　蛋白质的分类

蛋白质的结构可分为四级：一级结构、二级结构、三级结构和四级结构。

蛋白质的一级结构，即多肽链内氨基酸残基从 N-端到 C-端的排列顺序或氨基酸序列，是蛋白质最基本的结构。蛋白质的二级结构是肽链主链通过不同肽段自身的相互作用，形成氢键，沿某一主轴盘旋折叠而形成的局部空间结构或构象单元，主要有 α-螺旋、β-折叠、β-转角和无规则卷曲等。三级结构指的是多肽链在二级结构的基础上，通过侧链基团的相互作用进一步卷曲折叠，借助次级键维系使 α-螺旋、β-折叠、β-转角等二级结构相互配置而形成的特定的构象。此外，许多蛋白质是由两条或更多的具备三级结构的多肽链以次级键相互缔合而成的聚集体，统称为寡聚蛋白或多体蛋白。这样的聚集体称为蛋白质的四级结构。

5.3.2 蛋白质的两性反应及等电点

由于蛋白质分子中含有游离的氨基和羧基，因此它和氨基酸一样也具有两性反应和等电点，在不同的 pH 溶液中，以不同的形式存在。其平衡体系如下：

$$
\underset{\substack{\text{阴离子}\\ \text{pH>等电点}}}{\overset{\text{COO}^-}{\underset{\text{NH}_2}{\text{Pr}\diagup\diagdown}}}
\ \underset{\text{OH}^-}{\overset{\text{H}^+}{\rightleftharpoons}}\
\underset{\substack{\text{偶极离子}\\ \text{pH=等电点}}}{\overset{\text{COO}^-}{\underset{\text{NH}_3^+}{\text{Pr}\diagup\diagdown}}}
\ \underset{\text{OH}^-}{\overset{\text{H}^+}{\rightleftharpoons}}\
\underset{\substack{\text{阳离子}\\ \text{pH<等电点}}}{\overset{\text{COOH}}{\underset{\text{NH}_3^+}{\text{Pr}\diagup\diagdown}}}
\qquad (5\text{-}10)
$$

式中，Pr 代表蛋白质分子。蛋白质分子中除可以离解游离羧基和氨基外，还含有许多可解离的侧链基团，如 β-羧基、γ-羧基、ε-氨基、咪唑基、胍基、酚基、巯基等。在一定的 pH 条件下，上述基团解离而使蛋白质带电。在酸性环境中这些基团充分质子化，使蛋白质带正电荷；在碱性环境中上述质子化基团释放出质子，而使蛋白质带负电荷。当蛋白质在某一 pH 溶液中，酸性基团带的负电荷恰好等于碱性基团带的正电荷，则蛋白质分子净电荷为零，在电场中既不向阳极运动也不向阴极运动，此时溶液的 pH 称为该蛋白的等电点（pI）。

由于葡萄汁和葡萄酒呈酸性，所以蛋白质在葡萄汁和葡萄酒中带正电荷。

5.3.3 蛋白质的胶体性质

蛋白质分子的直径在 $1\sim100$ nm 之间，恰好在胶体粒子的范围。因此，蛋白质溶液为胶体溶液，具有胶体溶液的一切性质，如布朗运动、丁达尔现象、电泳、不能通过半透膜以及吸附能力等。

蛋白质是亲水胶体，其分子表面有许多亲水基团。如氨基、羧基及肽链等，在水溶液中皆能与水起水合作用，1 g 蛋白质可结合 $0.3\sim0.5$ g 水。因此，蛋白质颗粒之间由于有水化膜的存在而彼此分离开来，不会凝结发生沉淀。

蛋白质是两性离子，葡萄酒中分离的蛋白质，其等电点约为 pI$=3.3\sim4.0$，接近葡萄酒的 pH。所以，蛋白质在葡萄酒中是不稳定的。

亲水胶体在某些条件下，还具有由溶胶变为凝胶的特性。在蛋白质颗粒周围有水分子构成的水化膜并不是均匀的，有些部分水化作用强一些，而有些部分水化作用则弱一些。这些颗粒结构的不对称性，使得颗粒彼此在一定部位结合起来，于是原来在水分子中自由运动的颗粒，彼此连成长链。这些长链又彼此结合成复杂的网状结构，在网眼中水分被牢固的包裹起来，并且失去活动性。在凝胶里面具有两种不同形态的水：一种是化合态的水，被蛋白质颗粒吸引着；另一种是游离态水，存在于胶体离子间的毛细管空间中。

5.3.4　蛋白质的沉淀作用

维持蛋白质胶体溶液稳定性的因素主要有两个：保护性水膜和在一定 pH 条件下所带的同性电荷。在一定条件下，除去蛋白质外围的水膜和电荷，蛋白质分子即沉淀析出，这就是蛋白质的沉淀作用。蛋白质溶液可因下列试剂的加入而发生沉淀反应：

（1）高浓度中性盐。加入高浓度的硫酸铵、硫酸钠等，可有效地破坏蛋白质颗粒的水化层，同时又中和了蛋白质的电荷，从而使蛋白质生成沉淀。这种加入中性盐使蛋白质沉淀析出的现象称为盐析。不同蛋白质析出时需要的盐浓度不同，调节盐浓度以使混合蛋白质溶液中的几种蛋白质分段析出，这种方法称为分段盐析。

（2）有机溶剂。丙酮、乙醇等有机溶剂对水有较强的作用，一般作为脱水剂，也能破坏蛋白质分子周围的水化层，导致蛋白质沉淀析出。如将溶液的 pH 调至蛋白质的等电点，再加入这些有机溶液可加速沉淀反应。

（3）生物碱。如果向蛋白质胶体溶液中加入丹宁酸等生物碱试剂，蛋白质可与这些生物碱试剂结合生成不可逆沉淀。

（4）重金属盐。蛋白质胶体若遇 Hg^{2+}、Ag^+、Pb^{2+} 等重金属离子也会生成不可逆沉淀。

5.3.5　蛋白质的变性作用

天然蛋白质分子都有精密的空间结构，如果受到外界因素的作用，其分子结构将发生变化。空间结构构型将解体，从而使它的理化性质改变，并失去原来的生理活性，这种作用称为蛋白质的变性作用。蛋白质一旦变性就失去了原来的生理功能，溶解度大大下降，并且从可以结晶变为不能结晶等。

蛋白质在各种理化因素（例如加热、pH 改变、电解质存在）的作用下都可能变性。在绝大多数情况下，蛋白质的变性是不可逆的，即蛋白质的天然结构不能再恢复。巴氏杀菌和消毒就是利用构成微生物的蛋白质在一定温度下变性而死亡的性质来提高葡萄酒的微生物稳定性。

5.3.6　蛋白质的水解作用

　　酸碱以及蛋白质水解酶都能破坏蛋白质的肽键，使蛋白质发生水解，并经过一系列中间产物，最后生成氨基酸。水解有酸法、碱法和酶法水解等。酸法、碱法水解的缺点是易使一些氨基酸变性，而且使一些较高营养的氨基酸被破坏。只有酶法水解常用于蛋白质的氨基酸分析与制取。

5.4　总　　氮

　　总氮是指葡萄酒中有机氮和无机氮的总和。常用凯氏（Kiedahl）定氮法测定样品中的总氮。

　　有机物在 TiO_2、$CuSO_4$ 等催化剂存在下与浓硫酸共热，其中的 C 和 H 被分别转化为 CO_2 和 H_2O，N 则被转化为 $(NH_4)_2SO_4$，这一过程就是消化。消化完后，加入过量强碱进行蒸馏，蒸出的氨用标准酸液吸收，再用标准碱液滴定过量的酸，即可得到样品中总氮的含量。

　　在葡萄成熟时，浆果中含有 $100\sim1100$ mg/L 的总氮，其中 $60\sim200$ mg/L 为铵态氮，总氮的分布如表 5-6 所示。在成熟过程中，虽然在浆果成熟前，由植株向果实的氮运输就已经停止，但葡萄果肉中的总氮仍继续升高，这可能是由于种子中蛋白质的水解作用所释放的氮及铵态氮，被用于果肉细胞总的蛋白质合成。

表 5-6　几种葡萄品种的成熟果汁中总氮的分布[*]

品　　种	占总氮比例/%			
	NH_4	氨基酸	多　肽	蛋白质
赤霞珠	19	31	37	13
梅尔诺	28	29	28	15
长相思	17	38	37	8
赛美容	24	39	19	18

[*] Peynaud 1981。

　　葡萄汁中的铵态氮和一些氨基酸是酒精酵母的主要营养，可保证酒精发酵的迅速触发。酵母菌的氮代谢伴随着脱氨基作用进行，而脱氨基作用总是紧随脱羧作用的。因此，具有 n 个碳原子的氨基酸经酵母菌代谢后，就会形成 $n-1$ 个碳原子的高级醇。后者则在葡萄酒的香气中起作用。

　　含硫氨基酸的代谢则形成 SO_2。

　　葡萄的铵态氮的含量与总酸可能存在着一定的相关性。这可以解释为什么低酸葡萄汁的酒精发酵的启动较为困难。

蛋白质是胶体物质。在对原料的机械处理过程中，它们可与多糖、花色素、丹宁等结合成大分子，后者则少量存在于葡萄酒中。此外，酵母菌的自溶也会释放出蛋白质。

在变质的葡萄浆果中，铵态氮的含量很高，有利于病原微生物的活动，极大地影响葡萄酒的储藏和陈酿。

5.5 小　　结

含氮化合物在葡萄和葡萄酒中占有极为重要的地位，含氮化合物既是酿酒酵母的营养源，又是葡萄酒发生病害的前体物质，同时也是葡萄酒发生沉淀的主要原因之一。因此，应该对葡萄酒中的含氮化合物进行严格的控制和利用。

葡萄和葡萄酒中含氮化合物包括有机氮和无机氮，它们的总和就是总氮。无机氮则主要是铵态氮。铵态氮是以铵盐的形式存在的。有机氮是指分子中含有碳氮键的有机化合物。在葡萄与葡萄酒中，这类化合物主要包括氨基酸、多肽和蛋白质。

主要参考文献

杜克生. 2002. 食品生物化学. 北京：工业出版社

傅建熙. 2000. 有机化学. 北京：高等教育出版社

郭蔼光. 1997. 基础生物化学. 西安：世界图书出版公司

李华. 2000. 现代葡萄酒工艺学（第二版）. 西安：陕西人民出版社

李华. 2001. 葡萄集约化栽培手册. 西安：西安地图出版社

李记明，李华. 1994. 葡萄酒成分分析与质量研究. 食品与发酵工业，（2）：30

李玉振. 1989. 食品科学手册. 北京：轻工业出版社

刘邻谓. 1996. 食品化学. 西安：陕西科学技术出版社

秦含章. 1991. 葡萄酒分析化学. 北京：中国轻工业出版社

Peynaud E. 1981. Connaissance et travaille du vin. 2eme edition. Dunod

Roger B. Boulton，Vernon L. Singleton. 2001. 葡萄酒酿造学原理及应用. 赵光鳌译. 北京：中国轻工业出版社

Usseglio-Tomsset L. 1995. Chimie oenologique. 2eme edition. Paris：Tec & Doc

第6章 维生素和酶

生物的代谢作用决定于生物化学反应，而正是在酶的作用下，生物化学反应才能在常温下以较快的速度进行。酶是由蛋白质和辅酶构成的能双向催化生化反应的催化剂。而维生素在生物化学反应中通常是作为辅酶起作用的，所以维生素本身并不是真正的催化剂。另外，维生素的作用决定于其浓度，它们在促进反应的同时逐渐消失。

6.1 维 生 素

维生素是一类结构不同的小分子有机物，不能由人和动物自身合成，但其在维持正常生理活动中不可缺少。动物从植物性食物中摄取维生素以满足自身需要，并将一部分储存在维生素代谢库（尤其在肝脏中）。细菌也只能从它们所生活的基质中获取维生素。维生素（Vitamin）一词的由来是认为这类物质对生命过程（拉丁文中生命为 Vita）必不可少，而且第一个被分离出来的维生素 B_1 具有胺（Amine）的特性，从化学角度，其他维生素分别属于醇类（维生素 A）、固醇（维生素 D_2 和 D_3）或有机酸类（维生素 C 即抗坏血酸）等。

在葡萄中，脂溶性的维生素主要存在于种子当中。但在葡萄酒酿造中，水溶性的维生素，特别是维生素 C 和 B 族维生素具有更重要的作用。

6.1.1 维生素的种类和国际单位

维生素是以拉丁文大写字母（A、B、C 等）表示的。来源和溶解度等相似而化学结构不同的维生素除用同一字母外，还有不同的角码数字（如 B_1、B_2、B_6 等），由于维生素的化学名称长而复杂，所以国际上常用俗名称谓（表 6-1）。

表 6-1　维生素名称

通用名称	V_A（A_1、A_2）	V_D	V_{D3}	V_E	V_K（K_1、K_2、K_3）	V_{B1}	V_{B12}
国际规定	抗干眼病醇	麦角钙醇	胆钙化醇	生育酚	叶绿醌	硫胺素	钴胺素
通用名称	V_{B2}	V_{PP}	V_{B6}	泛酸	叶酸	V_H	V_C
国际规定	核黄素	烟酸	吡哆醇	泛酸	叶酸	生物素	抗坏血酸

除维生素外，还有一些维生素原，即维生素的前体物，可在人体内可转变成

维生素。维生素 A 原（胡萝卜素）、维生素 D_2 原（麦角固醇）和维生素 D_3 原（7-脱氢胆固醇）等，即属于此类。

通常用国际单位（IE）表示维生素的含量和需要。一个国际单位（1IE）的维生素表示某种维生素一定的生物学效价，例如：

1IE 的维生素 A 相当于 0.0003 mg；维生素 B_1 相当于 0.000 003 mg；维生素 C 相当于 0.05 mg；维生素 D 相当于 0.000 25 mg；维生素 E 相当于 1.0 mg。

葡萄酒中的维生素虽然没有某些食品中的含量高，但是种类比较齐全，尤其是维生素 PP 的含量是水果和蔬菜中最高的（表 6-2）。

表 6-2　葡萄酒中维生素的平均含量

类别	V_{B1} /(mg/L)	V_{B2} /(mg/L)	V_{B6} /(mg/L)	V_{B12} /(mg/L)	泛酸 /(mg/L)	内消旋肌醇 /(mg/L)	V_H /(µg/L)	V_{PP} /(mg/L)
含量	0.1	0.18	0.47	0.06	0.98	334	2.1	1.89

6.1.2　主要维生素及其特性

维生素有水溶性维生素（维生素 B_1、维生素 B_2、烟酸、维生素 B_6、泛酸、生物素、叶酸、维生素 B_{12}、维生素 C）与非水溶性即脂溶性维生素（维生素 A、维生素 D、维生素 E、维生素 K）之分。水溶性维生素易通过扩散或渗透作用被吸收，而脂溶性维生素的吸收需要在胆汁的帮助下实现。

6.1.2.1　维生素 C（抗坏血酸）

维生素 C（V_C）又称抗坏血酸，L-抗坏血酸是高度水溶性化合物，具有酸性和强还原性。抗坏血酸极易受温度、盐和糖浓度、pH、氧、酶、金属催化剂、抗坏血酸的初始浓度以及抗坏血酸与脱氢抗坏血酸的比例等因素的影响而发生不同程度的降解。由于抗坏血酸具有强还原性，因而可保护葡萄酒的构成成分，特别是防止多酚物质氧化。多酚物质氧化后，可形成醌类物质，后者经聚合而形成不溶性的棕色物质——黑色素，这就是氧化破败病。由于醌可催化抗坏血酸的氧化，因而抗坏血酸对多酚物质的保护作用还被进一步加强：氧化导致醌的形成，醌促进抗坏血酸的氧化，从而阻止多酚物质的继续氧化。所以，在生产中，可在葡萄酒中加入 30～50 mg/L 维生素 C 以防止葡萄酒的氧化。

6.1.2.2　B 族维生素

B 族维生素是在酒精发酵过程中起作用的辅酶。现已知道，在葡萄中有 11 种，在葡萄酒中有 12 种维生素 B。

维生素 B 可直接或间接地对酒精发酵起作用：作为酒精发酵的促进剂而直

接促进酒精发酵，作为酵母菌的生长素而间接地促进酒精发酵。

酒精发酵的促进剂主要有：

（1）维生素 B_1 或硫胺素，是羧化酶的辅酶。它可促进酒精发酵中丙酮酸的脱羧作用，使这一作用更为彻底，从而降低发酵副产物的形成，特别是能降低与 SO_2 结合的醛类的形成。国际标准规定可在葡萄汁或葡萄酒中加入低于 0.6 mg/L 的维生素 B_1。

（2）维生素 PP（NAD），是氢的转送者。可促进酒精发酵的重要步骤——糖酵解过程中的氧化及乙醛的还原。

酵母菌生长素主要有：

（1）维生素 B_2，是酵母菌的黄色素，在其氧代谢中必不可少的氢的转送者；

（2）维生素 B_6，酵母菌蛋白质代谢必不可少的氨基酸转换酶的辅酶；

（3）维生素 B_7、B_8，促进酵母菌的繁殖；

（4）维生素 B_{12}，是酵母菌合成的维生素，在葡萄浆果中没有。

人类每天需要摄入一定量的维生素 B_{12}，以防止贫血。每天饮用适量的葡萄酒则是一个很好的办法。

1. 维生素 B_1（硫胺素）

维生素 B_1 是由一个嘧啶分子和一个噻唑分子通过一个亚甲基连接而成的。因分子中含有硫和氨基，所以称为硫胺素（Thiamine）。它广泛分布于植物和动物体中，在 α-酮酸和糖类化合物的中间代谢中起着十分重要的作用。维生素 B_1 的生物活性形式是焦磷酸硫胺素（TPP），即硫胺素的焦磷酸酯。

维生素 B_1 的水溶液在空气中将逐渐被分解。在酸性溶液中对热较稳定，如在 pH＝3 时，即使高压加热到 120 ℃持续 1 h，仍可保持其生理活性。但在碱性溶液中，对热极不稳定，pH＞7 时，加热即可使大部分或全部维生素 B_1 破坏，不加热即使在室温下，亦能逐渐分解。维生素 B_1 在碱性介质中可被赤血盐氧化，产生具有蓝色荧光的硫色素化合物，故可借荧光比色法测定维生素 B_1 的含量。

在人体内，维生素 B_1 并不具有生物活性，当它在肝脏与焦磷酸形成焦磷酸酯后，才具有生物活性。焦磷酸硫胺素是 α-酮酸氧化脱羧酶系中的辅酶。当缺乏维生素 B_1 时，糖代谢中间产物丙酮酸等将不能进一步氧化而发生聚积，使机体能量来源发生障碍。

2. 维生素 B_2（核黄素）

维生素 B_2 是含有核糖醇侧链的异咯嗪衍生物。在自然界维生素 B_2 通过磷酸化形成黄素单核苷酸（FMN）及黄素腺嘌呤二核苷酸（FAD），具有辅酶的功能。

维生素 B_2 为橙黄色结晶化合物，溶于水和乙醇。水溶液呈现黄绿色荧光，对热较稳定，在中性和酸性溶液中，即使短期高压加热，也不会被破坏，但在碱溶液中则较易破坏。游离的维生素 B_2 对光辐射敏感。核黄素水溶液光分解程度与 pH 有关。在酸性介质中光分解较少，而在中性和碱性介质中光分解较为严重。在微酸及中性介质中，光解为蓝色荧光物质，在碱性介质中光解生成荧光黄素。

维生素 B_2 与维生素 C 共存时，维生素 C 可抑制维生素 B_2 光分解，但维生素 C 因与维生素 B_2 共存而自己易被分解。此外，硫脲、对苯二酚、维生素 B_1、叶绿素等也可抑制维生素 B_2 光分解。

维生素 B_2 是机体中许多重要辅酶的组成成分。它在生物的氧化还原过程中传递氢，当人体缺乏维生素 B_2 时，物质代谢作用将会受阻，易发生口腔炎、角膜炎等。

3. 维生素 PP（维生素 B_5）

维生素 PP 包括尼克酸和尼克酰胺两种化合物，可由烟碱氧化制得，故又称为烟酸和烟酰胺。维生素 B_5 有防止癞皮病的作用，故又称为抗癞皮病维生素。

维生素 B_5 是维生素类中最为稳定的一种，为白色针状结晶，不易被光、热、氧破坏。在动物体内，烟酸可由色氨酸转化而来，故色氨酸不足时常伴随着维生素 B_5 缺乏症。色氨酸转化为烟酸的转化率为 60：1（质量比）。

烟酸在水和乙醇中溶解度较小，烟酰胺则易溶于水和乙醇，微溶于乙醚。烟酰胺在酸性或碱性溶液中加热被水解成烟酸。烟酸能与溴化氢反应生成黄绿色化合物，由此可由比色法进行定量测定。缺乏维生素 B_5 时，易患皮炎。

6.1.2.3　维生素 H（生物素）

生物素（Biotin）是酵母及其他微生物生育所必需的生长因子，可由合成法制备。在所有维生素种类中，含硫的维生素只有维生素 B_1 和维生素 H。

维生素 H 为无色针状晶体，易溶于水及酒精，不溶于其他有机溶剂，对光、热、酸稳定，但可被强碱分解。天然态的维生素 H 都与蛋白质结合，易因透析而分离。

维生素 H 在生理功能上对有些酶有影响，并且可预防和治愈皮炎、有利于毛发的生长。

6.1.2.4　维生素 P

维生素 P 是一组与保持血管正常通透性有关的黄酮类化合物，包括芸香苷、橙皮苷等，其中以前者为主要成分。维生素 P 可增强血管的抵抗力，减少血管的透过性，有医治紫斑病的功效，可用于各种脑出血的医治。最新研究表明：葡萄酒（尤其红葡萄酒）是维生素 P 含量较多的饮料之一，常饮红葡萄酒有预防心血管疾病的功效。

6.2　酶

酶（Enzyme）是由生物活细胞产生的，以蛋白质为主要成分的具有特殊催化功能的生物催化剂。酶存在于一切生物体中，参于物质代谢的每一个过程，起着各种高效的催化作用。生物体的各种生理现象都与酶的作用分不开，所以酶被誉为生命活动的"推动机"。没有酶的催化作用，任何生物工程技术都是不能够实现的。

6.2.1　酶的分类与命名

6.2.1.1　酶的命名

酶的种类很多，现已鉴定的酶有 3000 多种，并且新的酶还在不断地被发现。由于酶结构的复杂性，因此其不能像一般的有机化合物那样根据结构命名。现在普遍使用的是酶的习惯命名法，其原则是：

（1）根据催化反应的性质决定酶的名称。如催化氨基酸转移的酶称为氨基酸转移酶；催化水解的酶称为水解酶。

（2）根据催化底物和催化反应性质决定酶的名称。如催化丙酮酸脱羧生成乙醇和 CO_2 的酶称为丙酮酸脱羧酶；催化蛋白质和淀粉水解的酶分别称为蛋白质水解酶和淀粉水解酶。

（3）根据酶的来源并结合作用底物与催化反应性质决定酶的名称。如从木瓜中提取的水解蛋白质的酶称为木瓜蛋白水解酶，此外如胃蛋白酶、胰蛋白酶等。

酶的习惯命名比较简单，应用历史较长，但缺乏系统性，有时会出现一酶数名或一名数酶的情况。因此，国际生化协会酶学委员会于 1961 年制定了酶的系统命名原则。按照该原则，每一种酶有一个系统名称和习惯名称。习惯名称简单且使用方便。系统命名严格而且具有科学性。系统名称应当明确标明酶的反应底物及催化反应性质。因此，它包括两部分，底物名称及反应类型。若酶反应中有两种底物起反应，则这两种底物均须表明，当中用 "："隔开，若底物之一是水时，可将水省略不写。系统命名原则及系统编号是相当严格的，一种酶只可能有一个名称和一种编号（见表 6-3）。

表 6-3　酶的习惯名称与系统名称的比较

习惯名称	系统名称	催化反应
己糖激酶	ATP：己糖磷酸基转移酶	ATP＋葡萄糖——→6-磷酸葡萄糖＋ADP

6.2.1.2　酶的国际分类法及编号

国际酶学委员会制定的"国际系统分类法"将所有的酶促反应按反应性质分

为六大类：

(1) 氧化还原酶类（Oxidoreductases）：催化氧化还原反应，其反应式为

$$AH_2 + B \longrightarrow A + BH_2$$

(2) 转移酶类（Transferases）：催化分子间基团的转移，其反应式为

$$AR + B \longrightarrow A + BR$$

(3) 水解酶类（Hydrolases）：催化水解反应，其反应式为

$$AB + H_2O \longrightarrow AOH + BH$$

(4) 裂合酶类（Lyases）：催化从底物上移走某些基团而形成双键的非水解性反应及其逆反应，其反应式为

$$AB \longrightarrow A + B$$

(5) 异构酶类（Isomerases）：催化各种同分异构体的相互转变，其反应式为

$$A \longrightarrow B$$

(6) 合成酶类（Ligases）：能催化一切必须与 ATP 分解相耦联，并由两种物质（双分子）合成一种物质的反应，其反应式为

$$A + B + ATP \longrightarrow AB + ADP + Pi$$

在系统命名法中，每一种酶都有一个固定的编号，每一个酶的分类编号由四个数字组成，数字间有"."隔开：第一个数字指明该酶属于六大酶类中的哪一大类；第二个数字指出该酶属于哪一亚类；第三个数字指出该酶属于哪一个亚-亚类；第四个数字则表明该酶在一定的亚-亚类中的排号。编号之前往往冠以 EC（如 EC. 2. 6. 1. 2），EC 为 Enzyme Commission（酶学委员会）的缩写。例如乳酸脱氢酶（EC. 1. 1. 1. 27）催化下列反应：

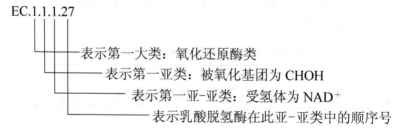

$$\overset{CH_3}{\underset{COO^-}{HO-\overset{|}{\underset{|}{C}}-H}} + NAD^+ \xrightarrow{\text{乳酸脱氢酶}} \overset{CH_3}{\underset{COO^-}{\overset{|}{\underset{|}{C}}=O}} + NADH + H^+ \qquad (6\text{-}1)$$

其编号可作如下解释：

EC.1.1.1.27

　　　　——表示第一大类：氧化还原酶类
　　　　　——表示第一亚类：被氧化基团为 CHOH
　　　　　　——表示第一亚-亚类：受氢体为 NAD$^+$
　　　　　　　——表示乳酸脱氢酶在此亚-亚类中的顺序号

此外，在生物体中，我们将在其合成细胞内起作用的酶称为内酶，而将能在其合成细胞外起作用的酶称为外酶。

6.2.2　酶的化学本质和催化特点

6.2.2.1　酶是蛋白质

酶是由生物活细胞产生的具有催化作用的蛋白质。只要所处的环境使其不发生变性，则无论在细胞内或细胞外它都可以发挥催化作用。有些酶是简单蛋白，有些酶是结合蛋白。结合蛋白的蛋白质部分称为酶蛋白（Apoenzyme），非蛋白质部分称为辅酶（Coenzyme）或辅基（Prosthetic Group），通常把与酶蛋白质结合松散的称为辅酶而把与酶蛋白结合牢固的称为辅基。用表达式可以表示为

$$全酶（Holoenzyme）\rightleftharpoons 酶蛋白（Apoenzyme）+辅酶（辅基）（Coenzyme）$$
$$\text{(6-2)}$$

而且有

$$\frac{[Apoenzyme][Coemzyme]}{[Holoenzyme]} = K \qquad \text{(6-3)}$$

在式（6-3）中，电离系数 K 很小，即酶的结合是相当牢固的。

辅酶（辅基）对酶的催化作用是必需的，酶蛋白与辅酶或辅基分离时两者均不能起到催化作用，它们是一个有机结合的整体。

6.2.2.2　酶的催化特点

酶除了具有一般催化剂的特征外，它自身具有一些特有的特征：

（1）反应条件温和，在接近生物体的体温和接近中性的条件下就能发挥其作用。因此酶制剂在工业中的应用不需要复杂的设备。

（2）比一般催化剂的效率高得多。一个过氧化氢酶分子 1 min 内能催化 5×10^6 个过氧化氢分解为水和氧。酶的催化效率以酶的周转率（turn-over）表示。酶的周转率是指 1 mol 的酶在最适作用条件下每秒或每分钟内所催化的底物分子的物质的量。测定酶的周转率时，底物必须是过量的。酶的周转率对不同的酶来说变化范围很大，大约在 $10^2\sim10^7/s$。一般来说，水解酶的周转率较低，氧化酶的周转率较高。

（3）在反应过程中，酶的活性会随着时间而逐渐降低。

（4）酶是蛋白质，凡是使蛋白质变性的因素，如高温、强酸、强碱、重金属等都能使酶蛋白变性而失活。同时酶也常因温度、pH 等轻微的改变或抑制剂的存在使其活性发生变化。但在某些情况下，当改变外界施加的变性条件后，酶的活性会部分恢复。

（5）酶的作用具有高度的专一性，对底物和所催化的反应都有严格的选择性。

酶作用的专一性有不同情况，可分为相对专一性、绝对专一性和立体异构专一性 3 大类。现分述如下：

（1）相对专一性。有些酶对底物的专一性的程度较低，它能作用于某一类化合物或化学键，可分为两类：

1）键的专一性。只对某一种化学键起作用，而对组成键的基团要求不严。例如：酯酶能水解几乎所有的有机酯中酸和醇形成的酯键，对酯键两端的 R 和 R′ 基团没有严格的要求。

$$R\!-\!\overset{\overset{\textstyle O}{\|}}{C}\!-\!O\!-\!R' + H_2O \xrightarrow{\text{脂酶}} R\!-\!COOH + R'\!-\!OH \tag{6-4}$$

2）基团专一性。有些酶对于底物除了要求有特殊的化学键外，对化学键一侧或两侧的基团有一定的要求。

（2）绝对专一性。有些酶只能催化一种底物起一种反应。如果底物分子稍有一些变化，酶就不能起作用。例如：麦芽糖酶（Maltase）仅能催化麦芽糖分解为两分子 D-葡萄糖。

（3）立体异构专一性。几乎所有的酶对于立体异构具有高度的专一性。酶作用的专一性是由酶蛋白的立体结构所决定的。

6.2.3　影响酶促反应的因素

6.2.3.1　米氏常数

1913 年 Michaelis 和 Menten 提出了酶促反应原理"米氏学说"，并建立了米氏方程。米氏方程是生物化学和酶学中已建立的多种酶促反应的动力学方程最为著名的方程之一。它的一般形式如下：

$$v = \frac{v_{\max}[s]}{[s] + k_{\mathrm{m}}} \tag{6-5}$$

式中，v 为酶反应速度，$v_{\max}$ 为酶促反应的最大速度，$[s]$ 是底物的浓度，k_{m} 是米氏常数。米氏方程说明了酶促反应的速度和底物浓度之间的关系。当 $[s] \approx 0$ 时，反应速度随底物浓度增加而呈线性增加；当底物浓度等于 k_{m} 时，反应速度为最大反应速度的一半；当底物浓度很大时，反应速度随底物浓度增加而变化很小，趋近于最大反应速度。通过米氏方程的变换可以求出米氏常数和最大反应速度。取米氏方程的倒数形式得出：

$$\frac{1}{v} = \frac{k_{\mathrm{m}}}{v_{\max}} \frac{1}{[s]} + \frac{1}{v_{\max}} \tag{6-6}$$

通过实验测定作 $1/v$ 与 $1/[s]$ 二者的关系图（图 6-1），将得出一条直线，直线的纵轴截距的倒数就是 $v_{\max}$，而这条直线的横轴截距的负倒数就是 k_{m}。

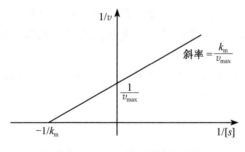

图 6-1　$1/v$ 与 $1/[s]$ 的关系图

6.2.3.2　酶活力的测定

　　酶活力（Enzyme activity）也称为酶活性，是指酶催化一定化学反应的能力。酶活力的高低是研究酶的特性、进行酶制剂生产及应用一项必不可少的指标。酶活力的大小可以用在一定条件下，它所催化的某一化学反应的反应的速度（Reaction rate）来表示。酶反应速度用单位时间内单位体积中底物的减少量或产物的增加量来表示，其单位是浓度/单位时间。

　　1961 年国际酶学委员会规定：1 个酶活力单位，是在特定条件下，在 1 min内能转化 1 μmol 底物的酶量或是转化底物中 1 μmol 的有关基团的酶量。特定条件指温度选定为 25 ℃，其他条件（如 pH 及底物浓度）均采用最适条件。这是统一的国际标准，但使用起来很不方便。

　　酶的比活力（Specific activity），也就是酶含量的大小，即每毫克酶蛋白所具有的酶活力，一般以 U/mg 蛋白质表示。它是酶学研究以及生产中经常使用的数据。

　　在酶活力测定中，实际测定的是一定量的酶在指定条件下的酶促反应最大速度。根据米氏方程，当底物浓度足够大，即 $[s] > 20k_m$ 时，米氏方程可变为：

$$v = \frac{v_{max}[s]}{k_m + [s]} \approx v_{max} = k_3[E_s] \approx k_3[E_0] \tag{6-7}$$

　　这个方程说明在保证底物浓度足够大时，酶活力测定实验中反应速度约等于最大反应速度，该初速度和测定系统中酶的浓度（严格地讲是初始浓度）之间呈线性关系，即 $k_{初始} \approx k_3[E_0]$。k_3 是与测定酶种类及测定条件有关的一个常数，$[E_0]$ 指反应体系中该酶的总物质的量浓度。所以，在酶种类和测定条件不变的情况下，测定初始速度就意味着测定酶的物质的量浓度。因此酶活力测定必须遵守下列规则：

　　（1）测定初速度；

　　（2）$[s] > 20k_m$；

　　（3）保持酶促反应条件稳定；

（4）必须给出合理的酶活力单位，首要的是酶样必须计量；

（5）必须作空白实验，即采用一个失活的酶样在相同的测定条件下，测定非酶条件下的反应速度；

（6）一般要求多点测定，即在不同酶量下反复测定反应初速度，然后作速度～酶量图，如果该图为直线，方才认可。

6.2.3.3　pH 对酶促反应的影响

在酶促反应过程中，反应体系的 pH 对酶的活性影响很大。保持酶和底物的浓度不变，在不同的 pH 条件下测定酶促反应的速度得到的曲线称为 pH～酶活力曲线。从曲线上可以看出，酶在一个狭窄的 pH 范围内才表现出最大的活力，这个 pH 范围称为最适 pH，超出这个范围时酶的活性显著下降。大多数酶的最适 pH 在 4.5～8.0 范围内。但是最适 pH 不是酶的特征常数，它受酶纯度、底物的种类和浓度、缓冲剂的种类和浓度以及抑制剂等的影响。因此，它只在一定条件下才是有意义的。

pH 对酶促反应的影响包括两个方面：①影响酶的稳定性；②影响酶与底物的结合以及催化底物转变成产物。在极端 pH 的环境下，大多数酶都会发生不可逆变性。导致这种变化的 pH 随酶的种类而异。例如，胃蛋白酶在 pH＝7 时很快失活，而在 pH＝1 时十分稳定。

酶活力中心常含有—COOH、—NH$_2$、—SH、—OH 等可离解的基团，这些基团的解离程度以及从而引起的活力中心的结构与反应能力的变化显然依赖于介质的 pH。与此相似，底物本身也含有可解离的基团，它们的解离程度也受介质的影响。pH 能显著地影响酶-底物络合物的结构和反应专一性。

酶不仅在一定的范围内才有活性，而且在一定的范围内才稳定。这两个范围不一定相等，实际上稳定性的范围比活性范围更宽。因此，pH 的控制常常是很严格的。在许多情况下，如果适合于加工的 pH 范围和使用的酶的最适 pH 不相一致，则 pH 就成了生产的限制性参数。对 pH 的控制可以最大限度的提高酶反应速度，也可以防止酶反应的发生或抑制酶反应。

6.2.3.4　温度对酶促反应的影响

温度对酶促反应的影响，由于其复杂性，实际上至今尚无定论。一般来说，温度主要影响酶的稳定程度；酶蛋白的热变性；激活剂或辅酶（辅基）的结合；酶和底物分子中某些解离基团的最适 pH；以及缓冲剂的 pH。所谓酶的最适温度，其实不是酶的特征性物理常数，因为它受时间、pH、底物浓度等因素的影响。

1. 升温对酶活力的影响

温度上升对酶有双重作用：①酶的催化效率逐渐升高；②当温度超过某一温

度界值时，酶会受热而破坏。若破坏速度大于催化速率，酶的反应速度就会迅速降低。通常酶在冻结温度条件下活性很低，然后随着温度的增加，酶活性也随之增加。大多数酶在 30～40 ℃时表现出最适活性，而当温度达到 45 ℃以上时就开始变性，活性降低。

2. 低温效应

大部分酶经过冷冻和解冻仍能保持很大活性，而且多数酶在部分冻结状态下仍具有活性。当将酶液的温度从 0 ℃降低到冰点（Freezing point）以下时，有些酶的活性增加，有些则降低。若温度再降低，则所有酶的活性都会降低。部分酶可因冷冻而失去活性。其原因在于：

（1）酶活性中心构象发生变化，产生不稳定的构象。

（2）在低温情况下，由于底物的相发生变化，改变了酶与底物接近的能力。水分子间氢键的增加，底物和酶活性中心氢键的增加，会降低其专一性活性。酶聚合物的形成也会降低其专一性活性。当温度降低时，酶、底物和缓冲液的解离作用（Ionization）也会降低，可能改变了系统的 pH 和酶的最适 pH。在部分冻结的系统中，冻结速率会影响非冻结水体积的大小及其中溶质的浓度，因此影响酶的活性。缓慢的冻融过程比快速冻融更能使酶丧失活性。

温度效应对食品工业十分重要。常常采用加热的方法使有害的内源酶失活。加热的程度必须足以使酶失活，否则增加温度反而将有助于加强有害反应。同样，有益酶的活性，不管是内源的还是外源的，对于每一个反应的最适温度都要测量。这个最适温度包括最大反应速度和最小酶失活速度两个方面的含义。值得一提的是，在葡萄酒酿造过程中所使用的酶一般比较昂贵，除了利用其活性外，还要考虑其使用寿命。若酶稳定则其使用时间较长，酶的利用率就会提高。如果温度过高，虽然暂时有较高的酶活性，但此时酶不稳定，易变性失活，降低了其使用寿命。温度越低，越能保持酶的活性。

6.2.3.5　抑制剂和激活剂对酶促反应的影响

1. 抑制剂的影响

酶促反应是一个复杂的化学反应，有些物质能使酶的活力中心的化学性质发生改变，导致酶活力下降或丧失，这种现象称为酶的抑制。引起酶抑制作用的物质称为抑制剂。抑制剂分为两类：竞争性抑制剂和非竞争性抑制剂。

（1）竞争性抑制剂

这类抑制剂的结构与酶的正常底物相似，能结合到酶的活力中心上去，生成酶-抑制剂络合物。一个酶分子不能同时与抑制剂和底物相结合，因此抑制剂和底物是相互竞争的。酶和抑制剂结合以后，排斥了底物与酶的结合，因而抑制了酶的活力。竞争性抑制剂对酶活力的抑制程度取决于下列几个因素：①底物浓度；②抑制剂浓度；③酶-底物络合物和酶-抑制剂络合物的相对稳定性。

（2）非竞争性抑制剂

这类抑制剂的结构与酶的正常底物的结构并不类似，但它们也能和酶形成酶-抑制剂络合物。非竞争性抑制剂所结合的酶分子上的基团，虽然对于形成酶-底物络合物并非必要，但对于酶的催化功能却是必要的。因此，非竞争性抑制基的存在虽然并不影响酶与底物的结合，但是酶却失去了活性。增加底物并不能消除抑制剂的影响。从这个意义上讲，非竞争抑制剂是不可逆的。重金属、氯化物、氰化物、螯合剂、氧化剂及能与巯基（—SH）作用的物质都属于非竞争性抑制剂。

已知的酶抑制剂种类很多，但由于其安全性问题，抑制剂在食品工业和发酵工业中的应用寥寥无几。

2. 激活剂的影响

在一些酶促反应中，必须有其他适当的物质存在时才能表现出酶的催化活力或加强其催化效力，这种现象称为酶的激活，引起激活作用的物质称为激活剂。激活剂和辅酶（辅基）不同，如果无激活剂存在，酶仍能表现一定的活力，而辅酶（辅基）不存在时，酶则完全失活。激活剂种类很多，其中包括：

（1）无机阳离子，如 Na^+、K^+、Cs^+、NH_4^+、Mg^{2+}、Ca^{2+}、Zn^{2+}、Cu^{2+}、Cr^{3+}、Mn^{2+}、Fe^{2+}、Co^{2+}、Ni^{2+}、Al^{3+} 等；

（2）无机阴离子，如 Cl^-、B_r^-、I^-、CN^-、NO_3^-、PO_4^{3-}、AsO_4^{3-}、SO_3^{2-}、SO_4^{2-}、SeO_4^{2-} 等；

（3）有机物分子如抗坏血酸（维生素C）、半胱氨酸、巯基乙酸、还原性谷胱甘肽等。

金属离子的激活作用是由于金属离子与酶结合，此结构又与底物结合成三位一体的"酶-金属-底物"复合物，这里的金属离子使底物更有利于同酶活力中心的催化部位和结合部位相结合，使反应加速进行，金属离子在其中起了某种搭桥作用。阴离子对调节酶的活力所起的作用较为一般。

6.2.4　葡萄汁中的酶

在葡萄汁中，主要有水解酶、氧化酶和转化酶。葡萄汁中的酶活性比葡萄中的要强许多。这是因为在葡萄汁中，除葡萄本身的酶外，还有酵母菌和灰霉菌产生的外酶的作用，而且在破损细胞上酶的活性更强。

在葡萄酒的酿造过程中，酶在以下方面都起着重要的作用：

（1）酒精发酵前原料中的生物化学变化；

（2）酒精发酵的启动；

（3）对葡萄酒工艺条件抗性强的酶还在葡萄酒的陈酿中起作用。

6.2.4.1 氧化酶

最具危害性的是氧化多酚物质的酶，即多酚氧化酶，包括酪氨酸酶和漆酶。

1. 酪氨酸酶

酪氨酸酶，又叫儿茶酚酶。这种酶是葡萄浆果的正常酶类，主要存在于植物的组织细胞中。在幼果期，多酚氧化酶活性很强，而且固定在细胞器上。在葡萄汁中，除部分溶解外，酪氨酸酶主要存在于葡萄果肉细胞的残片上，且其活性比在未破碎的葡萄中的活性大大提高。其含量高低取决于对葡萄原料的处理过程。在葡萄酒加工过程中，酪氨酸酶的活性随着葡萄汁的处理、澄清、膨润土处理、酒精发酵等过程的进行而大为降低。它在 pH＝3～5 时活性最强，pH＝7 时较稳定，在 30 ℃时活性最强，在 55 ℃时，30 min 就会失去活性。

在葡萄酒中，酪氨酸酶的危害性较小。由于酒精的存在，它们对多种抑制因素的抗性减小，而且，它们也不适应葡萄酒的工艺条件（澄清、膨润土处理、发酵温度等）。

2. 漆酶

这种酶不是葡萄浆果的正常酶类，它存在于受灰霉菌（*Botrytis cinerea*）危害的葡萄浆果上，是灰霉菌分泌的酶类。它可以完全溶解于葡萄汁中，由于其活动的适应范围更广，可氧化的多酚物质种类更多，其危害性也比酪氨酸酶的更大，对葡萄酒的工艺条件的抗性也更强。所以，在用霉变原料生产葡萄酒时，无论在发酵前，还是在发酵后，都应防止漆酶的活动（SO₂ 处理，氧化试验等）。漆酶在 pH＝3～5 时活性强且较稳定，在 40～45 ℃时活性达到最大，但在 45 ℃时几分钟就失去活性。所以在葡萄汁中，它的危害性较大。如果葡萄感染了灰霉菌，在原料处理和储藏时不加以控制，将引起葡萄酒不可逆转的严重质量变故。所以，对葡萄汁的热处理，是防止氧化的良好工艺，但在加热时，必须在几秒钟内通过 30～50 ℃的温度范围，因为在这一温度范围内酶的活性最强。

表 6-4 列出了酪氨酸酶和漆酶对酚类底物的相对活性。

表 6-4 酪氨酸酶和漆酶对酚类底物的相对活性

底物种类	酪氨酸酶	漆酶	底物种类	酪氨酸酶	漆酶
4-甲基邻苯二酚	100		香豆酸	0	90
邻苯二酚	25	104	咖啡酸	27.5	132
间苯二酚	4	143	阿魏酸	0	109
对羟基苯甲酸	0	1	绿原酸	106	104
原儿茶酸	12	119	儿茶酸	49	100
五倍子酸	8	109	丹 宁	3	84
香草酸	0	33	葡萄花青素苷	3	97

　　总之，多酚氧化酶（PPO）促进多酚物质的氧化。如果这一氧化作用太强，就会在葡萄酒酿造和储藏过程中，由于形成棕色不溶性物质而引起氧化破败病（棕色破败病）。这类酶的活动受介质，特别是介质中溶解氧含量的影响。在果皮破碎的浆果中，氧大大加强了这种发酵前的氧化作用，严重地影响所要生产的葡萄酒的质量。因此，在采收过程中，必须尽量防止浆果破损，并在发酵以前对葡萄汁进行 SO_2 处理。在发酵过程中，多酚氧化酶被部分除去，但漆酶在葡萄酒中仍然部分存在。因此，用部分霉烂的浆果酿造的葡萄酒很易感染棕色破败病。

6.2.4.2　水解酶

　　水解酶在酵母菌代谢中起着重要作用。其中最重要的是蛋白酶和果胶酶。

　　1. 蛋白酶

　　蛋白酶是植物代谢必需的酶。蛋白酶主要分为 4 大类：酸性蛋白酶、丝氨酸蛋白酶、巯基蛋白酶和含金属蛋白酶。在葡萄酒的生产中常用的是酸性蛋白酶。在刚形成时，葡萄浆果中就含有蛋白酶。从葡萄转色开始，它们的活性就很强。在葡萄汁中，它们存在于果肉的残片上。蛋白酶对酒精发酵的启动具有重要的作用，酵母菌所合成的外酶——果胶酶，更加强了其活性。

　　蛋白酶的作用是释放出便于酵母菌吸收的短链氨基酸。它们也能在发酵前作用于酵母菌的细胞壁，使之变为具有亲水性，从而减少发酵时所产生的泡沫。蛋白酶还能在苹果酸-乳酸发酵的启动中起作用。

　　2. 果胶酶

　　果胶酶是催化果胶质分解的一类酶的总称，主要包括果胶酯酶（Pectinesterase，简称 PE）、聚半乳糖醛酸酶（Polygalacturonase，简称 PG）、聚甲基半乳糖醛酸酶（Polymethylgalacturonase，简称 PMG）、聚半乳糖醛酸裂解酶（Polygalacturonatelyase，简称 PGL）、聚甲基半乳糖醛酸裂解酶（Polymethylgalacturonatelyase，简称 PMGL，又称果胶酸裂解酶），还有少量的纤维素酶和半纤维素酶。它们共同作用使果胶相对分子质量变小，生成相对分子质量较小的聚甲基半乳糖醛酸，果胶水解为果胶酸和甲醇，使葡萄汁的黏度下降。葡萄本身含有果胶酶，酵母菌也能合成一些果胶酶，但这些酶的反应过程较缓慢。

　　（1）果胶酯酶（PE）。它可以水解除去果胶上的甲氧基基团，对半乳糖醛酸酯具有专一性，但不能水解非半乳糖醛酸的甲基酯类。果胶酯酶要求在其作用的半乳糖醛酸链的酯化基团附近要有有利的羧基存在。此酶可沿着链降解，直至遇到障碍为止。

　　（2）聚半乳糖醛酸酶（PG）。它也属于水解酶，根据其作用方式的不同，可分为内切聚半乳糖醛酸酶（endo-PG）和外切聚半乳糖醛酸酶（exo-PG）两种。

此类酶可以水解分子内部的 α-1,4-糖苷键，生成半乳糖醛酸和果胶酸，软化果肉的组织，使葡萄汁的黏度下降，是葡萄汁澄清时起主要作用的酶。

(3) 聚甲基半乳糖醛酸裂解酶（PMGL）。它属于水解酶，可将葡萄糖苷酸分子的 C_4 和 C_5 处通过氢的转移消除作用，将葡萄糖苷酸链的糖苷键裂解，迅速降低葡萄汁或果汁的黏度。

在市面上，也有市售的果胶酶。它们可促进葡萄果皮中多酚和芳香物质的释放，促进葡萄汁的澄清和所生产的葡萄酒的澄清。但须注意的是，一些市售的果胶酶含有脱羧酶，后者能将葡萄中的酚酸转化为葡萄酒的不良气味物质。所以在购买时，应选择精制果胶酶。

6.2.4.3　转化酶

转化酶可将蔗糖转化为发酵糖。在葡萄汁中，转化酶固定在果肉细胞的残片上。在发酵过程中，转化酶可提高加糖的效应。酵母菌也能合成转化酶，但它们是内酶，只能在酵母菌细胞内起作用，因而作用不大。

6.3　小　　结

维生素是一类结构不同的小分子有机物，不能由人和动物自身合成，但其在维持正常生理活动中不可缺少。动物从植物性食物中摄取维生素以满足自身需要，并将一部分储存在维生素代谢库（尤其在肝脏中）。细菌也只能从它们所生活的基质中获取维生素。在葡萄和葡萄酒中，维生素的种类比较齐全，尤其是维生素 PP 的含量是水果和蔬菜中最高的。在葡萄中，脂溶性维生素主要存在于种子中。但在葡萄酒酿造中，水溶性的维生素，特别是维生素 C 和 B 族维生素具有更重要的作用。

酶是由生物活细胞产生的具有催化作用的蛋白质。只要所处的环境使其不发生变性，无论在细胞内或细胞外它都可以发挥催化作用。有些酶是简单蛋白，有些酶是结合蛋白。结合蛋白的蛋白质部分称为酶蛋白，非蛋白质部分称为辅酶或辅基，通常把与酶蛋白质结合松散的称为辅酶而把与酶蛋白结合牢固的称为辅基。现在普遍使用的酶的命名法是习惯命名法，但是国际生化协会酶学委员会于1961 年制定了酶的系统命名原则以及酶的系统分类和编号。酶作为生物催化剂，自身具有一些特有的特征：反应条件温和；比一般催化剂的效率要高得多；易变性；具有高度的专一性。此外，在反应过程中，酶的活性会随着时间而逐渐降低。酶促反应受各种因素的影响，这些影响因素包括：pH、温度、激活剂和抑制剂等。在葡萄汁中，主要的酶类包括水解酶、氧化还原酶和转化酶。其中水解酶包括果胶酶和蛋白酶，氧化还原酶类则主要为多酚氧化酶，包括酪氨酸酶和漆酶。

主要参考文献

陈晓前. 2002. 葡萄酒生产中的酶类及其对酒的影响. 酿酒，1 (29)：54

戴有盛. 1994. 食品的生化与营养. 北京：科学出版社

韩雅珊. 1992. 食品化学. 北京：北京农业大学出版社

侯保玉. 1998. 酶技术在葡萄酒生产中的应用. 山西食品工业，(3)：34

李华. 2000. 现代葡萄酒工艺学（第二版）. 西安：陕西人民出版社

凌建斌，郑建仙. 1999. 酶法增强葡萄酒风味的研究. 食品工业，(4)：22

刘临渭. 1996. 食品化学. 西安：陕西科学技术出版社

彭忠英. 2002. 食品酶学导论. 北京：中国轻工业出版社

沈同，王镜岩. 1990. 生物化学. 北京：高等教育出版社

王华，丁刚，范英华. 2002. 白葡萄酒蛋白质稳定的新展望——酶解法. 酿酒科技，(2)：69

王美芝，张建军. 1999. 酶对葡萄酒风味及颜色的稳定作用. 中外葡萄与葡萄酒，(3)：67

王璋编. 1991. 食品酶学. 北京：中国轻工业出版社

无锡轻工业大学，天津轻工业学院. 1981. 食品生物化学. 北京：中国轻工业出版社

张艳芳，魏冬梅，袁春龙. 2001. 酶在葡萄酒中的应用. 中外葡萄与葡萄酒，(4)：21

Tucker G A，Woods L F J. 2002. 酶在食品加工中的应用. 李雁群，肖功年译. 北京：中国轻工业出版社

Usseglio-Tomsset L. 1995. Chimie oenologique. 2eme edition. Paris：Tec & Doc

第7章　酵母菌的发酵化学

葡萄酒的发酵化学主要是指葡萄浆果中的糖在酵母菌的作用下分解成酒精、CO_2 和其他副产物的反应。同时还包括酵母菌和细菌对糖、酸、含氮、含硫等底物进行分解生成相应代谢产物的过程。在本章中，我们主要分析与酵母菌有关的发酵化学。

7.1　糖酵解（EMP）

糖酵解（EMP）是 20 世纪 40 年代 Embden、Myerhof 和 Parnas 三人首先发现的，故简称 EMP。糖酵解包括生物细胞将己糖转化为丙酮酸的一系列反应。这些反应可在厌氧条件下进行（酒精发酵和乳酸发酵），也可在有氧条件下进行（呼吸），它们构成了糖的各种生化转化的起点。糖酵解的特点是，葡萄糖分子经转化成1,6-二磷酸果糖后，在醛缩酶的催化下，裂解成两个三碳化合物分子，由此再转变成两分子的丙酮酸。在糖酵解中，由于葡萄糖被转化为1,6-二磷酸果糖后开始裂解，故又称之为双磷酸己糖途径。

7.1.1　EMP 途径

EMP 途径是酵母菌酒精发酵和三羧酸循环的共同通路。从葡萄糖开始，EMP 途径全过程共分为 10 个步骤（图 7-1）。EMP 途径可分为两个阶段：前 5 步为准备与平衡阶段。在此阶段中，主要是对底物进行磷酸化作用，葡萄糖通过磷酸化分解成三碳糖，每分解一个葡萄糖分子消耗两分子 ATP。后 5 步是产生 ATP 的储能阶段。磷酸三碳糖转变为丙酮酸，每分子三碳糖产生两分子 ATP。整个

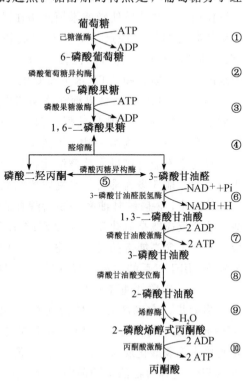

图 7-1　EMP 途径

EMP 途径需要 10 种酶，这些酶都存在于细胞质中。

第一步，葡萄糖在己糖激酶作用下，经过磷酸化（Phosphorylation）形成 6-磷酸葡萄糖。酵母的己糖激酶与高等生物相比，对变构抑制剂不敏感，酵母的己糖激酶不仅催化葡萄糖的磷酸化，还催化其他己糖及其衍生物（包括果糖、甘露糖和氨基葡萄糖等）的磷酸化，其对醛糖的亲和力要高于酮糖。这是个不可逆反应，实际上是在葡萄糖分子上安装上磷酸根"把手"。在该过程中，一分子葡萄糖磷酸化需要消耗一分子 ATP。

第二步，6-磷酸葡萄糖在磷酸葡萄糖异构酶作用下转化成 6-磷酸果糖。这是一个同分异构化反应（Isomerization）。这一步酶促反应使羰基键 C_1 移至 C_2，C_2 羰基键的存在使 C_3—C_4 键变弱，容易发生断裂。该步反应是可逆的。

第三步，6-磷酸果糖在磷酸果糖激酶的催化下变成 1,6-二磷酸果糖，反应需要 ATP。这样使已有一个"把手"（磷酸根）的磷酸果糖的另一端又装上了一个"把手"（磷酸根）。这一步反应是 EMP 中的关键反应步骤，糖酵解的速度取决于该酶的活性，因此它是一个限速酶。磷酸果糖激酶是一种别构酶，其活性受多种物质的影响，在以 6-磷酸果糖为底物的反应中，可以被 ATP 抑制。此外，生理浓度范围内的柠檬酸、脂肪酸能加强抑制作用，AMP、ADP 或无机磷可消除抑制作用。这些性质使磷酸果糖激酶在巴斯德效应中承担了重要的生理作用。磷酸果糖激酶的另一特点是对核苷酸底物的特异性较低，GTP、UTP、CTP 和 ITP（肌苷三磷酸）都可以代替 ATP 作为磷酸供体。酵母细胞中磷酸果糖激酶的浓度依赖于碳源和 ATP 水平而变化。

第四步，1,6-二磷酸果糖在醛缩酶作用下使 C_3 和 C_4 之间的碳键断裂，生成磷酸二羟丙酮和 3-磷酸甘油醛。两个三碳糖可以相互转化，并处于平衡状态，但优势在磷酸二羟丙酮一边。只有在 3-磷酸甘油醛不断地进入下一步反应（磷酸二羟丙酮不能直接进入糖酵解途径），平衡才移向 3-磷酸甘油醛，这就是第五步。至此，前 5 步为准备与平衡阶段结束。

第六步，3-磷酸甘油醛在 3-磷酸甘油醛脱氢酶催化下氧化成 1,3-二磷酸甘油酸。这个反应既是氧化反应又是磷酸化反应。这是糖酵解过程中惟一的氧化反应，产生了含高能键的反应产物 1,3-二磷酸甘油酸和 $NADH_2$。这步反应生成的 $NADH_2$ 用于以后的酒精发酵过程中乙醛的还原。反应如下：

$$3\text{-}磷酸甘油醛 + Pi + NAD \longrightarrow 1,3\text{-}二磷酸甘油酸 + NADH_2 \qquad (7\text{-}1)$$

第七步，在磷酸甘油酸激酶的催化下，1,3-二磷酸甘油酸将磷酰基转给 ADP 形成磷酸甘油酸和 ATP。这是糖酵解过程中第一次产生 ATP 的反应，也是底物水平磷酸化反应。因为一分子葡萄糖产生两分子三碳糖，因此共产生两分子 ATP，这样就抵消了葡萄糖在磷酸化过程中消耗的两分子 ATP。

第八步，在磷酸甘油酸变位酶作用下，磷酸基团由 C_3 移到 C_2，3-磷酸甘油酸转变为 2-磷酸甘油酸，为下一步分子内氧化还原反应做好准备。

第九步，在烯醇化酶作用下，2-磷酸甘油酸脱水形成磷酸烯醇式丙酮酸。由于分子内氧化还原作用（C_2 被氧化，C_3 被还原），使磷酸键变成高能状态：

$$O{=}\underset{H}{\overset{O^-}{C_1}}{-}\underset{H}{\overset{O-\textcircled{P}}{C_2}}{-}C_3H_2OH \xrightarrow{-H_2O} O{=}\overset{O^-}{C_1}{-}\overset{O\sim\textcircled{P}}{C_2}{=}\underset{H}{C_3}{-}H \tag{7-2}$$

2- 磷酸甘油酸　　　　　　　　　2- 磷酸烯醇式丙酮酸

第十步，磷酸烯醇式丙酮酸将磷酰基转移给 ADP，形成 ATP 和丙酮酸。这步反应是糖酵解过程中第二次底物水平磷酸化。

从以上的反应过程可以看出，一分子葡萄糖降解成两分子丙酮酸，消耗两分子 ATP，产生四分子 ATP，因此净得两分子 ATP。葡萄糖酵解的总反应式为

$$葡萄糖 + 2Pi + 2ADP + 2NAD^+ \longrightarrow 2\,丙酮酸 + 2ATP + 2NADH + 2H^+ + 2H_2O \tag{7-3}$$

这里需要说明的是，果糖进入酵解的途径是果糖在己糖激酶的催化下，形成 6-磷酸果糖，接着进入酵解途径。酵母对蔗糖吸收利用以前，先把蔗糖水解为葡萄糖和果糖，水解得到的己糖再经过磷酸化进入酵解途径。

7.1.2　EMP 途径的特点

酵解过程中的磷酸化作用，使得葡萄糖到丙酮酸之间的所有中间产物都是磷酸化的化合物。这样它们使每个中间产物都带有一个极性负电荷基团，使其不能透过细胞膜（细胞膜一般不允许高极性分子通过）；其次，在形成酶-底物复合物时，酵解中间产物上的磷酸根，亦作为识别基团；此外，中间产物磷酸化的一个最重要作用是用来储存能量，这些磷酸根最终将成为 ATP 的末端磷酸根。EMP 途径具有以下特点：

（1）葡萄糖的分解是从 1,6-二磷酸果糖开始的；

（2）整个途径中只有第 1、3、10 步骤是不可逆的；

（3）EMP 途径中的特征酶是 1,6-二磷酸果糖醛缩酶；

（4）整个途径不消耗氧分子；

（5）EMP 途径的有关酶系存在于细胞质中。

7.2　酒精发酵

7.2.1　乙醛途径

在糖的厌氧发酵中，葡萄糖经过 EMP 途径生成的丙酮酸进入乙醛途径（Way of acetaldehyde），形成乙醇（图 7-2）。葡萄糖、果糖经 EMP 途径生成的

丙酮酸，经丙酮酸脱羧酶（Pyruvate Decarboxylase，PDC）催化下生成乙醛，释放出 CO_2，乙醛在乙醇脱氢酶（Alcohol Dehydrogenase，ADH）作用下最终生成乙醇。丙酮酸在厌氧条件下，经过异化作用生成酒精和 CO_2，这一过程的生理作用是通过重新氧化在糖酵解过程中形成的 $NADH_2$，维持细胞的氧化还原电位的平衡（Van Dijken 1986）。而酵母在发酵作用中，糖酵解是生成 ATP 的惟一途径，该过程的中间产物是乙醛。因此，在酵母菌的酒精发酵中，乙醛是最终的电子受体。由酒精发酵的生化过程可以看出，CO_2 是由己糖的第 3、4 位的碳原子生成的，酒精则是由第 5、6 位的碳原子生成的。

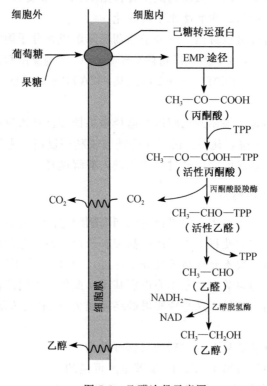

图 7-2　乙醛途径示意图

在乙醛途径中，丙酮酸脱羧酶（PDC）是该途径的关键酶，PDC 催化丙酮酸脱羧生成乙醛和 CO_2，此反应是不可逆的，并作为一个单独步骤进行。丙酮酸脱羧酶需要焦磷酸硫胺素（TPP）为辅酶，并需要 Mg^{2+} 作为辅因子。酵母的 PDC 为底物丙酮酸所活化，无机磷酸是该酶的竞争性抑制剂。

乙醛途径中另外一个关键酶是乙醇脱氢酶（ADH），它能够将乙醛还原生成乙醇。该过程消耗了 EMP 途径中 3-磷酸甘油醛氧化（生成 1,3-二磷酸甘油酸）所产生的 $NADH_2$（图 7-3）。

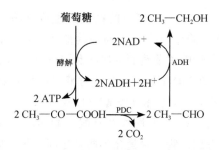

图 7-3　*S. cerevisiae* 酒精发酵中 $NADH_2$ 的氧化

PDC，丙酮酸脱羧酶；ADH，乙醇脱氢酶

综上所述，葡萄糖进行酒精发酵的总反应式为

$$葡萄糖 + 2Pi + 2ADP + 2H^+ \longrightarrow 2CH_3 - CH_2OH + 2CO_2 + 2ATP + 2H_2O$$

$$(7\text{-}4)$$

7.2.2　酒精产率

酵母菌每发酵一分子的葡萄糖或果糖，可以生成两分子的酒精和两分子的 CO_2。在葡萄酒的酿造中，提高酵母的酒精产率具有重要的实践意义。在葡萄糖的酒精发酵中，180 g 的糖理论上可以产生 88 g 的 CO_2（48.9%，质量分数）和 92 g 的酒精（51.1%，质量分数）。但在葡萄汁的酒精发酵过程中，理论值与实测值有一定的出入，巴斯德早在 1860 年就发现，100 g 果糖经酵母发酵可产生 48.4 g 酒精，46.6 g CO_2，3.3 g 甘油和 1.2 g 其他物质（包括酵母生长繁殖消耗）。另外，酒精产率还受菌株、生态条件、季节因素及葡萄品种的影响。在生产上，酒精发酵的实际酒精产率约为 47%（质量分数）。为了便于计算葡萄汁的潜在酒度（Potential ethanol），Marsh 根据葡萄汁的含糖量提出了公式（7-5）：

$$潜在酒度(g/100\ mL) = 0.47 \times [糖\ \%(质量分数) - 3.0] \qquad (7\text{-}5)$$

在式（7-5）中，0.47 是按 1 g 糖转化为 0.51 g 酒精理论值的 92% 计算的，葡萄汁的含糖量（质量分数）是按葡萄汁的 Brix 计算，同时去除葡萄汁中的非糖浸出物（按 3.0 g/L 计）。如果按生成酒精的体积分数计算（酒精的密度为 0.794 g/L），式（7-6）可以写成：

$$潜在酒度\ \%(体积分数) = 0.592 \times [糖\ \%(质量分数) - 3.0] \qquad (7\text{-}6)$$

7.3　酒精发酵副产物

葡萄汁的成分除水外，还主要包括葡萄糖、果糖、酒石酸、苹果酸和游离氨基酸。此外，还含有少量的戊糖、铵离子、果胶、蛋白质和维生素等（Boulton et al. 1995）。在酵母酒精发酵过程中，由于发酵作用和其他代谢活动同时存在，酵母除了将葡萄汁（醪）中 92%～95%的糖发酵生成酒精、CO_2 和热量外，酵母还能够利用另外 5%～8%的糖产生一系列的其他化合物，称为酒精发酵副产物。酵母菌的代谢副产物不仅影响着葡萄酒的风味和口感（参与葡萄酒风味复杂性的形成），而且有些副产物，如辛酸和癸酸同时还对酵母的生长具有抑制作用。在这些副产物中，有些浓度较高，如甘油和琥珀酸（以克计）；有些浓度很低，如双乙酰、挥发性硫化物和中链（C_6～C_{12}）脂肪酸及其醛、酮和乙酯（以毫克计）等；而挥发酸、高级醇和挥发酯等副产物的含量介于两者之间，每升葡萄酒中含有几十至数百毫克。目前，已知的酒精发酵副产物就有多达 40 余类、数百种（表 7-1）。

表 7-1　葡萄汁酒精发酵过程中产生的发酵产物

	产　物	含　量		产　物	含　量
	乙醇/(g/L)	80～130		酒石酸/(g/L)	0.5～7
	甘油/(g/L)	2～10	有	苹果酸/(g/L)	0.05～5
醇	异戊醇/(mg/L)	50～350	机	琥珀酸/(g/L)	0.05～2
	活性戊醇/(mg/L)	1～300	酸	乳酸/(g/L)	0.01～5
类	异丙醇/(mg/L)	2～150		乙酸/(g/L)	0.02～2
	丙醇/(mg/L)	10～125		柠檬酸/(g/L)	0.05～1
	2-苯乙醇/(mg/L)	15～200	醛、	乙醛/(mg/L)	10～150
	乙酸乙酯/(mg/L)	5～200	酮	双己酰/(mg/L)	0.2～5
酯	乳酸乙酯/(mg/L)	1～50	类	乙偶姻(3-羟基丁酮)/(mg/L)	0.1～12
	苯基乙酸乙酯/(mg/L)	0.1～10	含	硫化氢/(μg/L)	1～30
类	乙酸异戊酯/(mg/L)	0.1～12	硫化	二甲硫/(μg/L)	5～50
	辛酸乙酯/(mg/L)	0.1～8	合	二氧化硫/(mg/L)	10～100
	己酸乙酯/(mg/L)	0.1～2	物		

7.3.1　甘油

甘油是酵母酒精发酵的主要副产物之一。在酵母的糖代谢过程中，葡萄糖经酶促反应生成 1,6-二磷酸果糖，然后在醛缩酶的作用下，分裂成磷酸二羟丙酮和甘油醛-3-磷酸，磷酸二羟丙酮在还原酶的作用下，生成 3-磷酸-甘油，这一过程消耗掉一分子的 $NADH_2$，然后，甘油磷酸再在磷酸甘油磷酸化酶的作用下，脱去磷酸生成甘油，这就是甘油发酵。甘油发酵的途径见图 7-4。酵母菌在酒精发酵过程中产生甘油具有重要的生理作用：①平衡胞内 NADH/NAD 的比例；②对抗外界环境对细胞产生的渗透胁迫。

甘油具有甜味，一定含量的甘油可以提高葡萄酒的质量。它能使葡萄酒口感圆润，并增加口感复杂性。在葡萄酒酒精发酵过程中，甘油的生成量除受代谢条件影响外，还主要取决于菌株间产甘油能力的差异。

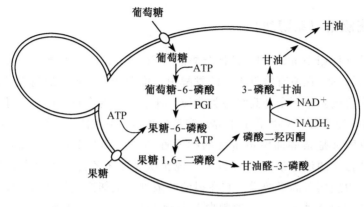

图 7-4　甘油形成的途径

7.3.2　乙酸

葡萄酒酿造过程中产生的挥发酸主要是乙酸，它可以由酵母菌、乳酸菌以及醋酸菌代谢生成。乙酸对葡萄酒的风味影响是负面的，其含量是衡量葡萄酒发酵与管理水平好与坏的重要标准之一。因此，生产上应尽可能地控制葡萄酒中挥发酸的含量。目前世界各国都对葡萄酒中的挥发酸含量作出严格规定。酵母菌在酒精发酵过程中生成的乙酸量主要取决以下因素：

（1）酵母菌株产醋酸能力的差异。通常酿酒酵母（S. cerevisiae）在酒精发酵时产生的乙酸量为 0.1～0.2 g/L，而大部分非酵母属酵母（non-Saccharomyces），包括柠檬型酵母和结膜酵母的产醋酸能力较强。

（2）发酵温度。

（3）葡萄汁（醪）营养状况。

（4）酒精发酵与苹果酸-乳酸发酵同时进行时，存在着菌群间的拮抗作用以及营养竞争，造成挥发酸含量升高。

此外，酵母菌还可利用基质中的乙酸，首先将其还原为乙醛，然后转化为酒精，并产生多种中间产物。因此，对于一些乙酸含量过高的葡萄酒，可通过再发酵的方式，降低乙酸的含量。

7.3.3　乳酸

在葡萄酒中，乳酸含量一般低于 1 g/L，主要源于酒精发酵和苹果酸-乳酸发酵。在酒精发酵中，酵母菌可产生 400 mg/L 左右的乳酸，即有 0.05% 的被发酵糖转化为乳酸。乳酸可在乳酸脱氢酶（LDH）的作用下，由丙酮酸还原生成：

$$\mathrm{CH_3COCOOH} \xrightarrow[\mathrm{NADH_2} \quad \mathrm{NAD^+}]{} \mathrm{CH_3CH(OH)COOH} \tag{7-7}$$

7.3.4　高级醇（杂醇油）

高级醇（Higher alcohol）又称杂醇油（Fusel oil），是碳原子数大于 2 的脂肪族醇类的统称。在所有酵母进行的发酵中，都会产生一定量的高级醇。目前已从葡萄酒中检测到一百余种高级醇类物质，比较重要的有正丙醇、异丁醇（2-甲基-1-丙醇），异戊醇（3-甲基-1-丁醇）和活性戊醇（1-戊醇，2-甲基-1-丁醇）等。其中，异戊醇又是杂醇油中最重要的挥发性物质，其含量在 $90\sim300$ mg/L 之间，有时能占杂醇油总量的 50% 以上。现在认为 2-苯乙醇（主要由 3-苯丙氨酸代谢产生）也应属于高级醇类。它在很低的浓度下就能产生很高的玫瑰香味，是葡萄酒重要的呈香物质之一。通常白葡萄酒中的杂醇油含量为 $160\sim270$ mg/L，红葡萄酒中为 $140\sim420$ mg/L。

高级醇可由以下两种途径形成：

（1）由葡萄糖代谢产生。酵母通过糖代谢生成的中间产物 α-酮酸（C_n）与活性乙醛（TPP-C_2^*）缩合，再经过还原、异构、脱水作用形成相应的 α-酮酸（C_{n+2}），α-酮酸再经脱酸、加氢形成少一个碳原子（C_{n+1}）的高级醇；或者 α-酮酸与乙酰 CoA 结合，经异构、脱羧、还原生成 C_{n+2} 的相应高级醇。α-酮酸还可以接受氨基形成缬氨酸、亮氨酸和异亮氨酸等，再进一步生成相应的醇。

（2）氨基酸的脱氨作用。早在 1907 年，Ehrlish 最早提出了高级醇的形成来自缬氨酸的脱氨作用。Rous 等和 Kunkee 等证实了这一途径在酒精发酵过程中与葡萄糖代谢产生高级醇的途径中同时存在。他们在采用突变菌株（不能利用葡萄糖生成异戊醇）进行酒精发酵时发现，添加缬氨酸、亮氨酸和异亮氨酸都可以提高相应高级醇的含量（异丁醇、异戊醇和活性戊醇）。实验证明，亮氨酸、异亮氨酸、缬氨酸、苏氨酸、酪氨酸、苯丙氨酸、色氨酸等均能发生脱氨作用，从而生成相应的高级醇。

7.3.5　挥发性酯类物质

一般来说，酵母酒精发酵过程中形成的酯类物质含量较低，很不稳定（易挥发、易水解），因而对葡萄酒的风味品质的影响不大。但在澄清的白葡萄汁（或桃红葡萄汁）低温发酵时，如果避免与空气接触，依然能够产生怡人的水果香味，这就是发酵香气。Boulton 等（1995）研究指出，发酵香气的主要成分是乙酸己酯、己酸乙酯和乙酸异戊酯的混合物（三者的比例约为 3∶2∶1）。它们非常不稳定，在室温条件下就极易挥发，在葡萄酒条件下也能够快速水解。

酵母在发酵过程形成的酯类称为生化酯类，以区别陈酿过程形成的化学酯类。生化酯类与化学酯类的形成途径不同。前者是葡萄酒中的有机酸（乙酸、乳酸等）与乙醇通过酯化反应直接产生的，该过程十分缓慢，酯化与水解反应存在着动态平衡。化学酯类主要存在于陈酿老熟的葡萄酒中，新生葡萄酒中没有化学酯类。生化酯类是由酵母代谢产生的，主要存在于低温发酵的新生白（或桃红）葡萄酒中，由于生化酯类极易挥发与水解，因此在陈酿老熟的葡萄酒中几乎没有生化酯类。酵母形成生化酯类与脂肪酸的生物合成以及氨基酸代谢有关。葡萄酒中的挥发酯主要是乙酸乙酯和乳酸乙酯。

与化学酯类产生的原理不同，在生化酯类的合成中，乙酸（或脂肪酸）在与酒精（或高级醇）进行反应以前，必须经过活化，生成乙酰-CoA（或脂酰-CoA）。因此，脂肪酸合成受到抑制时，脂酰-CoA 的生成量降低，就会导致生化酯类合成受到限制。在酵母酒精发酵过程中，能够通过多种途径生成酯类物质。

（1）脂酰-CoA 化合物的醇解（Alcoholysis）。当酵母细胞的脂肪酸合成或分解代谢受到干扰，产生了游离的 CoA，这一反应途径就能发生：

$$R_1{-}OH \quad + \quad R_2{-}O{-}SCoA \quad \longrightarrow \quad R_1{-}O{-}\overset{\displaystyle O}{\underset{\displaystyle \|}{C}}{-}R_2 \qquad (7\text{-}8)$$

醇类物质　　　　（乙）脂酰-SCoA 化合物　　　（乙）脂酰酯

（2）涉及 CoA 参与的氧化脱羧反应也能形成酯类物质（图 7-5）；

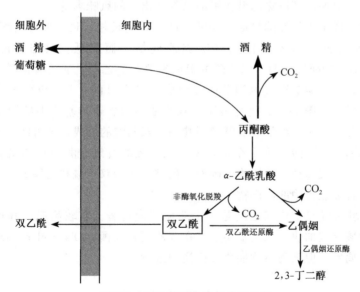

图 7-5　双乙酰的形成与分解机制

（3）氨基酸代谢也可以形成酯类物质。例如，亮氨酸代谢可以形成乙酸异戊酯和 3-甲基丁酸乙酯。首先亮氨酸经过脱氨作用，再经脱羧反应生成醛，醛能够被还原为醇，然后与乙酰-CoA 反应生成乙酸异戊酯。醛也能够被氧化成单（一元）羧酸，在 ATP 存在下，单羧酸与 CoA 结合，然后再与乙醇反应生成乙酸酯。

一般来说，乙酰-CoA 能够与高级醇反应生成乙酸酯，如乙酸己酯、乙酸异戊酯等；脂酰-CoA 化合物能够与酒精反应形成乙醇酯如己酸乙酯、乳酸乙酯等。短酰基链的酯类物质大都具有典型的果香与花香，而长酰基链的酯类则具有汗味和肥皂味。如果酯分子的碳原子数超过 12，则酯的挥发性就显著降低，对葡萄酒的风味影响不大。

7.3.6　双乙酰与乙偶姻

酒精饮料的风味形成是由多种化合物共同作用而产生的。在这些化合物中，双乙酰（Diacetyl）、乙偶姻（Acetoin）是参与葡萄酒风味形成的一类重要的四碳羰基化合物。它们对葡萄酒风味影响较为复杂，其中乙偶姻不是强风味活性物质。它们在葡萄酒中的嗅觉阈值很高（150 mg/L 以上），而双乙酰能够使酒精饮料产生不良风味，在葡萄酒中其阈值只有 8 mg/L。双乙酰和乙偶姻在酵母代谢和葡萄酒环境下，能够借助酶促反应和非酶反应相互转变，二者都能够被最终氧化为 2,3-丁二醇。此外，葡萄酒的氧化还原电位、SO_2 的添加以及是否经过苹果酸-乳酸发酵等因素都会影响着葡萄酒中四碳羰基化合物的种类与含量。目前，葡萄酒工艺师大多关注双乙酰对葡萄酒风味影响，而有关乙偶姻的研究较少。实际上，乙偶姻对葡萄酒风味的潜在影响已经超出它的风味本身。

双乙酰形成于酒精发酵早期，与酵母的增殖生长相一致，随着发酵的进行，双乙酰含量因酵母的还原作用（生成乙偶姻）而降低。根据对酿酒酵母（*S. cerevisiae*）的研究表明，双乙酰的形成来源于 α-乙酰乳酸的氧化脱羧。在糖代谢过程中，酵母能够通过丙酮酸途径形成 α-乙酰乳酸，并能够将该化合物分泌到胞外基质中（图 7-5）。研究表明，双乙酰的形成还与基质中的缬氨酸含量有关，向麦芽汁中添加缬氨酸能够抑制啤酒中双乙酰的形成，这可能是由于缬氨酸的反馈抑制了丙酮酸与活性乙醛形成 α-乙酰乳酸所致。由于 α-乙酰乳酸是缬氨酸和异丁醇合成途径的前体物，因而有研究者认为双乙酰和乙偶姻是酵母氨基酸和高级醇合成过程中的副产物。

α-乙酰乳酸脱羧生成双乙酰是一个非酶反应过程。在较高温度和通氧条件下，氧化脱羧反应加快。双乙酰还能够在双乙酰还原酶（Diacetyl reductase）作用下形成乙偶姻，但该酶不能催化反应逆向进行。

7.4　苹果酸的分解

在酒精发酵过程中，根据酵母菌的种类不同，葡萄汁中的苹果酸含量可下降 10%～25%，有的酿酒酵母菌株甚至可分解 40% 的苹果酸。但是，如果在葡萄酒中加入酵母进行储藏，葡萄酒的苹果酸含量并不会变化，这说明苹果酸只能是在酒精发酵过程中被酵母菌分解的。

裂殖酵母属（*Schizosaccharomyces*）的一些酵母可大量分解苹果酸，如粟酒裂殖酵母（*Schiz. pombe*）分解苹果酸的量可达 90%。但在葡萄酒的发酵过程中，这些酵母的生长很慢，不能成为优势菌种。此外，裂殖酵母对苹果酸的分解会给葡萄酒带来不良的感官特征。

酵母菌对苹果酸的分解是在苹果酸酶作用下的一个发酵过程。它可将苹果酸转化为丙酮酸，而丙酮酸则通过乙醛途径被转化为酒精。这一过程称为苹果酸-酒精发酵（MAF）（图 7-6），它需要 Mn^{2+} 的参与：

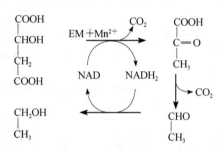

图 7-6　苹果酸-酒精发酵

在苹果酸-酒精发酵过程中，如果 3.65 g/L（即 40 mmol/L）的苹果酸被完全发酵，则可产生 0.23%（体积分数）的酒精。

7.5　酵母的氮代谢

酵母既能够以无机氮（主要是硫酸铵和磷酸铵）及尿素作为氮源，也能利用各种氨基酸、胺、嘌呤和嘧啶碱作为氮源。酵母属（*Saccharomyces*）酵母不能以硝酸盐和亚硝酸盐作为氮源，但假丝酵母（*Candida*）和汉逊氏酵母（*Hansenula*）属的许多种能以硝酸盐和亚硝酸盐作为氮源。

7.5.1　代谢途径

在葡萄汁中，酵母菌对含氮化合物可能的代谢途径有 3 条：①在生物合成中被直接利用；②被转变成相应的化合物后，再用于生物合成；③通过转氨基作用（Transamination）将含氮化合物降解释放出游离态的铵离子或结合氮。在第 3 条途径中，含氮化合物的碳骨架将作为代谢废物。

酵母氮源代谢的一般途径见图 7-7。铵离子和谷氨酸由于能够直接用于生物合成而最先被利用。谷氨酰由于能够产生铵离子和谷氨酸，也被作为被酵母优先利用的氮源之一。一般来说，大部分酵母首先将培养基质中的这三种氨基酸利用完之后再利用其他的氨基酸。下一组被优先利用的含氮化合物包括丙氨酸、丝氨酸、苏氨酸、天冬氨酸、天冬酰胺、脲（Urea）和精氨酸。由于脯氨酸通透酶和氧化酶（定位在线粒体中）催化活性需要氧的参与，因此只有在有氧条件下脯氨酸才是相对较好的氮源。此外，当培养基中存在其他氨基酸或铵盐时，脯氨酸通透酶的活性也会受到抑制。大部分的酵母属酵母不能利用甘氨酸（Gly）、赖氨酸（Lys）、组氨酸（His）以及嘧啶、胸腺嘧啶和胸腺嘧啶核苷，但是这些物质可以作为生物合成的前体物被利用。芳香族氨基酸的代谢非常复杂，它们的代谢大都需要氧或辅酶，在发酵条件下的程度有限。

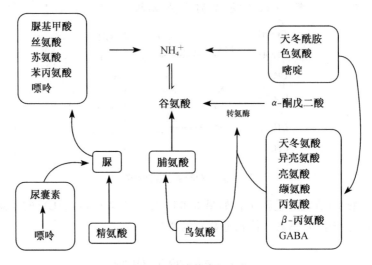

图 7-7　氨基酸降解产物

　　酵母对含氮化合物的优先利用顺序也可能由于环境条件、生理特点和菌株的不同而有所变化。一般而言，酵母优先利用的氮源是那些容易用于生物合成的含氮化合物，如铵离子和谷氨酸，或者其他的能够用于生物合成，而且对其吸收需要较低的能量和辅因子的含氮化合物。从葡萄酒酿造学角度来说，不希望酵母在含氮化合物代谢过程中产生一些不良风味的化合物。

7.5.2　氮代谢重要终产物

7.5.2.1　支链氨基酸和高级醇

　　含氮化合物的代谢能够产生的终产物对葡萄酒的感官品质会产生重要影响。氨基酸可以通过脱氨基作用利用氮化物中的氮素，留下含氮化合物的碳骨架，从酵母代谢的观点来看，脱氨基作用产生的碳骨架是一类代谢废物。氨基酸脱氨基作用能够产生 α-酮酸和相应的高级醇，代谢途径见图 7-8。主要的高级醇和它们的前体物见表 7-2。

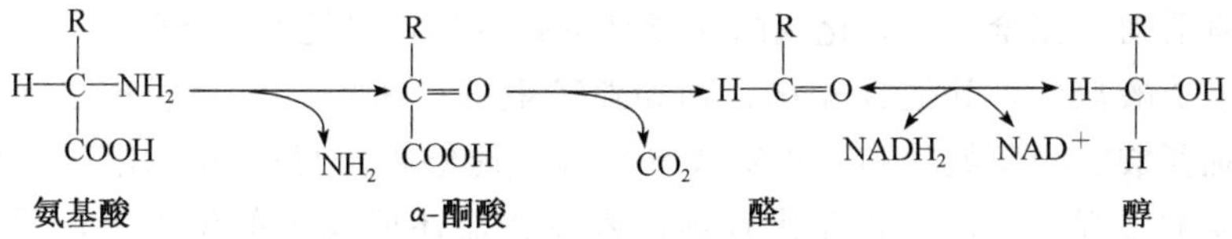

$$H-\overset{\overset{\displaystyle R}{|}}{\underset{\underset{\displaystyle COOH}{|}}{C}}-NH_2 \longrightarrow \overset{\overset{\displaystyle R}{|}}{\underset{\underset{\displaystyle COOH}{|}}{C}}=O \longrightarrow H-\overset{\overset{\displaystyle R}{|}}{\underset{\underset{\displaystyle H}{|}}{C}}=O \longleftarrow H-\overset{\overset{\displaystyle R}{|}}{\underset{\underset{\displaystyle H}{|}}{C}}-OH \qquad (7\text{-}9)$$

氨基酸　　　　　　α-酮酸　　　　　　醛　　　　　　醇

NH₂　　　　　CO₂　　　NADH₂　NAD⁺

图 7-8　氨基酸形成高级醇的生化途径

表 7-2　氨基酸代谢衍生物

氨基酸	α-酮酸	高级醇
亮氨酸 （Leu）	α-异己酸	3-甲基丁醇
异亮氨酸 （Ile）	α-酮基-β-甲基戊酸	2-甲基丁醇
缬氨酸 （Val）	α-酮基异戊酸	异丁醇
苏氨酸 （Thr）	α-酮基丁酸	丙醇
酪氨酸 （Tyr）	3-(4-羟苯基)-2-酮基丙酸	酪醇
苯丙氨酸 （Phe）	3-苯基-2-酮基丙酸	苯乙醇
色氨酸 （Try）	—	色醇 （β-吲哚乙醇）

7.5.2.2　脲和氨基甲酸乙酯

脲是氮化物代谢产生的重要终产物之一。脲能够与酒精反应生成氨基甲酸乙酯 （Ethyl Carbamate，EC）。EC 具有致癌效应，因此应尽可能地降低或消除发酵过程中脲的产生。影响脲产生的因素有多种，如菌株效应、发酵工艺（如温度）和储酒温度等，但葡萄汁中精氨酸含量与葡萄酒中脲的水平密切相关，脲是精氨酸降解的中间产物之一。

7.6　酵母的硫代谢

几乎所有的酵母都需要从硫酸盐中获取硫元素。硫酸盐可部分或全部地被其他无机或有机硫化物所代替。

酵母对硫酸盐的同化属于同化型硫酸还原途径。此外，亚硫酸盐、硫化氢以及含硫氨基酸等含硫化合物既是硫酸盐还原的中间产物，又能作为酵母的硫源而被利用。

硫酸盐中的硫元素是高度氧化状态，其化合价为+6。而存在于氨基酸或其他化合物中的硫都是还原状态的，化合价为-2。因此，无机硫要经过一系列的还原反应，才能用于生物合成。硫酸盐的还原途径如下：

$$SO_4{}^{2-} \longrightarrow SO_3{}^{2-} \longrightarrow H_2S \longrightarrow 氨基酸、蛋白质和其他含硫成分$$

如上所示，硫酸盐还原成亚硫酸盐，再进一步还原成硫化氢，随后硫化氢用于各类含硫氨基酸的生物合成。在葡萄酒酿造过程中，酵母的硫代谢是其一项基本的生命活动，完全防止硫化氢的形成是不必要的，也是不可能的。

除了硫酸盐外，其他含硫化合物如亚硫酸盐（SO_3^{2-}）、单质硫以及含硫氨基酸（胱氨酸、半胱氨酸和甲硫氨酸等）等也能够被酵母同化，用于生物合成。在酒精发酵过程中，这些含硫化合物进入硫酸盐还原途径的位点及还原途径见图7-9。

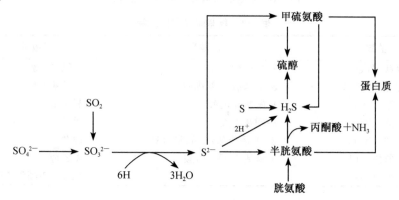

图 7-9　酵母对硫源的利用

7.7　小　　结

本章主要讲述酵母菌的代谢，包括酵母菌的糖代谢（酒精发酵）、苹果酸代谢、氮代谢和硫代谢。

酒精发酵包括糖酵解（EMP）途径和乙醛途径两个部分。糖酵解包括生物细胞将己糖转化为丙酮酸一系列反应。这些反应可在厌氧条件下进行（酒精发酵和乳酸发酵），也可在有氧条件下进行（呼吸），它们构成了糖的各种生化转化的起点。糖酵解的特点是，葡萄糖分子经转化成1,6-二磷酸果糖后，在醛缩酶的催化下，裂解成两个三碳化合物分子，由此再转变成两分子的丙酮酸。在糖酵解中，由于葡萄糖被转化为1,6-二磷酸果糖后开始裂解，故又称之为双磷酸己糖途径。在糖的厌氧发酵中，葡萄糖经过 EMP 途径生成的丙酮酸进入乙醛途径，形成乙醇。因此，酒精发酵可简单地表述为：葡萄糖、果糖经 EMP 途径生成的丙酮酸，经丙酮酸脱酸酶（PDC）催下生成乙醛，释放出 CO_2，乙醛在乙醇脱氢酶（ADH）作用下最终生成乙醇。

在酵母酒精发酵过程中，由于发酵作用和其他代谢活动同时存在，酵母除了将葡萄汁（醪）中92％～95％的糖发酵生成酒精、CO_2 和热量外，酵母还能够利用另外5％～8％的糖产生一系列的其他化合物，称为酒精发酵副产物。酵母菌的代谢副产物不仅影响着葡萄酒的风味和口感（参与葡萄酒风味复杂性的形成），而且有些副产物如辛酸和癸酸同时还对酵母的生长还具有抑制作用。在这些副产物中，有些浓度较高如甘油和琥珀酸；有些浓度很低，如双乙酰、挥发性硫化物和中链（$C_6 \sim C_{12}$）脂肪酸及其醛、酮和乙酯等；而挥发酸、高级醇和挥发酯等副产物的含量介于两者之间。

在酒精发酵过程中，根据酵母菌的种类不同，葡萄汁中的苹果酸含量可下降 $10\% \sim 25\%$，有的酿酒酵母菌株甚至可分解 40% 的苹果酸。酵母菌对苹果酸的分解是在苹果酸酶的作用下的一个发酵过程，它将苹果酸转化为丙酮酸，而丙酮酸则通过乙醛途径被转化为酒精。这一过程称为苹果酸-酒精发酵（MAF）。

在葡萄汁中，酵母菌对含氮化合物可能的代谢途径有 3 条：①在生物合成中被直接利用；②被转变成相应的化合物后，再用于生物合成；③通过转氨基作用（Transamination）将含氮化合物降解释放出游离态的铵离子或结合氮。在第 3 条途径中，含氮化合物的碳骨架将作为代谢废物。酵母菌通过氮代谢可形成高级醇和脲及氨基甲酸乙酯等代谢产物。

在酵母菌的硫代谢中硫酸盐还原成亚硫酸盐，再进一步还原成硫化氢，随后硫化氢用于各类含硫氨基酸的生物合成。在葡萄酒酿造过程中，酵母的硫代谢是其一项基本的生命活动，完全防止硫化氢的形成是不必要的，也是不可能的。

主要参考文献

陈思妘，萧熙佩. 1990. 酵母生物化学. 济南：山东科技出版社

李华. 2000. 现代葡萄酒工艺学（第二版）. 西安：陕西人民出版社

李季伦，张伟心，杨启瑞. 1993. 微生物生理学. 北京：北京农业大学出版社

沈同，王镜岩. 1991. 生物化学下册（第二版）. 北京：高等教育出版社

武汉大学，复旦大学. 1987. 微生物学（第二版）. 北京：高等教育出版社

张春晖，李华. 2002. 酒精发酵的生物化学. 葡萄与葡萄酒研究进展——葡萄酒学院年报
　　（2002）. 西安：陕西人民出版社

张春晖，李华. 2003. 葡萄酒微生物学. 西安：陕西人民出版社

周德庆. 1993. 微生物学教程. 北京：高等教育出版社

Boulton R B，Singleton V L，Bisson L F，et al. 1995. Principles and practices of winemaking.
　　New York：Chapman & Hall

Usseglio-Tomsset L. 1995. Chimie oenologique. 2eme edition. Paris：Tec & Doc

Van Dijken J P，Scheffers W A. 1986. Redox balances in the metabolism of sugars by yeast's.
　　FEMS Microbiol. Rev.，32：199

第 8 章　细菌的发酵化学

在葡萄酒的酿造过程中，最主要的细菌有乳酸菌和醋酸菌。乳酸菌除进行苹果酸-乳酸发酵而有利于葡萄酒的酿造外，对葡萄和葡萄酒中其他成分的代谢，都会使葡萄酒产生病害。而在葡萄酒酿造和陈酿过程中，醋酸菌的任何活动，都会使葡萄酒发生病害，严重时会使葡萄酒完全丧失饮用价值。

8.1　乳酸菌的糖代谢

乳酸菌（Lactic Acid Bacteria，LAB）是一类能利用可发酵糖产生大量乳酸的细菌的统称。因此，"乳酸菌"不是细菌分类学术语。乳酸菌大多属于兼性厌氧化能异养微生物，需要从外界环境中吸收营养物质。在葡萄酒环境中，乳酸菌对葡萄糖的代谢只能通过发酵作用进行，乳酸菌对葡萄糖代谢除了获取能量外，还生成乳酸、乙醇（或乙酸）和其他一些终产物。由于菌体内的酶系统的差异，其代谢途径可以分为两类：同型乳酸发酵（Homolactic fermentation）途径和异型乳酸发酵（Heterolactic fermentation）途径。

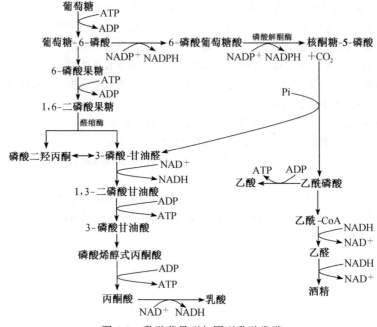

图 8-1　乳酸菌异型与同型乳酸发酵

　　在乳酸菌的糖代谢途径中,凡是将糖发酵产生乳酸、乙醇(或乙酸)和 CO_2 等多种产物的发酵称为异型乳酸发酵;相对地,如果只产生乳酸的发酵,则称为同型乳酸发酵。葡萄酒乳酸菌可以利用以上两种途径对葡萄糖(和戊糖)进行分解(图 8-1)。

8.1.1　通过 EMP 途径进行的同型乳酸发酵

　　葡萄酒乳酸菌,如片球菌属(*Pediococcus*)的有害片球菌(*P. damnosus*)和一部分乳杆菌属(*Lactobacillus*)细菌,如植物乳杆菌(*L. plantarum*)为同型发酵乳酸菌。在该发酵途径中,葡萄糖经 EMP 途径降解成丙酮酸,后者在乳酸脱氢酶的作用下,直接被还原为乳酸(图 8-1)。理论上,1 mol 葡萄糖产生 2 mol 的乳酸和 2 mol 的 ATP:

$$C_6H_{12}O_6 + 2(ADP + Pi) \longrightarrow 2\ CH_3CH_2OHCOOH + 2ATP \qquad (8\text{-}1)$$

8.1.2　通过 HMP 途径进行的异型乳酸发酵

　　在葡萄酒乳酸菌中,属于异型乳酸发酵的有酒球菌属(*Oenococcus*)、明串珠菌属(*Leuconostoc*)和乳杆菌属部分细菌,如酒酒球菌(*O. oenos*)、肠膜明串珠菌(*L. mesenteroides*)、短乳杆菌(*L. brevis*)等。由于这类细菌胞内缺乏 EMP 途径中裂解果糖-1,6-二磷酸的关键酶——果糖二磷酸醛缩酶(Fructose-diphosphate aldolase),因此葡萄糖的降解完全依赖戊糖磷酸途径。

　　戊糖磷酸途径是一条产生生物合成前体物的重要途径。该途径是从 6-磷酸葡萄糖酸开始分解的,即在单磷酸己糖基础上开始降解的,因此又称为己糖单磷酸途径(Hexose Monophosphate Pathway,HMP)或磷酸解酮酶途径(Phos-phoketolase Pathway)。HMP 途径是微生物分解代谢葡萄糖和戊糖的一条途径。

　　HMP 途径可分为两个阶段:① 氧化阶段,从 6-磷酸葡萄糖开始,经过脱氢、水解、氧化脱羧生成 5-磷酸核酮糖和 CO_2;② 非氧化阶段,是磷酸戊糖之间的基团转移,缩合(分子重排)使 6-磷酸己糖再生,其过程见图 8-2。

　　葡萄糖首先形成葡萄糖-6-磷酸,再形成核糖-5-磷酸,后者经同分异构化(Isomerization)或表异构化(Epimerization)产生木酮糖-5-磷酸,然后木酮糖-5-磷酸由磷酸解酮酶(Phosphoketolase)裂解成为 3-磷酸甘油醛和乙酰磷酸。后者通过磷酸转乙酰酶(Phosphoransacetylase)转变为乙酰-CoA,再在乙醛和乙醇脱氢酶的还原作用下生成乙醇。3-磷酸甘油醛进入同型发酵途径生成丙酮酸,然后在乳酸脱氢酶的还原作用下,丙酮酸被还原成乳酸。由于丙酮酸还原消耗了 $NADH_2$,因此 1 mol 葡萄糖异型发酵产生的 ATP 只有同型发酵途径的一半(图 8-1)。在异型乳酸发酵中,由于发酵底物的不同,产生的代谢产物存在着一定的差异。例如,酒酒球菌和肠膜明串珠菌的葡萄糖发酵产物为乳酸、乙醇和

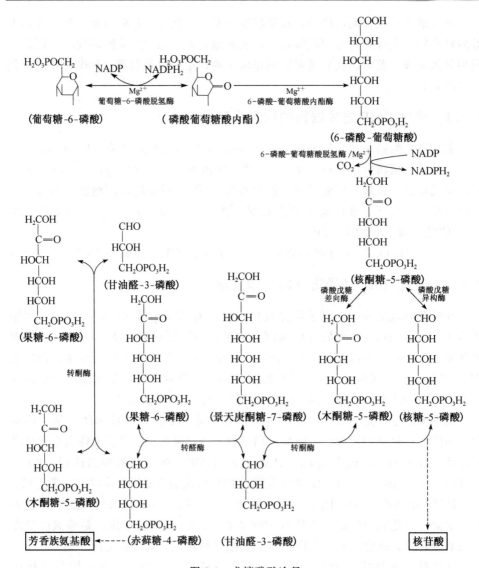

图 8-2　戊糖磷酸途径

CO_2，核糖的发酵产物为乳酸和乙酸，果糖的发酵产物为乳酸、乙酸、CO_2 和甘露醇。理论上，1 mol 葡萄糖经过异型乳酸发酵分别产生 1 mol 的乳酸、乙醇和 CO_2，并产生 1 mol 的 ATP：

$$C_6H_{12}O_6 + ADP + Pi \longrightarrow CH_3CH_2OHCOOH + CH_3CH_2OH + CO_2 + ATP \qquad (8-2)$$

　　根据对蔗糖、乳糖和麦芽糖的发酵能力，可以把酒酒球菌（酒明串珠菌）与明串珠菌属中其他非嗜酸性种区分开来。几乎所有的酒酒球菌都可发酵葡萄糖和果糖，但对海藻糖的发酵可变。酒酒球菌对葡萄糖的发酵途径及调节机制至今仍未被完全阐明，该种细菌还能将果糖还原为甘露醇，并伴有少量的甘油生成。

葡萄酒中一些非嗜酸乳酸菌能够产生胞外多糖，例如，肠膜明串珠菌的一些亚种能够利用蔗糖合成右旋糖苷。Garvie 等（1981）发现有些酒酒球菌能够产生果聚糖；Dicks 等（1995）也在 53 株酒酒球菌中发现 20 株细菌能够产生胞外多糖。乳酸菌产生胞外多糖会影响葡萄酒的品质和过滤通透性。

乳酸菌的异质乳酸发酵可引起葡萄酒的乳酸病，因为在该发酵过程中，除形成乳酸外，还可形成醋酸和甘露醇。在葡萄酒的酒精发酵过程中，如果发酵温度过高，酒精发酵将停止，就会有利于异质乳酸发酵的进行，从而导致乳酸病。

此外，在葡萄酒中，存在着少量的戊糖，包括阿拉伯糖（100 mg/L）、木糖（20 mg/L）和核糖（40 mg/L）。其中阿拉伯糖和木糖是葡萄的构成成分，而核糖则是酵母菌的代谢产物。一些细菌可经木酮糖-5-磷酸通过 HMP 途径，利用阿拉伯糖等戊糖进行异质乳酸发酵。

8.2　苹果酸-乳酸发酵

8.2.1　苹果酸-乳酸转变

苹果酸-乳酸发酵（MLF）是在苹果酸乳酸菌（MLB）的作用下，将苹果酸分解为乳酸和 CO_2 的过程。研究表明，在苹果酸-乳酸发酵过程中，L-苹果酸向 L-乳酸的转变并不通过丙酮酸途径。这可以由以下研究结果所证实：葡萄酒苹果酸乳酸菌体内具有两种乳酸脱氢酶（LDH），即 L/D-LDH，如果 L-苹果酸在酶的作用下产生丙酮酸，丙酮酸在 LDH 的作用下，会生在 L/D-乳酸。事实上，乳酸菌在己糖发酵中，D/L-LDH 的确能将丙酮酸还原，生成 D/L-乳酸。而苹果酸-乳酸发酵过程中 L-苹果酸只被转化成 L-乳酸，甚至一些没有 L-LDH 只有 D-LDH 的乳酸菌突变株进行苹果酸-乳酸发酵时，也只产生 L-乳酸。因此，LDH 可能与苹果酸-乳酸发酵过程中 L-苹果酸向 L-乳酸的转化无关。这也表明苹果酸-乳酸发酵不可能经过丙酮酸途径。进一步的研究证实，苹果酸-乳酸发酵是 L-苹果酸在苹果酸脱羧酶（即苹果酸-乳酸酶）催化下直接转变成 L-乳酸和 CO_2 的过程，该脱羧酶需要 NAD^+ 作为辅酶，同时需要 Mn^{2+} 作为激活剂。与细菌分解葡萄糖产生乳酸的情况不同，L-苹果酸分解只生成 L-乳酸。这一途径可表示如下：

$$
\begin{array}{ccc}
\text{COOH} & & \text{CH}_3 \\
| & & | \\
\text{CH}_2 & \xrightarrow{\text{MLE-Mn}^{2+}} & \text{H}-\text{C}-\text{OH} \\
| & \searrow & | \\
\text{H}-\text{C}-\text{OH} & \text{CO}_2 & \text{COOH} \\
| & & \\
\text{COOH} & & \\
\text{L-苹果酸} & & \text{L-乳酸}
\end{array}
\qquad (8\text{-}3)
$$

苹果酸-乳酸发酵过程中并非所有的 L-苹果酸都在苹果酸-乳酸酶（MLE）的作用下脱羧基产生 L-乳酸和 CO_2，L-苹果酸的分解和 L-乳酸的产生并不完全符合化学计量关系（Zhuorong et al. 1993，KunKee 1991）。在酒酒球菌引发的苹果酸-乳酸发酵过程中，有一小部分的 L-苹果酸转变成了丙酮酸，并伴有 $NADH_2$ 的生成。因此，推测在 L-苹果酸代谢支路中，有苹果酸脱氢酶（MDH）的参与。Lonvaud-Funel 等（1991）从葡萄酒中分离出的肠膜状明串株菌（*Leuc. mesenteroides*）中分离纯化了 MLE。研究表明，该酶具有以下特性：

(1) MLE 为诱导酶,只有当苹果酸和可发酵糖存在时,细菌才能在胞内合成该酶；

(2) 相对分子质量为 235 000，pI 为 4.35，酶活最适 pH 为 5.75；

(3) MLE 为多酶复合体，并与乳酸脱氢酶紧密结合；

(4) NAD^+ 为 MLE 的辅酶，Mn^{2+} 为激活剂；

(5) MLE 只能将 L-苹果酸转变成 L-乳酸而不生成 D-乳酸；

(6) 草酸铵盐、1，6-二磷酸果糖、L-乳酸为 MLE 的非竞争性抑制剂，琥珀酸、柠檬酸和酒石酸为该酶的竞争性抑制剂。

8.2.2　苹果酸-乳酸发酵的生理学作用

在苹果酸-乳酸发酵过程中，L-苹果酸（二元酸）被转变成乳酸（一元酸），是一个简单的酶促反应过程。单从苹果酸-乳酸转变的生化反应途径来看，该过程没有底物水平磷酸化，即没有 ATP 的产生，同时也没有"还原力（$NADH_2$ 或 $NADPH_2$）"的生成，因此乳酸菌不能从苹果酸-乳酸的转变过程中直接获得能量。为此，研究者提出，苹果酸向乳酸的转变仅仅是一个非产能的酶促反应过程，不属于"发酵"范畴，应称之为苹果酸-乳酸转变（Malolactic conversion）（Boulton et al. 1995）。那么，葡萄酒乳酸菌分解 L-苹果酸的生理学意义是什么呢？细菌的代谢目的性如何？细菌为何在长期的进化过程中还保持着这种脱羧酶活性？长期以来一直存在着推测与争议。有些学者认为，苹果酸-乳酸发酵对细菌生长的刺激作用主要是因为乳酸菌分解了葡萄酒中微量的糖分而引起的；也有些研究者认为，葡萄酒乳酸菌通过分解酒中的苹果酸能够降低生长基质的酸度，从而改善了细菌的生长环境。自从 Mitchell（1961）提出化学渗透机制（Chemiosmotic mechanism）以后，就有研究者发现，在苹果酸-乳酸转变过程中，有化学渗透能（ATP）的产生，苹果酸-乳酸发酵产生的能量可以用于细菌的维持生长（Cox et al. 1989，1995）。

虽然乳酸菌能够分解苹果酸（包括柠檬酸）产生能量，刺激细胞生长，但根据 Liu 等的研究发现，当生长基质中无可发酵糖存在时，葡萄酒乳酸菌既不能利用苹果酸，也不能利用柠檬酸。

8.2.3　苹果酸-乳酸发酵的调节

发酵基质的 pH 的高低，直接改变了细菌的糖代谢行为。在 pH<4.5 时，酒

酒球菌和植物乳杆菌对葡萄糖和果糖的代谢受到抑制，而对苹果酸的分解速度加快，细菌可以从 MLF 代谢中得到更多的能量（pH＝3.5 条件下细菌利用 MLF 产生的 ATP 约为 pH＝5.5 条件下的两倍）。在 pH＝5.5 条件下，细菌对糖的代谢速度达到最大，而对苹果酸的分解能力下降。Henick-Kling 等（1989）的研究发现，在 pH＝5.5 条件下，细菌对葡萄糖的代谢不影响其对苹果酸代谢速度，而在 pH＝3.5 条件下，细菌对苹果酸的代谢却能显著抑制其对葡萄糖的代谢速度。这也表明，在低 pH 条件下，细菌优先利用苹果酸，随着基质的 pH 升高，细菌对糖的发酵速度加快。进一步的研究表明，低 pH 条件下，在细菌生长早期（迟滞期），它主要利用苹果酸作为生长的能源物质，直至达到稳定期。为了阐明苹果酸-乳酸转变过程中产生的能量对细菌早期生长的作用，Cox 等（1995）考查了不同生长阶段的植物乳杆菌利用 MLF 产生能量的能力（通过测定 ATP、ADP 和 AMP 库），发现苹果酸的代谢并不改变细胞的总能荷（Total energy charge），但却相对增加了 ATP 的含量。在细菌生长早期，细菌生长的能源主要来自于 MLF 产生的 ATP，随着 pH 的升高，细菌主要利用糖代谢获取足够的能量用于生长，MLF 受到抑制。这也表明，细菌分解酒中的苹果酸的目的是获取能量。

8.3　乳酸菌的有机酸代谢

在葡萄汁与葡萄酒中，苹果酸和酒石酸是最主要的有机酸。此外还有少量的柠檬酸和丙酮酸。延胡索酸（反丁烯二酸）也可能作为防腐剂添加到葡萄酒中，并能被某些特殊的乳酸菌所分解。

Rader 提出，葡萄酒苹果酸-乳酸菌可以通过多条途径将 L-苹果酸分解（途径 1、2、3）。代谢途径见图 8-3。

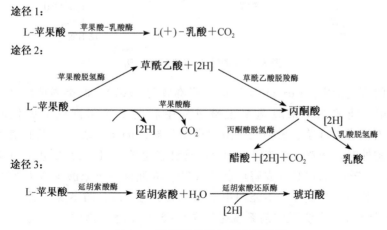

图 8-3　乳酸菌代谢 L-苹果酸途径

　　酒酒球菌以及其他大多数苹果酸-乳酸菌具有苹果酸-乳酸酶（Malolactic en-
zyme），能够将 L-苹果酸脱羧成 L-乳酸（途径 1）。酒酒球菌不能生长在以 L-苹
果酸作为惟一碳源的培养基中，这表明它没有苹果酸酶（Malate enzyme）或苹
果酸脱氢酶（Malate Dehydrogenase，MDH）活性（途径 2）。植物乳杆菌
（*L. plantarum*）同时能够利用途径 1 和 2 分解 L-苹果酸。

　　在低 pH 条件下，发酵乳杆菌（*L. fermentum*）能够以途径 2 将苹果酸转变
为乳酸。然而当 pH＞5.0 时，部分丙酮酸氧化为乙酸和 [H^+]，[H^+] 能够将
延胡索酸还原为琥珀酸（途径 3）。在葡萄酒条件下（pH＜4.0），乳酸菌按途径
2、3 将 L-苹果酸分解为乳酸、乙酸，琥珀酸的比例很低。不过，酵母菌通常能
够利用途径 3 将 L-苹果酸转变为琥珀酸。

　　乳酸菌对有机酸的代谢途径可用图 8-4 来说明。

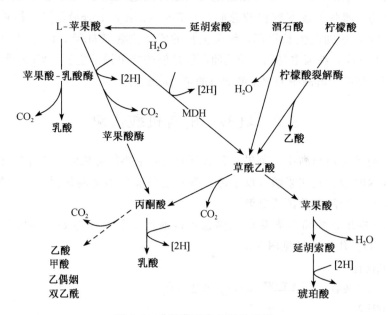

图 8-4　乳酸菌对有机酸的代谢

　　最近的研究指出（Cox et al. 1995，张春晖等 2001），酒类酒球菌静息细胞
（Intact cell）能够在苹果酸-乳酸发酵过程中利用 L-苹果酸的分解代谢产生
ATP。在对酒类酒球菌、植物乳杆菌和戊糖片球菌的研究表明，当 L-乳酸和质
子排除细胞外时，能够形成跨膜电动势，这种膜电势（H^+ 浓度梯度）能够驱动
质膜上的 ATPase（ATP 合成酶）合成 ATP。乳酸菌中苹果酸-乳酸酶突变株细
胞（如植物乳杆菌突变株）不能利用 L-苹果酸产生 ATP 的事实表明，苹果酸、
乳酸运输系统和苹果酸-乳酸酶系统是苹果酸-乳酸发酵过程中 ATP 合成的先决
条件。Poolman 等（1993）对具有苹果酸-乳酸酶活性的乳酸乳球菌（*Lactococ-*

cus lactis）研究发现，苹果酸离子的跨膜运输和苹果酸/乳酸的反向运输以及 L-苹果酸脱羧反应中消耗的质子是苹果酸-乳酸发酵中 ATP 产生的根本原因。这也表明，苹果酸-乳酸酶系统能够使乳酸菌在低 pH（如葡萄酒）条件下，利用苹果酸产生能量。

当葡萄酒的 pH>3.5 时，有些乳酸菌（包括短乳杆菌、植物乳杆菌和片球菌中的个别菌株）能够分解酒石酸。酒石酸的分解是葡萄酒败坏的标志，其分解产物会破坏葡萄酒的感官品质。

根据 Radler 和 Yanisis 的研究，乳酸菌的种类不同，分解酒石酸有以下两条不同的途径：

第一条途径是将酒石酸分解为乳酸和乙酸，这是植物乳杆菌（*L. plantarum*）分解酒石酸的途径，即酒石酸经草酰乙酸转化为丙酮酸，丙酮酸再转化为乳酸和乙酸；

第二条途径是将酒石酸分解为乙酸和琥珀酸，这是短乳杆菌（*L. brevis*）的分解途径，即一方面酒石酸通过丙酮酸转化为乙酸，另一方面酒石酸通过草酰乙酸转化为苹果酸，苹果酸再通过延胡索酸转化为琥珀酸。

因此，只要乳酸菌分解酒石酸，都会导致葡萄酒中的挥发酸含量的升高。

在苹果酸-乳酸发酵过程，有时可观察到乳酸菌将柠檬酸转化为乳酸的现象，从而提高葡萄酒的挥发酸。葡萄酒中有大约 0.5 g/L 的柠檬酸（有些葡萄酒中的柠檬酸被酵母菌完全利用），它也可能被乳酸菌分解。研究表明，能够分解柠檬酸的乳酸菌也能够将苹果酸分解为乳酸（反推不成立）。柠檬酸在乳酸菌柠檬酸裂解酶的作用下产生乙酸和草酰乙酸，后者能够被进一步脱羧变成丙酮酸（图 8-4）。由于酒酒球菌没有苹果酸脱氢酶活性，因而不能将草酰乙酸转变为苹果酸。乳酸菌除了将柠檬酸分解为丙酮酸和乙酸外，其代谢中间物还能产生乙偶姻和双乙酰等风味化合物，从而影响着葡萄酒的风味品质。

据 Charpentie 的研究，乳酸菌分解 1 mol 柠檬酸，可生成 1.5 mol 乙酸、极少量的乳酸和 0.2～0.3 mol 的 2，3-丁二醇及乙偶姻。

在厌氧条件下，所有的乳酸菌都能代谢丙酮酸产生不等量的 CO_2、双乙酰、乙偶姻、2，3-丁二醇、乙酸、酒精和 D(—)-乳酸以及 L(+)-乳酸等产物。在苹果酸-乳酸发酵过程中，依照所使用的苹果酸-乳酸菌株不同，葡萄酒中的乙偶姻和双乙酰含量能够增加 2～3 倍。当双乙酰含量在 1～4 mg/L 时，能够增加葡萄酒的风味复杂性；当浓度超过 5～7 mg/L 时，就会使葡萄酒带有奶油味，这是酒质败坏的标志。

在酒精发酵过程中，酵母菌能够代谢 2-酮戊二酸生成 4-羟丁酸。然而 Rader 等（1972）研究认为酒酒球菌（*O. oeni*）在苹果酸-乳酸发酵过程中也能降解 2-酮戊二酸。他们提出一个假设途径：2-酮戊二酸经过脱羧生成琥珀酸半醛，后者在 4-羟丁酸脱氢酶的还原下，生成 4-羟丁酸。琥珀酸半醛也能分别在琥珀酰 CoA 合成酶和琥珀酸半醛脱氢酶的作用下，经过两个独立的代谢途径被转变为琥珀酰 CoA 和琥珀酸（图 8-5）。酒类酒球菌不能产生琥珀酰 CoA，因为它缺乏琥珀酰 CoA 合成酶。由于 2-酮戊二酸能够结合 SO_2，葡萄酒乳酸菌对它的分解能够降低 SO_2 的添加量。

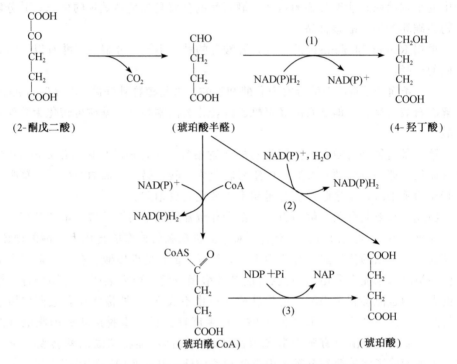

图 8-5　酒类酒球菌代谢 2-酮戊二酸的假设途径

（1）—4-羟丁酸脱氢酶；（2）—琥珀酸半醛脱氢酶；（3）—琥珀酰 CoA 合成酶

8.4　醋酸菌对甘油的分解

在葡萄汁与葡萄酒中，微生物生态学十分复杂。不同种类微生物的代谢活动最终都会在葡萄酒的质量中反映出来。这些微生物主要包括酵母菌、霉菌、乳酸菌以及醋酸菌等。而在葡萄酒微生物学的研究中，有关醋酸菌（Acetic Acid Bacteria，AAB）的内容较少，这可能是因为在葡萄酒酿造过程中，SO_2 的使用和氧的控制通常能使醋酸菌的危害降至最低。但在某些情况下，醋酸菌的活动还是能够引起酒中挥发酸含量的升高和其他成分的变化，严重时会导致葡萄酒的败坏。

　　醋酸菌是指能够生成乙酸的一类细菌的统称。在葡萄酒酿造过程中，醋酸菌能够分解酒精生成乙酸，这一现象称为醋化作用（Acetification）。酒精的醋化作用会造成葡萄酒中的挥发酸含量升高，从而使酒质败坏。葡萄酒的醋酸菌败坏在巴斯德时代已被广为认知。

　　甘油是葡萄酒的重要组分之一，是在酵母菌酒精发酵过程中产生的，在葡萄酒中的浓度一般在 $3 \sim 14$ g/L 之间。但由受灰霉菌感染的葡萄所酿造的葡萄酒中，甘油的含量还会更高（能达到 20 g/L），因为灰霉菌可能能够代谢葡萄浆果中的糖和有机酸生成甘油。因此，受灰霉菌感染的葡萄可能引起醋酸菌的共感染。

　　巴氏醋杆菌有可能氧化甘油，也有可能不氧化甘油，但氧化甘油时会把生成的二羟丙酮继续氧化成其他产物。氧化葡萄糖杆菌、醋化醋杆菌都能够氧化代谢甘油生成二羟丙酮（生酮作用）。在发酵工业中，就是利用氧化葡萄糖杆菌的这一特性生产二羟丙酮的。影响甘油生酮反应的因素主要是 pH 和溶氧。该反应的最适 pH 为 5.0 左右。O_2 也是反应所必需的，不过氧可以被其他的电子受体，如 p-苯醌所代替。醋酸菌将甘油氧化为二羟丙酮的化学反应式(8-4)：

$$
\begin{array}{ccc}
CH_2OH & & CH_2OH \\
| & & | \\
H{-}C{-}OH \ + NAD(P) \longrightarrow & C{=}O & \ + NAD(P)H_2 \qquad (8\text{-}4) \\
| & & | \\
CH_2OH & & CH_2OH \\
（甘油） & & （二羟丙酮）
\end{array}
$$

　　醋酸菌对甘油的氧化，会造成甘油含量的降低，以及二羟丙酮含量的升高。二羟丙酮具有甜香的气味和清凉的口感，但它能和氨基酸如脯氨酸结合，生成强烈的酒脚味，从而影响葡萄酒的感官质量。在葡萄酒环境下，醋酸菌能否氧化甘油生成二羟丙酮，还没有得到证实，但醋酸菌对葡萄浆果和葡萄汁中的甘油的代谢能够产生二羟丙酮，并最终有一部分二羟丙酮进入葡萄酒中。Sponholz 等发现，受氧化葡萄糖杆菌感染的葡萄醪中的二羟丙酮含量为 260 mg/L，最终进入葡萄酒中的有 133 mg/L。二羟丙酮的产生除影响葡萄酒的风味外，葡萄醪中的二羟丙酮还与 SO_2 具有较强的结合能力。

　　此外，醋酸菌氧化甘油，还可能形成丙烯醛（Acrolein），而丙烯醛可以与多酚反应而形成苦味物质，使葡萄酒产生苦味。目前还不清楚醋酸菌分解甘油的具体途径，只能根据微生物对甘油分解的一般认识进行推断。Usseglio-Tomasset（1995）假设的乳酸菌甘油代谢途径（图 8-6）是：一方面甘油通过丙酮酸而形成上述已知的代谢产物，如乳酸、乙酸、甲酸、琥珀酸、乙偶姻等，另一方面甘油通过 β-羟基丙醛而分别形成丙烯醛和 1,3-丙二醇。

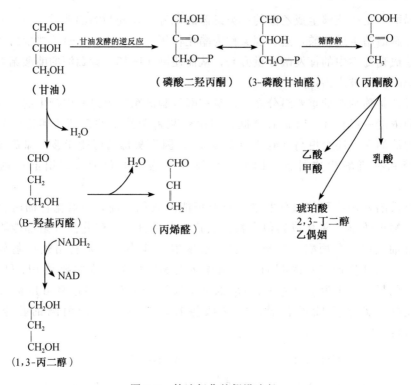

图 8-6　甘油氧化的假设途径

8.5　乙醇的成醋反应

　　醋酸菌能够氧化乙醇产生乙酸，造成葡萄酒的败坏，这已为酿酒者所熟知。这一反应的生化机制已经被研究清楚，乙醇首先被氧化生成乙醛，然后乙醛再被氧化成乙酸。在乙醇的成醋反应中，有两个关键酶，即乙醇脱氢酶和乙醛脱氢酶。所有的氧化葡萄糖杆菌、醋化醋杆菌和巴氏醋杆菌都能氧化乙醇产生乙酸，但不同菌株的成醋能力存在差异。其他的高级醇如丙醇、丁醇和戊醇也能够被氧化。乙醇的醋化反应为

$$C_2H_5OH + NAD \xrightarrow[\text{乙醛脱氢酶}]{\text{乙醇脱氢酶}} CH_3CHO + NADH_2 \qquad (8\text{-}5)$$

$$CH_3CHO + H_2O + NAD \longrightarrow CH_3COOH + NADH_2 \qquad (8\text{-}6)$$

　　醋酸杆菌属细菌还能够通过三羧酸循环把乙酸进一步氧化成 CO_2 和 H_2O，这一反应受酒精的抑制。乙酸被彻底氧化以前，需经过一系列的活化反应，最终生成乙酰-CoA，进入三羧酸循环。主要反应如式 (8-7)、(8-8)：

$$CH_3COOH + ATP \xrightarrow{\text{乙酸激酶}} CH_3COOPO_3H_2 + ADP \qquad (8\text{-}7)$$

$$CH_3COOPO_3H_2 + CoASH \longrightarrow CH_3CO \sim SCoA + H_3PO_4 \qquad (8-8)$$

就葡萄酒酿造而言，乙醇的成醋反应除了取决于醋酸菌的特性以外，还受环境因素的影响。例如，葡萄酒中的 SO_2 能够和乙醛结合，阻止了乙醛的进一步氧化，造成乙醛积累；乙醇浓度超过 10%（体积分数）便能抑制醋酸菌的生长，钝化其氧化乙醇的能力，而且在较高的乙醇含量条件下，乙醛脱氢酶没有乙醇脱氢酶稳定，势必会造成乙醛的积累；乙醇成醋反应的最适 pH 为 5.0，但在pH=3.0～4.0 之间，反应也能发生；溶解氧浓度较低时，也可以造成乙醛的积累，溶解氧浓度的增加能够刺激醋酸菌氧化乙醇生成乙酸；在厌氧条件下，醋酸菌能够以亚甲蓝（美蓝）和醌代替氧作为电子受体，这表明了为什么在厌氧条件下，醋酸菌能够在葡萄酒储酒过程中生存并有微弱的生长。

8.6　醋酸菌的糖代谢

醋酸杆菌属和葡萄糖杆菌属的细菌缺乏糖酵解途径（EMP 途径）的相关酶系，因此不能够通过此途径代谢己糖。醋化醋杆菌和巴氏醋杆菌对己糖和戊糖的利用能力相对较弱，但菌株间存在着很大的差异。有些醋酸菌可以通过己糖单磷酸途径（Hexose Monophosohate Pathway，HMP 途径）对己糖和戊糖经进行氧化代谢，生成乙酸和乳酸。醋酸杆菌属细菌还能通过三羧酸循环（TCA）继续把乙酸和乳酸氧化成 CO_2 和 H_2O，有些情况下，醋化醋杆菌能够将己糖直接氧化成葡萄糖酸和酮葡糖酸。这两种产物不能被醋酸菌继续氧化，作为终产物积累在培养基中。而巴氏醋杆菌对糖代谢能力较弱的原因，与糖进入细胞后不能进行磷酸化有关（缺乏己糖激酶）。相反，葡萄糖杆菌属的细菌却可以氧化多种糖类和糖醇生成山梨糖、二羟丙酮、葡萄糖酸和酮葡糖酸等底物。这些细菌的碳水化合物代谢行为因菌株而异，但大多数菌株都能氧化葡萄糖、半乳糖、甘露糖、核糖、木糖、阿拉伯糖、赤藓糖醇、甘露醇和山梨醇。醋酸菌对葡萄糖（可能还包括其他的糖类）的代谢是经过己糖单磷酸途径，还是直接被氧化成葡萄糖酸和酮葡糖酸，取决于基质的 pH 和葡萄糖的浓度。在 pH<3.5 或葡萄糖浓度介于 5～15 mmol 之间时，葡萄糖直接被氧化成葡萄糖酸和酮葡糖酸，而己糖单磷酸途径受到抑制。在这种条件下，葡萄糖酸积累于培养基中。当 pH>3.5 及葡萄糖浓度低于 10 mmol 时，葡萄糖酸被继续氧化，生成酮葡糖酸。研究表明，醋酸菌对果糖的氧化代谢能力较葡萄糖的低。

醋酸杆菌的有些种，因为缺乏己糖激酶，所以不能将葡萄糖磷酸化。但是，如果有葡萄糖氧化酶，利用空气中的氧，可将葡萄糖直接氧化成葡萄糖酸，葡萄糖酸经磷酸化后再降解。细菌中的葡萄糖氧化酶可能直接催化葡萄糖的氧化。葡萄糖氧化酶是以 FAD 为辅基的黄素蛋白，它催化葡萄糖脱氢，生成葡萄糖内酯，同时将 FAD 还原。

$$\text{（葡萄糖）} + \text{FAD} \rightleftharpoons \text{（葡萄糖内酯）} + \text{FADH}_2 \tag{8-9}$$

葡萄糖内酯水解成葡萄糖酸：

$$\text{（葡萄糖内酯）} + \text{H}_2\text{O} \rightleftharpoons \text{（葡萄糖酸）} \tag{8-10}$$

FADH_2 被氧化生成 FAD 和 H_2O_2：

$$\text{FADH}_2 + \text{O}_2 \longrightarrow \text{H}_2\text{O}_2 + \text{FAD} \tag{8-11}$$

所生成的 H_2O_2 随即被过氧化氢酶催化，分解成 H_2O 和 O_2：

$$2\text{H}_2\text{O}_2 \longrightarrow 2\text{H}_2\text{O} + \text{O}_2 \tag{8-12}$$

葡萄糖酸在激酶催化下，生成 6-磷酸葡萄糖酸，进入 HMP 途径被氧化成 2-酮基葡萄糖酸，或进一步氧化成 2,5-二酮基葡萄糖酸，致使培养基中积累这些不完全氧化的产物（图 8-7）。这一途径，只有在有氧的情况下才能进行。

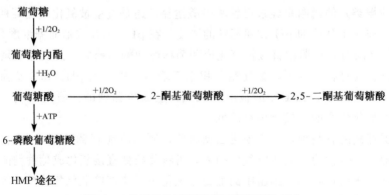

图 8-7　有氧条件下醋酸菌对葡萄糖的氧化

　　HMP 和 EMP 途径往往在同一种微生物中同时存在，只将 EMP 途径或 HMP 途径作为惟一途径的微生物种类并不多。就目前的情况，以 HMP 作为惟一途径的微生物，只有醋酸菌的某些种。

　　研究醋酸菌对葡萄浆果、葡萄汁和葡萄酒中碳水化合物的代谢规律，具有重要的酿造学意义，长期以来，一直为葡萄酒酿造学家所关注。氧化葡萄糖杆菌在受真菌感染的葡萄浆果及其葡萄汁中具有很强的生长能力，它们的生长与繁殖会导致葡萄糖的氧化，生成葡萄糖酸和酮葡萄糖酸。有报道表明，在受氧化葡萄糖杆菌感染的葡萄汁中，葡萄糖酸的浓度竟高达 $60 \sim 70$ g/L。在葡萄汁中，即使在较低 pH 和高糖条件下，这种氧化反应也能发生。醋化醋杆菌和巴氏醋杆菌也能在葡萄汁中生成葡萄糖酸，但其氧活性较氧化葡萄糖杆菌的低。因此，醋酸菌在葡萄浆果及葡萄汁中的生长可以导致葡萄酒中葡萄糖酸和酮葡萄糖酸浓度的显著提高。即使对于受灰霉菌（*Botrytis cinerea*）感染的葡萄而言，醋酸菌也比灰霉菌产生的葡萄糖酸和酮葡萄糖酸的量多。而以前在这种情况下，人们一直认为葡萄酒中葡萄糖酸和酮葡萄糖酸主要是由灰霉菌产生的。

　　醋酸菌对碳水化合物的代谢与葡萄酒酿造相关的另一特征是：有些醋酸菌可以产生胞外多糖，如胶醋杆菌和氧化葡萄糖杆菌的有些种在含有葡萄糖的培养基中能够产生胞外纤维素原纤维；另外，有些种的醋酸菌还能产生葡聚糖和果聚糖。Tayama 等在培养基中的研究结果表明，有些醋酸菌还能产生一系列的可溶性的多糖，但醋酸菌是否在葡萄浆果、葡萄汁和葡萄酒中也能产生多糖，还没有得到证实。如果醋酸菌能够在葡萄与葡萄酒环境下产生多糖，那么势必影响葡萄酒的稳定性和过滤特性。

　　此外，二羟丙酮、2,3-丁二醇和乙偶姻也是醋酸菌对碳水化合物的代谢的主要副产物之一，其中乙偶姻是影响葡萄酒感官质量的重要风味物质。

8.7　小　　结

　　在葡萄汁与葡萄酒中，微生物生态学十分复杂。不同种类微生物的代谢活动最终都会在葡萄酒的质量中反映出来。这些微生物主要包括酵母菌、霉菌、乳酸菌以及醋酸菌等。本章主要讨论了乳酸菌和醋酸菌的有关代谢。在葡萄与葡萄酒中，乳酸菌有益的代谢是在控制条件下进行的苹果酸-乳酸发酵，而其他的代谢，主要包括糖代谢、有机酸代谢都会导致葡萄酒挥发酸的升高，引起葡萄酒的病害。而醋酸菌的任何代谢，主要是甘油代谢、乙醇的醋化和糖代谢，都会导致葡萄酒的病害。因此，在葡萄酒的酿造过程中，必须首先使糖在有益酵母菌的作用下进行酒精发酵，在需要时，促使乳酸菌的苹果酸-乳酸发酵，并且应使其在酒精发酵结束后立即进行，严格防止乳酸菌的其他代谢和其他微生物的活动。

主要参考文献

李华. 2000. 现代葡萄酒工艺学（第二版）. 西安：陕西人民出版社

李华. 1992. 葡萄酒的苹果酸-乳酸发酵研究进展. 葡萄栽培与酿酒，1：40

凌代文. 1999. 乳酸细菌分类鉴定及实验方法. 北京：中国轻工业出版社

同方. 1984. 分析微生物专辑. 北京：科技出版社. 11

王华，刘芳，李华. 2003. 不同酒类酒球菌苹果酸-乳酸发酵对葡萄酒中氨基酸的影响. 中国食品科学，3（4）：51

王华，张春晖，李华. 2000. 苹果酸-乳酸发酵接种时间选择的研究. 微生物学通报，1：12

杨洁彬，郭兴华，张篯. 1996. 乳酸菌——生物学基础及应用. 北京：中国轻工业出版社

杨书声. 1997. 细菌分类学. 北京：中国农业大学出版社

张春晖，李华，夏双梅. 1997. 酒明串珠菌 31DH 酿酒特性研究. 微生物学通报，2：15

张春晖，王华，李华. 1999. 苹果酸-乳酸发酵对葡萄酒品质的影响. 西北农业大学学报，6：74

张春晖，李华. 1996. 葡萄酒苹果酸-乳酸发酵接种量选择的研究. 食品工业，4：26

张春晖，李华. 2001. 葡萄酒苹果酸-乳酸发酵代谢机制. 食品与发酵工业，5：72

张春晖，夏双梅. 2000. 微生物降酸技术在葡萄酒酿造中的应用. 酿酒科技，2：66

张春晖，李华. 2001. 葡萄酒苹果酸-乳酸发酵能量产生机制. 生物工程进展，5：72

张春晖，夏双梅，张军翔. 2002. 葡萄酒中生物胺的产生与工艺控制. 食品科学，10：128

张春晖，李华. 2003. 葡萄酒微生物学. 西安：陕西人民出版社

张春晖，李华. 2002. 醋酸菌与葡萄酒酿造. 葡萄与葡萄酒研究进展——葡萄酒学院年报（2002）. 西安：陕西人民出版社

Boulton R B, Singleton V L, Bisson L F, et al. 1995. Principles and practices of winemaking. New York: Chapman & Hall

Cox D J, Henick-Kling T. 1995. Proton motive force and ATP generation during malolactic fermentation. Am. J Enol. Vitic, 46: 319

Cox D J, Henick-Kling T. 1989. Chemiosmotic energy from malolactic fermentation. J Bacteriol. , 171: 5750

Dicks L M T, Loubser P A, Augstyn O P H. 1995. Identification of *Leuconstoc oenos* from South African fortified wines by numerical analysis of total soluble protein patterns and DNA-DNA hybridizations. J Appl. Bacteriol, 79: 43

Garvie E I. 1981. Sub-divisions within the genus *Leuconostoc* as shown by RNA/DNA hybridization. J Gen Microbiol. , 127: 209

Henick-Kling T, Lee T H, Nicholas D J D. 1986. Inhibition of bacterial growth and malolatic fermentation in wine by bacteriophage. J Appl. Bacteriol, 61: 287

Henick-Kling T, Sandine W E, Heatherbell D A. 1989. Evaluation of malolactic bacteria isolated from Oregon wine. Appl. Environ. Microbiol. , 8: 2010

Kunkee R E. 1991. Some roles of malic acid in the malolactic fermentation in winemaking.

FEMS Microbiol. Rev. , 88: 55

Lonvaud-Funel A, Joyeux A, Ledoux O. 1991. Specific enumeration of lactic acid bacteria in fermenting grape must and wine by colony hybridization with non-isotopic DNA probes. J Appl. Bacteriol, 71: 501

Mitchell P. 1972. Chemiosmotic coupling in energy transduction: a logical development of biochemical knowledge. J Bioenerg. , 3: 5

Poolman B. 1993. Energy transduction in lactic acid bacteria. FEMS Microbiol. Rev. , 12: 125

Usseglio-Tomsset L. 1995. Chimie oenologique. 2eme edition. Paris: Tec & Doc

Zhuorong Y, Kunkee R E. 1993. Stimulation of growth of malolactic bacteria from incomplete conversion of L-malic acid to L-lactic acid. FEMS Microbiol. Rev. , 12: 50

第9章 葡萄酒中的多酚及其变化

多酚化合物（Polyphenol）是含有酚羟基的物质。羟基（—OH）连在苯环（又叫芳香环）的化合物叫做酚。植物合成芳香环，然后合成酚、多酚和一些非常复杂的物质，如木质素、丹宁等，这些复杂化合物是构成植物固体部分的主要物质。

由于多酚物质在植物分类、感官特性以及药理方面的重要性，使其成为研究得最多的天然化合物之一。在葡萄与葡萄酒中，尽管人们进行了大量的研究，但在多酚的性质及其变化等诸多方面还存在着很多没有解决的问题。

在葡萄酒学中，我们将多酚分为色素（Pigment）和无色多酚（Proanthocyanins）两大类（表9-1）：

表 9-1　葡萄与葡萄酒中的多酚

色素	黄酮	堪非醇、槲皮酮、杨梅黄酮
	花色素	青醇、水芹醇、飞燕草醇、锦葵醇、矮牵牛醇
无色多酚	酚酸	苯酸类：五倍子酸、儿茶酸、香子兰酸、水杨酸
		苯丙烯酸类（肉桂酸）：香豆酸、咖啡酸、阿魏酸
	聚合多酚	儿茶素
		原花色素
	丹宁	缩合丹宁：儿茶素、表儿茶素、棓酸表儿茶素、表棓儿茶素
		水解丹宁：棓酸丹宁或焦棓酸丹宁等

9.1　色　素

除少数染色品种（红肉品种）外，葡萄浆果的色素只存在于果皮中，主要有花色素和黄酮两大类。花色素（Anthocyaninins），又叫花青素，是红色素，或呈蓝色，主要存在于红色品种中；而黄酮（Flavonoids）则是黄色素，在红色品种和白色品种中都有。

花色素和黄酮都属于类黄酮化合物，其分子结构中都含有"黄烷构架"，即由一个有 3 个碳和 1 个氧构成的杂环连接 A、B 两个芳香环。它们是多酚，含有 3 个羟基。它们也是杂多糖苷，含有一个或多个糖，可有单糖苷、双糖苷和多糖苷。花色素的杂环中的 C_3 含有一个羟基（—OH），而黄酮的 C_4 则含有一个羰基根（＝O）（图 9-1）。

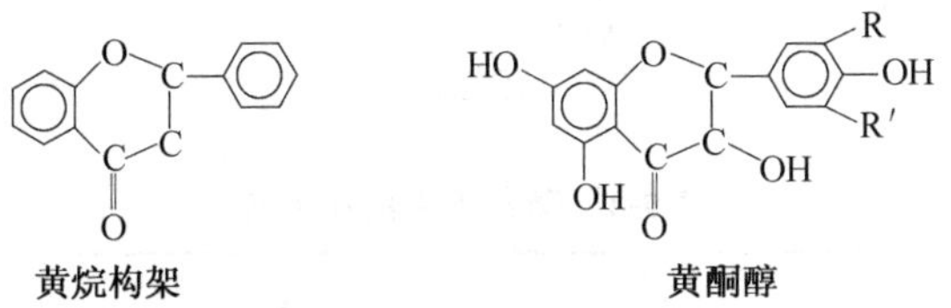

图 9-1　类黄酮的结构

黄酮存在于所有葡萄品种的浆果当中，但在葡萄酒中含量很少，所以对它们的认识也不多。似乎它们对白葡萄酒颜色的作用并不大，而在红葡萄酒中则主要发现它们的糖苷配基。

9.1.1　花色素的结构和性质

花色素是一类水溶性植物色素，多以糖苷（称花色苷）的形式存在于植物细胞液中，构成花、果实、茎和叶的五彩缤纷的色彩。所有的花色素和花色苷都是 2-苯基-苯并吡喃阳离子（又叫黄钅羊盐）结构的衍生物（图 9-2）。花色素成苷时，如果只与一分子糖成苷，则糖分子结合在 3 号碳的羟基位置上；如果与两分子糖成苷时，通常结合在 3,5 或 3,7 号碳的羟基上。糖增加了花色素的化学稳定性和水溶性。花色苷分子上的葡萄糖残基还可进一步与乙醇、香豆酸和咖啡酸结合成酰化花色苷。

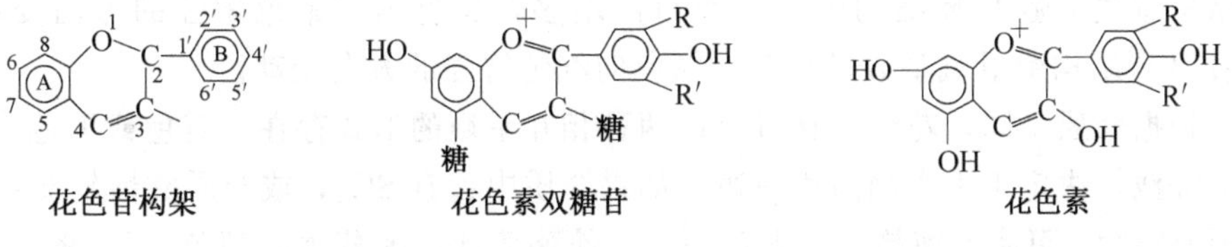

图 9-2　花色素的结构

在葡萄浆果中已经鉴定出 5 种花色素，分属 5 种糖苷配基（表 9-2），其中以锦葵色素为主，它也是最稳定的，花翠素最不稳定。花色素的区别在于 R 及 R' 的种类、C_3 上的羟化、糖苷化（包括糖的种类和数量）以及酰基化（即糖的酯化）作用。由于上述作用的不同，从而生成众多的形态。在葡萄果皮中已鉴定出 17 种物质。它们的混合物以及它们各自的比例的变化就构成了葡萄各种不同的颜色：黑、灰、红或桃红等。

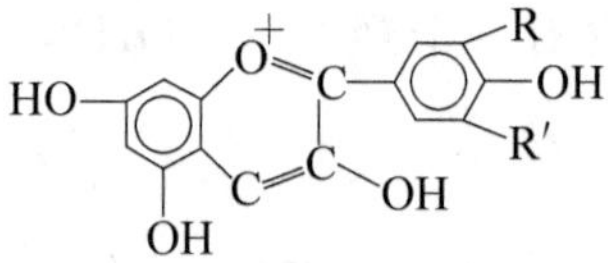

花色素

表 9-2　葡萄酒中的花色苷

	R	R′
花青素（矢车菊素）	—OH	—H
青甲酰花翠素（芍药素）	—OCH$_3$	—H
花翠素（飞燕草素）	—OH	—OH
3′-甲花翠素（矮牵牛素）	—OH	—OCH$_3$
二甲花翠素（锦葵素）	—OCH$_3$	—OCH$_3$

　　白色葡萄品种不含花色素，但有一些品种如沙丝拉（Chasselas）、赛美容（Semillon）、长相思（Sauvignon）等在过熟时可具有桃红色色调。

　　在美洲原生的葡萄种中，除 *Vitis monticola* 以外，其他的葡萄种及其一些杂种都含有花色素的双糖苷，而欧亚种葡萄（*V. vinifera*）则只含有很少量的双糖苷，为其色素总量的 1%～10%，用纸上层析法是检测不出来的。所以，用纸上层析法分析葡萄酒中的花色素双糖苷，可将欧亚种葡萄品种与美洲原生种及其杂种区别开来。

　　花色素溶于水和乙醇，不溶于乙醚、氯仿等有机溶剂，遇醋酸铅试剂会沉淀，并能被活性炭吸附。深色花色苷有两个吸收波长范围：一个在可见光区，波长为 465～560 nm；另一个在紫外光区，波长为 270～280 nm。花色素的颜色与其结构有关：随 B 环结构中羟基数目的增多，颜色向蓝紫色增强的方向变动；随着 B 环结构中甲氧基数目增多，颜色向红色增强的方向变动。

　　根据介质不同，花色素苷可以以两种相互平衡的形式存在：有色或无色。颜色的深浅，决定于平衡趋向哪一边。如果介质中含有 SO$_2$，或介质酸性较弱或具有还原特性，可使平衡趋向于无色一边，使葡萄汁或葡萄酒的颜色变浅（图 9-3）。一般这一反应是可逆的，但如果还原性过大，可使花色素苷形成不可逆转的无色物质——查耳酮。

　　此外，花色素还有以下特性：

　　（1）花色素在酒精中的溶解度比在水或葡萄汁中的大。因此，在酿造红葡萄酒时，应将葡萄果皮与葡萄汁一起进行发酵，以通过浸渍作用而将果皮中的色素溶解在葡萄酒中。也可用红色品种（染色品种除外）生产白葡萄酒。在这种情况下，应尽快（即在发酵开始以前）将果皮与葡萄汁分开。

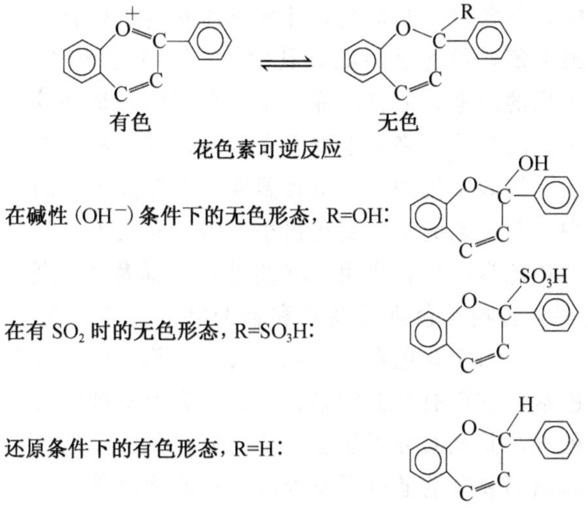

有色　　　　　无色

花色素可逆反应

在碱性（OH⁻）条件下的无色形态，R=OH:

在有 SO_2 时的无色形态，R=SO₃H:

还原条件下的有色形态，R=H:

图 9-3　花色素颜色的变化

（2）在溶液中，花色素的溶解度随温度的升高而加大。因此，可用给部分果实（1/5）加热至 75～80 ℃的方法，加深红葡萄酒的颜色。加热后的果汁颜色越深，丹宁含量越高，可在发酵前将其与其他葡萄果实混合。通过发酵，可除去在加热过程中形成的焦味或"煮"味。

（3）花色素易被氧化，在过强的氧化条件下，无论有无酪氨酸酶和漆酶的作用，都可改变其色调，并形成棕色不溶性物质，这就是葡萄酒在有氧化条件下的棕色破败病。在葡萄酒的温度高于 20 ℃的情况下，葡萄酒中的铁、铜含量越高，这一现象越严重。

（4）介质的酸度越大，花色素的颜色越鲜艳。在滴定葡萄汁或葡萄酒的酸度时，可以看到其颜色越来越浅。

（5）花色苷可与丹宁、酒石酸、糖等相结合。花色素和丹宁相互化合形成的复杂化合物——色素-丹宁复合物，其颜色稳定，不受介质变化的影响。丹宁-色素复合物形成的量似乎与葡萄酒中的丹宁含量无关，而受葡萄品种和葡萄酒的酿造条件的影响，后者则是通过影响葡萄果皮细胞的破损而起作用的。因此，应促进这一反应的进行。可在酒精发酵结束时，即当酵母菌已将糖分全部转化成酒精时，将葡萄酒加热至 50～70 ℃（不能低于 45 ℃）达到这一目的。

（6）在花色素苷的分子结构中，右侧苯环邻位上的第二个羟基，能与重金属形成蓝色化合物。因此，如果葡萄酒中铁含量过高，就会出现蓝色铁破败病。

9.1.2　花色素的变化

在葡萄浆果中，花色素在转色期开始出现，主要是单体化合物，即游离花色素。在成熟过程中，其含量不断提高，并且单体间进行聚合。花色素的含量在葡萄成熟后达到其最大值，可达 2 g/kg，其中 10%～15% 为多聚体。所有有利于葡萄浆果中糖分积累的因素，如日照强、温度高、生长势弱等，都有利于花色素的积累，因为花色素的芳香环来源于糖。在有的地区，利用在转色期后摘除果穗附近的老叶的方法，提高果穗的受光量和温度，以提高色素的含量。

在发酵过程中，花色素的结构变化很小，因为介质不利于其进行聚合作用。

在葡萄酒中，花色素的聚合作用则继续进行。葡萄酒换罐（换桶）的次数，游离 SO_2 的含量都会影响花色素的变化和葡萄酒的外观。花色素的多聚体使葡萄酒的颜色更为美丽。由于花色素的变化，其在红葡萄酒中有下列形态：

（1）游离花色素，它们有沉淀的趋势，每年会因此被除去其含量的一半。

（2）聚合花色素，其相对分子质量不等，使葡萄酒呈红色。其中一小部分将形成胶体，应在葡萄酒装瓶前通过低温处理或过滤将这部分胶体除去。

（3）结合态花色素，即花色素与其他化合物形成的复合物。它们随着时间的延长，逐渐沉淀于陈年老酒的瓶底。

总之，葡萄酒中花色素的变化，取决于其陈酿条件，特别是氧化还原电位和在陈酿过程中形成的乙醛的多少。

9.2　无色多酚

如果将果梗放在口里咀嚼，很快就会出现具收敛性的涩味，这就是果梗味。有时，在发酵过程中，生葡萄酒与葡萄皮接触时间过长，也会出现这种味。这种味是由丹宁引起的。无色多酚包括丹宁和可合成丹宁的更小的分子，如儿茶酸、色素的隐色化合物、酚酸等。这类化合物具有一个苯核或酚核和一至几个酚官能团——羟基（—OH）。

9.2.1　单体酚：酚酸

在葡萄浆果中的酚酸，包括羟基苯甲酸和羟基肉桂酸的衍生物（图 9-4）。其中羟基肉桂酸衍生物含量高，一般以糖、有机酸及各种醇的酯化形式存在，在葡萄酒的酿造与陈酿过程中会缓慢水解一部分。所以，常常在葡萄酒中可以同时发现游离态酚酸和结合态酚酸。羟基苯甲酸的衍生物包括五倍子酸、儿茶酸、香子兰酸和水杨酸，它们可与葡萄酒中的酒精和丹宁结合。羟基肉桂酸的衍生物包括香豆酸、咖啡酸和阿魏酸。

20%～25% 的酚酸都以游离态的形式存在。一些细菌可将游离态的酚酸转化为气味很浓，但葡萄酒不需要的挥发性物质。所以，在一些白葡萄酒和桃红葡萄酒中，由于酵母菌（*Saccharomyces cerevisiae*）可将酚酸脱羧形成乙烯基酚而出羟基苯甲酸衍生物：

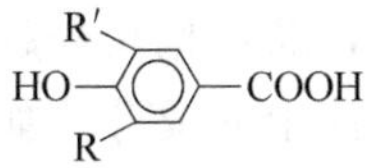

五倍子酸　R=R′=—OH
儿茶酸　　R=—OH, R′=—H
香子兰酸　R=—O—CH₃, R′=—H

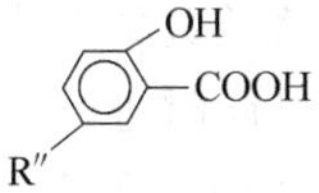

水杨酸　R″=—H

羟基肉桂酸衍生物：

香豆酸　R=—H
咖啡酸　R=—OH
阿魏酸　R=—O—CH₃

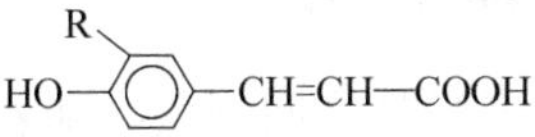

图 9-4　葡萄与葡萄酒中的酚酸

现药味。这种现象在红葡萄酒中较为少见。因为红葡萄酒的多酚含量更高，能抑制脱羧酶的活动。但是，在橡木桶中陈酿的红葡萄酒可出现某些让人舒适的动物气味。这是由于在有少量氧的条件下，酒香酵母属（*Brettanomyces*）的酵母将酚酸脱羧为乙烯基酚，后者进一步被还原为乙基酚的结果。此外，葡萄品种不同，成熟时的条件不同，葡萄浆果中的酚酸的总量和游离态酚酸的比例也不相同。一些酵母菌菌系也能促进酚酸的脱羧。

　　在葡萄酒中，酚酸可与花色素和酒石酸相结合。咖啡酸和香豆酸都可与酒石酸结合，分别形成酒石咖啡酸和酒石香豆酸。如果在葡萄浆果中含量过高（占酚酸的 40%），在有空气的条件下，这两种酸可形成相同的酒石咖啡醌，后者可有三种发展方向（图 9-5）：

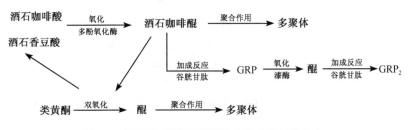

图 9-5　酒石咖啡醌在葡萄汁中的三种变化方向

　　（1）醌的含量提高，而且浆果中的氧化酶-多酚氧化酶会促进其形成。醌的积累导致颜色越来越黄的多聚体的形成。

　　（2）醌与浆果中的一种肽-谷胱甘肽结合，形成一种叫 GRP 的物质。GRP 是一种肉桂酸，在漆酶的作用下，其首先形成另一种醌，然后这种醌再与谷胱甘肽结合生成 GRP₂。GRP 和 GRP₂ 是无色可溶性物质。所以，谷胱甘肽可以阻止葡萄汁的黄化。

　　（3）醌可通过共氧化促使其他类黄酮的氧化，特别是在葡萄的机械处理过程中形成类黄酮。类黄酮的氧化又激活了形成酒石咖啡醌的酒石咖啡酸和酒石香豆酸。这一共氧化使类黄酮形成醌，并不断地聚合，颜色也越来越黄。

这三种反应可同时进行，其比例取决于葡萄汁中的成分。如果生成相对分子质量很大、不溶性的褐色多酚——黑色素，则葡萄汁的黄化可发展为褐化。因而，葡萄汁颜色的变化取决于能启动和促进这些反应之一的成分。

9.2.2　聚合多酚

聚合多酚是中间物质，随着逐渐地聚合，形成复杂的聚合物。相反，通过解聚，又会形成相应的酚酸。葡萄酒中的聚合多酚为黄烷醇，可分为儿茶素和原花色素两大类。自然界尚未见有游离态存在，都以其衍生物或聚合物形式存在。它们可与糖缩合成苷，也可与有机酸缩合成酯。黄烷醇类是缩合丹宁的前体。其中儿茶素可通过聚合作用形成丹宁，而原花色素则是色素的隐色化合物，通过聚合作用可形成色素。但是，在葡萄浆果或葡萄酒中，它们则主要形成丹宁。

9.2.2.1　儿茶素

儿茶素是食物中黄酮类化合物的重要来源。葡萄果实中含儿茶素最多的是种子，种子中的儿茶素在葡萄酒酿造过程中被浸渍出来。儿茶素是一类黄烷-3-醇衍生物，其核心结构如图 9-6。

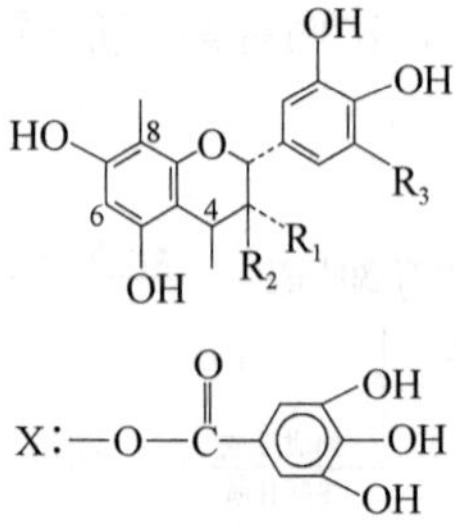

图 9-6　儿茶素的核心结构

表 9-3　儿茶素类化合物

基　　团	R_1	R_2	R_3
儿茶素	—H	—OH	—H
没食子儿茶素	—H	—OH	—OH
没食子酸儿茶素酯	—H	—X	—H
没食子酸没食子儿茶素酯	—H	—X	—OH
表儿茶素	—OH	—H	—H
表没食子儿茶素	—OH	—H	—OH
没食子酸表儿茶素酯	—X	—H	—H
没食子酸表没食子儿茶素酯	—X	—H	—OH

儿茶素是白色结晶体，易溶于水、乙醇、甲醇、丙酮及乙酸酐，部分溶于乙酸乙酯及乙酸中，难溶于三氯甲烷和无水乙醚中。儿茶素分子中的酚羟基在空气中容易氧化，生成黄棕色胶状物质。在高温潮湿条件下，容易氧化成各种有色物质，也能被多酚氧化酶和过氧化物酶氧化成有色物质。儿茶素有一定苦味，但没有涩味，在酿酒过程中很容易合成大分子物质。

9.2.2.2　原花色素

原花色素是一类结构与花色素相似，味涩而无色的化合物。原花色素可分为两类：一类是黄烷-3，4-二醇的单体衍生物，称白花色素，其基本结构单元如图9-7；另一类是有两个或两个以上的黄烷-3-醇缩合而成的前花色素，通过4→8位或4→6位缩合，原花色素有二聚体、三聚体和多聚体。代表通式如图9-8。

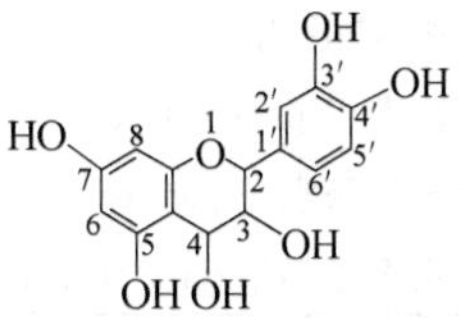

图 9-7　黄烷-3，4-二醇单体 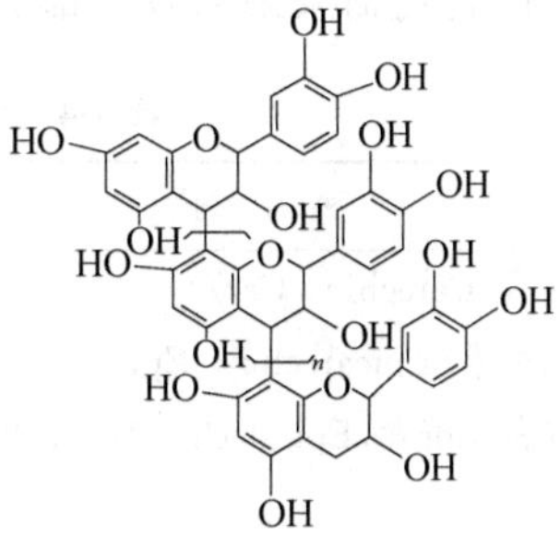　　　　　图 9-8　原花色素多聚体结构通式

原花色素是色素的隐色化合物。虽然本身无色，但是它在酸、热条件下就会转变为花色素和其他多酚（图9-9）。

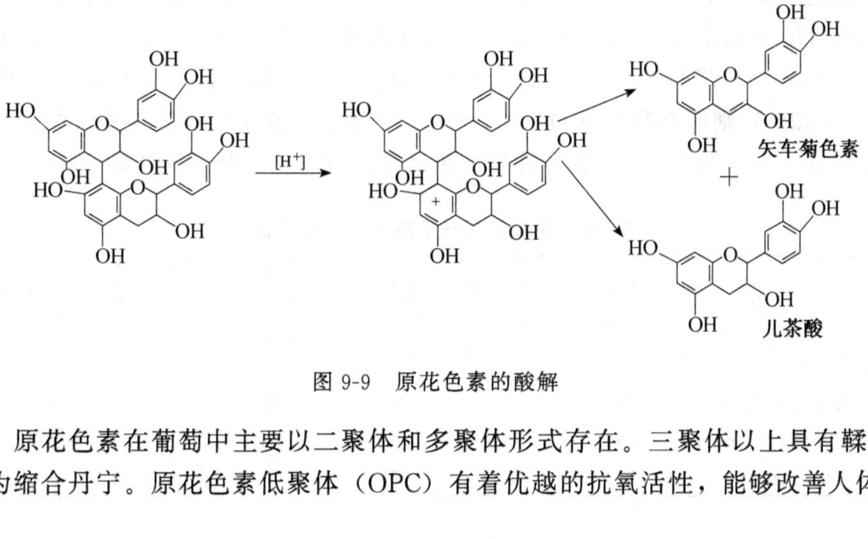

图 9-9　原花色素的酸解

原花色素在葡萄中主要以二聚体和多聚体形式存在。三聚体以上具有鞣性，即为缩合丹宁。原花色素低聚体（OPC）有着优越的抗氧活性，能够改善人体微

循环和治疗眼科病，因此已广泛应用于药品与化妆品等领域。

9.2.3　丹宁

丹宁是一类特殊的酚类化合物，是由一些非常活跃的基本分子通过缩合或聚合作用形成的。丹宁在食品中可引起涩感。由于都具有鞣革能力，类黄酮和非类黄酮的聚合物统称为丹宁。根据其化学结构的不同可分为水解丹宁和缩合丹宁。由非类黄酮聚合成的水解丹宁在酸性条件下易水解。类黄酮聚合成的丹宁以共价键结合在一起，同等条件下相对稳定。

在葡萄浆果中，构成丹宁的聚合多酚分为儿茶素（只有一个羟基）和原花色素（有两个羟基）两大类。葡萄中的丹宁，是儿茶素的多聚体。对葡萄浆果中的丹宁结构的研究表明：它们是由表 9-4 中的分子，通过 C_4—C_6 或 C_4—C_8 键连接起来的。而且葡萄浆果的各个部分所含丹宁的量和种类也不相同。

表 9-4　葡萄浆果中丹宁的构成*

种　　子	果皮和果梗
（＋）儿茶素(Catechin，Cat)	（＋）儿茶素(Catechin)
（－）表儿茶素(Epicatechin，Epi)	（－）表儿茶素(Epicatechin)
（－）棓酸表儿茶素(Epicatechin-3-O-gallate，Eog)	（－）棓酸表儿茶素(Epicatechin-3-O-gallate)
	（－）表棓儿茶素(Epigallocatechin，Egc)

* Souquet et al. 2000。

葡萄种子中的丹宁，是儿茶素、表儿茶素、棓酸表儿茶素的多分子链构成的，而果皮和果梗中的丹宁，还含有表棓儿茶素和原飞燕草素。

对葡萄浆果中丹宁解聚研究结果表明（表 9-5）：果皮、种子和果梗中的丹宁的聚合度分别是 30、10、9。种子中的棓酸化分子为 21%～40%，高于果皮（3%～10%）和果梗（14%～21%）中的比例。而果皮中三羟基分子的比例（10%～30%）则明显高于果梗（1%～6%）。表儿茶素是构成葡萄丹宁的最主要的基本分子（约 60%）。白色品种和红色品种所含丹宁，都是同样的结构。

表 9-5　葡萄浆果丹宁解聚合后的特性*

品　　种	聚合度/Dpm	儿茶素(Cat)/%	表儿茶素(Epi)/%	棓酸表儿茶素(Eog)/%	表棓儿茶素(Egc)/%	葡萄/(mg/kg)
果　皮						
梅尔诺(Merlot)	28.2	5.0	67.2	5.2	22.7	1605.1
内格莱特(Negrette)	37.7	5.0	60.8	9.5	24.7	2567.4
黑比诺(Pinot)	35.9	5.3	73.0	2.8	28.9	2507.6

续表

品　　　种	聚合度/Dpm	儿茶素(Cat)/%	表儿茶素(Epi)/%	棓酸表儿茶素(Eog)/%	表棓儿茶　素(Egc)/%	葡萄/(mg/kg)
塔娜特(Tannat)	28.5	3.9	61.0	5.8	29.3	3017.6
霞多丽(Chardonnay)	24.2	5.8	81.1	3.9	9.3	1374.8
克莱雷特(Clairette)	22.1	6.0	58.7	4.3	30.1	1780.4
种　　　子						
梅尔诺(Merlot)	10.4	13.2	54.4	32.5		2323.5
内格莱特(Negrette)	10.3	11.0	53.0	36.0		1197.1
黑比诺(Pinot)	9.6	14.1	63.2	21.8		1843.9
塔娜特(Tannat)	8.5	11.4	62.2	26.3		1888.6
霞多丽(Chardonnay)	9.6	11.0	64.5	24.5		1282.8
克莱雷特(Clairette)	10.5	13.3	47.5	39.1		2057.9
果　　　梗						
梅尔诺(Merlot)	9.2	14.4	67.7	15.5	2.9	221.3
内格莱特(Negrette)	10.2	11.7	61.7	21.1	5.4	388.1
黑比诺(Pinot)	8.2	15.3	65.1	18.1	1.5	228.8
塔娜特(Tannat)	8.7	13.0	65.5	19.8	1.7	302.0
霞多丽(Chardonnay)	9.1	14.0	69.4	15.7	0.8	27.9
克莱雷特(Clairette)	7.7	17.3	68.4	13.4	0.9	217.8

* Souquet et al. 2000。

　　在葡萄浆果中的丹宁为缩合丹宁，或叫儿茶丹宁或焦儿茶丹宁。储藏在橡木桶中的葡萄酒，除以上丹宁外，还有来自橡木的丹宁：棓酸丹宁或焦棓酸丹宁等水解丹宁。水解丹宁的典型结构如图 9-10。

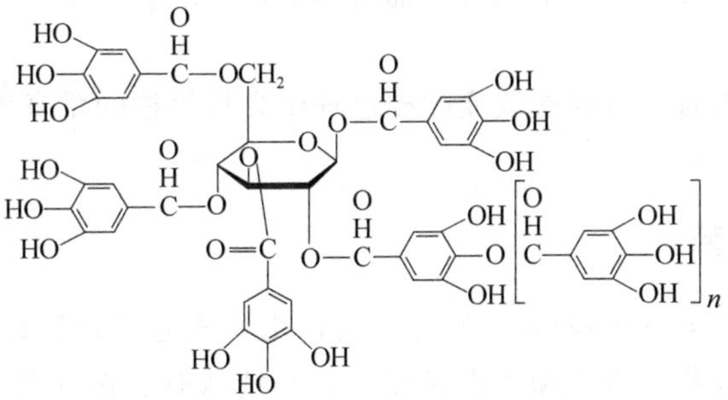

图 9-10　水解丹宁的典型结构

　　丹宁含量过高，会影响葡萄酒的质量，但在储藏过程中，由于沉淀和氧化作用，丹宁含量不断降低。它们具有下列特性：

（1）在酒精中比在纯水中溶解度大。在葡萄酒酿造过程中，通过对固体部分的浸渍，使其溶解在葡萄酒中，但这只是葡萄中的一小部分（30%～50%）。同样，用橡木桶陈酿葡萄酒和储藏过程中，橡木桶内壁的丹宁也逐渐溶解在葡萄酒中。温度越高，其溶解度也越大。因此，热浸发酵或带皮发酵和热浸，可促使更多的丹宁进入葡萄酒，同时也会促进丹宁与色素、多糖的结合，而这些复合物是优质红葡萄酒必须的。但是，热浸工艺只能用于经除梗处理或丹宁含量低的葡萄品种。

（2）味涩，具收敛性，可使葡萄酒具醇厚的特点。在葡萄和葡萄酒成熟过程中，它们形成复杂的聚合物，提高味感质量。在这一过程中，由于聚合作用和水解作用，最复杂的聚合物不断地合成，也不断地分解。在葡萄浆果中，其相对分子质量在 500～3000 之间变化。

（3）很易氧化。因此，它们在氧化条件下可延迟其他物质的氧化，降低葡萄酒变质的速度，有利于葡萄酒成熟和醇香的产生。但是，单体或聚合酚也能进入葡萄汁或葡萄酒。其氧化作用可导致醌的形成，且随着其不断地聚合，颜色也越来越黄，从而改变葡萄酒的颜色。过强的氧化，还会导致黑色素的形成，使葡萄汁或葡萄酒褐化。

（4）参加蛋白质的絮凝反应，有利于葡萄酒的澄清。这一特性在葡萄酒下胶过程中常用。

（5）可与铁发生反应，形成不溶性化合物，引起葡萄酒变质（铁破败病）。

（6）具有轻微的抗菌作用，能抑制某些病害的发生、发展。

（7）可与一些色素结合，形成稳定的色素物质，其颜色不再随环境 pH 的改变而改变。

此外，丹宁还可与多种大分子物质相结合。除色素、蛋白质、多糖等外，可与酒石酸、糖等结合，可改变葡萄或葡萄酒的口感质量，也可导致陈年葡萄酒的沉淀。

在酿造葡萄酒时，可通过改变除梗过程中去掉果梗的量来决定保留在葡萄汁中的丹宁的含量。

9.2.4　白藜芦醇

白藜芦醇（Resveratrol），也叫芪三酚，化学式为 $C_{14}H_{12}O_3$，相对分子质量228.25，产生于葡萄叶表皮和浆果果皮中，是植株对真菌病害感染反应的结果。白藜芦醇具有顺式和反式两种结构，是一种二苯乙烯芪类多酚物质（图 9-11、图 9-12），为无色针状结晶，熔点 256～257 ℃，升华温度 261 ℃。易溶于乙醚、氯仿、甲醇、乙醇、丙酮、乙酸乙酯等有机溶剂。在 366 nm 的紫外光照射下产生荧光，并能和三氯化铁-铁氰化钾起显色反应。

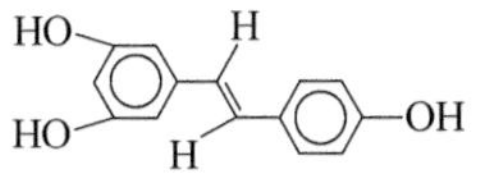

图 9-11　反式-白藜芦醇 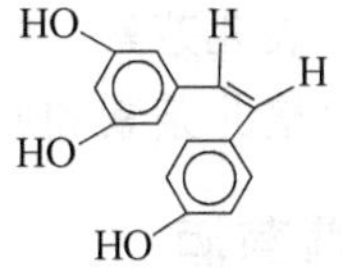　　　　　　　　图 9-12　顺式-白藜芦醇

最初白藜芦醇是作为植物的抗逆物质——植物抗毒素被发现的。它以游离态（顺式、反式）和糖苷态（顺式、反式）两种形式存在。葡萄酒中的白藜芦醇及其衍生物主要来源于葡萄果皮。不同葡萄酒中的顺、反式白藜芦醇及顺、反式白藜芦醇糖苷的绝对含量和顺、反式异构体之间的比例都有明显差异。据报道，红葡萄酒中反式白藜芦醇及其衍生物的含量总是多于顺式白藜芦醇及其衍生物。另外，红葡萄酒中白藜芦醇含量显著高于白葡萄酒。白藜芦醇的 3-β-葡萄糖苷（又叫云杉新苷），可以在消化过程中释放出反式白藜芦醇单体，发挥对人体的保健作用。

作为葡萄酒的一种功效成分，白藜芦醇的游离态（顺式、反式）和糖苷结合态（顺式、反式）两种形式均具有抗氧化效能，是葡萄中的一种重要的植物抗毒素。白藜芦醇能够阻止低密度脂蛋白的氧化，因而具有潜在的防心血管疾病、防癌、抗病毒及免疫调节作用。

1992 年在商业葡萄酒中首次发现白藜芦醇。同年，科学界也确认了葡萄酒中存在着白藜芦醇。1995 年，日本山梨大学科研人员进一步研究了葡萄酒中的白藜芦醇，确认该成分多存在于葡萄果皮上，通过浸渍与发酵（酒精发酵和苹果酸-乳酸发酵）进入酒中。红葡萄酒中白藜芦醇含量平均为 1 mg/L，白葡萄酒中约为 0.2 mg/L。据报道，将红葡萄酒稀释 1000 倍，测试白藜芦醇的抗血小板凝集能力，结果表明 1.2 mg/L 的白藜芦醇可使血小板凝集的抑制率达到 80%。血小板在体内凝集后会造成血栓病，如能抑制这种凝集，就可预防血栓病。由于葡萄酒中含有的白藜芦醇和水杨酸等都具有抑制血小板凝集的功能，因此，经常饮用葡萄酒能预防血栓病。

白藜芦醇在葡萄酒中的含量根据葡萄酒的酒种、葡萄品种、产地的不同，而存在着很大的差异，但就其总量而言，红葡萄酒＞白葡萄酒＞加强葡萄酒。

总之，白藜芦醇具有多种药理作用，可作为具有延缓衰老、调节血脂、改善胃肠功能及美容作用的保健品。

9.3　主要多酚物质在葡萄酒中的变化

如前所述，葡萄的花色素主要存在于果皮当中，肉桂酸主要存在于果肉中，而儿茶素和和原花色素则主要存在于果皮和种子中。此外，葡萄种子中的丹宁，是由儿茶素、表儿茶素、棓酸表儿茶素的多分子链构成的，而果皮和果梗中的丹宁，还含有表棓儿茶素和原飞燕草素。

9.3.1　白葡萄酒

在酿造白葡萄酒时，对葡萄的压榨会使果皮中的酚酸、部分儿茶素、原花色素以及丹宁进入葡萄汁。酚类物质进入葡萄汁的多少取决于葡萄的采收和运输方式。与人工采收比较，机械采收会使葡萄汁中的酚类物质升高。此外，葡萄汁中的酚类物质含量还与采收及运输时的温度、从采收到压榨的时间以及破碎、除梗等有关。

将葡萄浆果压破后，在多酚物质进入葡萄汁的同时，一些能引起多酚氧化的酶（多酚氧化酶、漆酶）也进入到果汁中。在葡萄汁中加入 SO_2，可使酶部分失活并消耗氧，从而可防止酚类物质的氧化。所以，在葡萄汁中，存在着一些聚合度低的多酚物质，在葡萄酒的物理化学条件适合时，它们可被氧化，引起葡萄酒的褐化。

在酿造白葡萄酒时，为了降低可氧化的多酚类物质含量，应避免对葡萄汁进行 SO_2 处理或其他的处理，以使氧化酶完成其氧化反应。将葡萄汁澄清后，可在发酵前加入少量 SO_2，以控制野生酵母菌和细菌的活动。在这样处理的葡萄汁中，只有水合酒石肉桂酸和痕量的儿茶素和原花色素，这些成分不会导致葡萄酒颜色的大幅提高。酚酸（特别是咖啡酒石酸）的存在不会带来麻烦，因为其酯不容易被氧化。此外，与其他的咖啡酸酯一样，它们还具有解毒和镇痛作用。还应避免对葡萄汁的果胶酶处理，因为有的果胶酶中含有酯酶，可引起酯的迅速水解，并释放出水合肉桂酸，而水合肉桂酸则可能被氧化，从而改变葡萄酒的颜色和口感。

在新白葡萄酒中的多酚，可以形成水合酒石肉桂酸的乙酯和其他褐色多聚体。此外，在白葡萄酒中，还含有少量的游离酚酸，包括羟基苯甲酸和羟基肉桂酸。

9.3.2　红葡萄酒

与白葡萄酒相反，在红葡萄酒中，多酚是重要的质量因素。在红葡萄酒中，除白葡萄酒中的酚酸外，还含有花色素、儿茶素和原花色素。

在酿造红葡萄酒和桃红葡萄酒时，葡萄汁中的初始多酚含量与酿造白葡萄酒时葡萄汁中的相似，而后由于果皮和种子中的多酚的溶解而逐渐升高。一般认为，在浸渍的前期，主要浸出的是水溶性强的水合肉桂酸和花色素，而随着酒精含量的升高，则逐渐浸出儿茶素和原花色素。

在酿造新鲜红葡萄酒的过程中，应通过缩短浸渍时间来尽量降低葡萄酒涩味。如果要酿造陈酿型红葡萄酒，则应延长浸渍时间，以浸出多聚原花色素，并获得最大的浸出率。但是，超过一定的浸渍时间，多酚含量并不再随浸渍时间的延长而升高。色素在达到其最大值后有降低的趋势，而原花色素和酚酸在达到最大值后保持稳定（表 9-6）。

表 9-6　在浸渍和陈酿过程中酚类物质的变化 *

日　　期	总酚(F.C.) /(mg/L)	花色素 /(mg/L)	原花色素 /(mg/L)	儿茶素 /(mg/L)	表儿茶素 /(mg/L)
10 月 25 日①	320	117	428	16	8
10 月 27 日	1840	286	1017	53	25
10 月 30 日	2200	285	1251	72	37
11 月 3 日	2120	253	1324	62	31
11 月 8 日②	2140	198	1344	61	29
11 月 18 日	2140	210	1339	70	34
12 月 18 日	2170	—	1470	81	39
1 月 18 日	2115	164	—	69	26

日　　期	顺式咖啡酒石酸 /(mg/L)	反式咖啡酒石酸 /(mg/L)	酒石香豆酸糖苷 /(mg/L)	游离酒石香豆酸 /(mg/L)
10 月 25 日①	1.5	27.9	4.5	8.1
10 月 27 日	1.9	31.8	5.4	14.1
10 月 30 日	1.6	34.4	5.7	13.3
11 月 3 日	1.4	30.3	5.2	12.6
11 月 8 日②	1.4	26.2	5.2	11.4
11 月 18 日	1.5	30.4	5.1	11.5
12 月 18 日	1.5	34.8	4.6	10.5
1 月 18 日	1.1	28.8	4.1	10.2

＊品种：Nibbiolo；年份：1987。
①10 月 25 日：浸渍 3 天。
②11 月 8 日：入橡木桶陈酿；Usseglio-Tomasset 1995。

9.3.3　主要多酚物质在红葡萄酒成熟过程中的变化

在陈酿过程中，红葡萄酒的上述酚类物质还会不停地发生变化（图 9-13）。

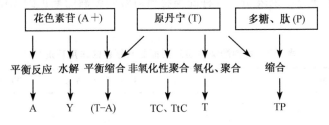

图 9-13　红葡萄酒酚类物质的反应

　　Usseglio-Tomasset 的实验结果（1995）表明，花色素有以下变化规律：

　　（1）随着陈酿时间的延长，花色素含量逐渐降低；

　　（2）在陈酿初期，花色素含量下降的幅度很大，以后逐渐变缓；

　　（3）大部分花色素随酒石酸氢钾而沉淀：新酒的沉淀中主要是花色素单体，而以后的沉淀中则主要是花色素的多聚体；

　　（4）花色素含量下降的比例，似乎与葡萄酒中初始花色素含量及多酚总量无关，而与多酚物质间的平衡相关；

　　（5）葡萄酒颜色的变化与花色素的变化密切相关。

　　因此，花色素一方面以游离态（A）和与丹宁的结合态（T-A）的形式存在于葡萄酒中；另一方面则通过水解为更小的分子（Y）和沉淀使其含量不断下降。通过氧化作用，原丹宁可聚合为丹宁 T。这种丹宁为浅黄色，收敛性最强，通过非氧化性聚合，可形成丹宁 TC，其颜色为红黄色，收敛性较弱；如果聚合程度更强，则形成丹宁 TtC，颜色为棕黄色；如相对分子质量足够大时，则形成丹宁沉淀。除原丹宁以外的其他分子也可以参与这些缩合和聚合反应。多糖和肽P 与丹宁分子缩合，形成 TP，可使丹宁不表现出其收敛性，从而使葡萄酒更为柔和。丹宁的另一种缩合反应需花色素苷参加，从而形成丹宁花色素苷（T-A）复合物。T-A 复合物的颜色决定于 A 的状态，但其颜色比游离的花色素苷的颜色更为稳定。因此，这一缩合反应使葡萄酒在成熟过程中颜色趋于稳定。

　　总之，葡萄酒成熟过程中酚类物质的变化，取决于陈酿方式，但首先取决于酚类物质的成分。在这一影响葡萄酒质量的最重要的阶段之中，主要是酚类物质向下列三方面的转化（图 9-13）：

　　（1）丹宁的聚合，小分子丹宁（T）比例逐渐下降，聚合物的比例逐渐上升；

　　（2）丹宁与其他大分子的缩合，T-P、T-S（丹宁-多糖苷复合物）的比例逐渐上升；

　　（3）游离花色素苷（A）逐渐消失，其中一部分逐渐与丹宁结合。

　　红葡萄酒的颜色取决于不同形态花色素苷的比例，即游离花色素苷与花色素苷-丹宁复合物的比例。游离花色素苷使红葡萄酒的颜色成为橙黄色或紫色。

　　一系列的研究结果表明，各种酚类物质对红葡萄酒的颜色的作用是不相同的（表 9-7）：

表 9-7　各种酚类物质对红葡萄酒颜色的作用程度[*]

年　份	A/%	T-A(A_c)/%	TC+TtC/%
1978	26	62	12
1978	32	57	11
1978	34	54	12

续表

年　　份	A/%	T-A(A$_c$)/%	TC+TtC/%
1975	20	56	24
1970	2	60	38
1962	1	56	43

* Glories 1981。

（1）游离花色素苷（A）对葡萄酒颜色的作用较小，而且其作用随着酒龄的增加而逐渐下降；

（2）丹宁-花色素苷（T-A）复合物是决定红葡萄酒颜色的主体部分（50%左右），而且其作用不随酒龄的变化而变化；

（3）在葡萄酒的成熟过程中，随着游离花色素苷的作用下降，聚合丹宁对葡萄酒颜色的作用则不断增加。

总之，新红葡萄酒的颜色主要取决于 T-A 复合物和游离花色素苷，而成年葡萄酒的颜色则取决于 T-A 复合物和聚合丹宁。

研究酚类物质对葡萄酒感官特性的影响的分析指标是"明胶指数"。该指数表示丹宁分子与蛋白质结合的能力，因而可反映葡萄酒的涩感（收敛性）强度（李华 1992）。

将从葡萄种子中提取的丹宁和合成丹宁的纯溶液与明胶反应，得到的结果表明，聚合丹宁的反应强度比小分子丹宁大，但如果相对分子质量变得过大，则其反应强度逐渐下降。这可以部分地解释新葡萄酒的聚合丹宁基本上与其明胶指数正相关，但成年葡萄酒虽然其聚合丹宁含量很高，其明胶指数却往往很低（表9-8）。成年葡萄酒中的这一现象可能是由于如下原因造成的：

表 9-8　不同红葡萄酒的明胶指数与其聚合丹宁比例的关系*

新酒(1978)	聚合丹宁/%	明胶指数	成 年 酒	聚合丹宁/%	明胶指数
1	55	66	1975	65	42
2	39	60	1970	81	63
3	46	69	1962	85	68
4	60	66	1952	95	16

* Glories 1981。

（1）聚合丹宁的分子变得过大；

（2）丹宁与其他成分结合；

（3）在聚合反应中丹宁的分子结构发生变化。

此外，丹宁-多糖苷（T-S）复合物则是构成红葡萄酒"圆润"、"肥硕"等质量特征的要素。

9.4　小　　结

葡萄酒中多酚物质越来越引起人们的重视。由于"法兰西怪事"，全世界都关注多酚对人类健康的作用。此外，人们对葡萄酒的口味也发生了很大的变化：现在消费者越来越喜欢色深、芳香、圆润的葡萄酒。而葡萄酒的这些特征在很大程度上与多酚物质有关。多酚物质在葡萄酒中有以下作用：构成葡萄酒丰富多彩的颜色，参与形成浓郁的陈酿香气，沉淀蛋白质，提高结构感，抗氧化，抗自由基，抗菌，防止还原味和光味。

葡萄酒中的多酚类物质种类繁多，结构复杂，是葡萄酒的骨架物质。在葡萄酒学中，我们将多酚分为色素和无色多酚两大类。除少数染色品种（红肉品种）外，葡萄浆果的色素只存在于果皮中，主要有花色素和黄酮两大类。花色素，又叫花青素，是红色素，或呈蓝色，主要存在于红色品种中，而黄酮则是黄色素，在红色品种和白色品种中都有。

在葡萄浆果中已经鉴定出 5 种花色素，分属 5 种糖苷配基，其中以锦葵色素为主，它也是最稳定的，而花翠素最不稳定。花色素的区别在于 R 及 R' 的种类、C_3 上的羟化、糖苷化（包括糖的种类和数量）以及酰基化（即糖的酯化）作用。由于上述作用的不同，从而生成众多的形态。在葡萄果皮中已鉴定出 17 种物质，它们的混合物以及它们各自的比例的变化就构成了葡萄各种不同的颜色：黑、灰、红或桃红等。

无色多酚包括丹宁和可合成丹宁的更小的分子，如儿茶酸、色素的隐色化合物、酚酸等。这类化合物具有一个苯核或酚核和一至几个酚官能团——羟基（—OH）。

葡萄浆果中的丹宁，都是儿茶素的多聚体，其中最主要的是表儿茶素。原飞燕草素是果皮和果梗中特有的丹宁单体分子，而棓酸化丹宁则是种子中的主要丹宁，也是葡萄浆果中涩感最强的丹宁。

此外，葡萄酒的多酚物质还包括具有延缓衰老、调节血脂、改善胃肠功能及美容等作用的白黎芦醇。

在葡萄酒的酿造过程中，多酚主要是通过浸渍作用而进入葡萄汁中的。在酿造白葡萄酒时，应尽量降低可氧化多酚类物质的含量；而在酿造红葡萄酒时，则应通过对浸渍的控制，以获得各类葡萄酒最佳的多酚物质的平衡。

在葡萄酒的成熟过程中，花色素以游离态和与丹宁的结合态的形式存在于葡萄酒中。丹宁本身也是由聚合度不同的黄烷聚合而成，以游离态和结合态的形式存在，其结合态主要是与多糖结合。在葡萄酒的储藏过程中，小分子丹宁的活性很强，它们或者分子间聚合，或者与花色苷结合。这样，游离花色素苷就逐渐消失，因而，陈年葡萄酒的颜色与新酒的颜色就不一样了。随着黄色调的加强，红葡萄酒的颜色由紫红色逐渐变为宝石红色，最后变为瓦红色。与黄烷的聚合度有关的涩味也逐渐降低，从而使葡萄酒更加柔和，并保留其骨架。聚合度最高的丹宁就变得不稳定而絮凝沉淀。葡萄酒多酚物质的这些转化，必须通过在葡萄酒中正常存在的微量铁和铜催化的氧化反应。但是，这些氧化反应必须在控制范围内。所以，葡萄酒的成熟和稳定，必须要有氧的参与，但氧的量必须控制。在成熟和稳定过程中，氧的加入是通过葡萄酒的分离或者由桶壁渗透来实现的。因此，确定葡萄酒的分离时间或者在木桶中的陈酿时间，就成为葡萄酒陈酿艺术的关键。

　　作为葡萄酒中最重要的活性物质，多酚类化合物还具有多种令人注目的生理功能。多酚类物质在酿造过程中的不断变化，不但影响着葡萄酒的外观色泽、口感风味，还影响其营养保健功能。因此，多酚类物质在葡萄酒中占据重要地位。

主要参考文献

陈尚武，马会琴. 1999. 葡萄酒中的白藜芦醇及其衍生物. 食品与发酵工业，(4)：53

丁燕，赵新节. 2003. 酚类物质的结构与性质及其与葡萄及葡萄酒的关系. 中外葡萄与葡萄酒，(1)：13

杜金华. 2001. 酚类物质在红葡萄酒中的作用. 中外葡萄与葡萄酒，(2)：48

龚盛昭. 2002. 天然食用色素的化学结构和稳定性的关系. 广州化工，(4)：11

李华. 2000. 葡萄酒与葡萄酒研究进展——葡萄酒学院年报 (2000). 西安：陕西人民出版社

李华. 2000. 现代葡萄酒工艺学 (第二版). 西安：陕西人民出版社

李华. 2002. 葡萄酒中的丹宁. 西北农林科技大学学报 (自然科学版)，30 (3)：137

林亲录，单扬. 2001. 葡萄酒中多酚类化合物研究进展. 中国食物与营养，(1)：30

刘成梅，游海. 2003. 天然产物有效成分的分离与应用. 北京：化学工业出版社

刘邻渭. 1996. 食品化学. 西安：陕西人民出版社

刘钟栋. 2000. 食品添加剂原理及应用技术. 北京：中国轻工业出版社

石碧，狄莹. 1998. 从植物丹宁的利用看以植物为原料的精细化工的发展. 化工学报，(5)：43

唐传核，彭志英. 2002. 葡萄多酚类化合物以及生理功能. 中外葡萄与葡萄酒，(2)：12

夏开元，戎卫华. 2002. 葡萄中的功效成分——白藜芦醇、白藜芦醇苷和原花色素. 食品科学，(8)：356

陶永胜，李华. 2001. 葡萄酒中主要的黄酮类化合物及其分析方法. 中外葡萄与葡萄酒，(4)：14

钟瑞敏. 2001. 花色苷结构与稳定性的关系及其应用研究. 韶关学院学报，(12)：79

Calabrese G. 2003. Table grape nutritional value. Bulletin de l'O. I. V,, 76 (863 ～ 864)：121

Fernando G，Braga，Fernando A，Lencarte Silva，Arminda Alves. 2002. Recovery of winery by-products in the douro demarcated region: production of calcium tartrate and grape pigment. Am. J. Enol. Vitic, 53: 41

Kiki Yokotsuka, Singleton V L. 2001. Effects of seed tannins on enzymatic decolorization of wine pigments in the presence of oxidizable phenols. Am. J. Enol. Vitic, (2): 93

Souquet J M, Cheynier V, Moutounet M. 2000. The Proanthocyanidins of grape. Bulletin de l' O. I. V. , 73 (835~836): 601

第 10 章 葡萄与葡萄酒中的气味物质

在葡萄与葡萄酒中，气味物质（Smell substance）是指所有能引起嗅觉和味觉物质的总称。芳香物质（Aromatic substance）是葡萄酒中具有芳香气味的，并在较低温度下能够挥发的物质的总称。它是葡萄果皮中的主要气味物质，存在于果皮的下表皮细胞中。但有的品种的果肉中也含有芳香物质（如玫瑰香系列品种）。各种葡萄品种特殊的果香味取决于它们所含有的芳香物质的种类。葡萄的香味对于每一个品种是特定的，但其浓度和优雅度取决于品种的营养系、种植方式、年份、生态条件和浆果的成熟度。

10.1 香 气 分 类

葡萄酒香气极为复杂多样，由每升几毫克到几纳克的几百种挥发性化合物参与葡萄酒香气组成。目前已鉴定出 300 多种呈香物质参与葡萄酒的香气的构成。目前较为认可的葡萄香气分类是 Spurrier（1984）提出的，他将葡萄酒香气分为8 种主要类型：

（1）动物气味：野味、脂肪味、腐败味、肉味、麝香味、猫尿味等。在葡萄酒中主要是麝香和一些成年老酒的肉味及脂肪味等。

（2）香脂气味：是指芳香植物的香气。在葡萄酒中，主要是各种树脂的气味。

（3）烧焦气味：包括烟熏、烤、干面包、巴旦杏仁、干草、咖啡、木头等气味；此外还有动物皮、松油等气味。在葡萄酒中，除各种焦、烟熏等气味外，烧焦气味主要是在葡萄酒成熟过程中丹宁变化或溶解橡木成分形成的气味。

（4）化学气味：包括酒精、丙酮、醋、酚、苯、硫醇、硫、乳酸、碘、氧化、酵母、微生物等气味。葡萄酒中的化学气味，最常见的为硫、醋、氧化等不良气味。这些气味的出现，都会不同程度地损害葡萄酒的质量。

（5）香料气味：包括所有用作佐料的香料，主要有月桂、胡椒、桂皮、姜、甘草、薄荷等气味。这些香气主要存在于一些优质、陈酿时间长的红葡萄酒中。

（6）花香：包括所有的花香，但常见的有堇菜、山楂、玫瑰、柠檬、茉莉、鸢尾、天竺葵、洋槐、椴树、葡萄花等的花香。

（7）果香：包括所有的果香，但常见的是覆盆子、樱桃、草莓、石榴、醋栗、杏、苹果、梨、香蕉、核桃、无花果等气味。

（8）植物与矿物气味：主要有青草、落叶、块根、蘑菇、湿禾秆、湿青苔、湿土、青叶等气味。

后 3 类气味在新葡萄酒中常常出现，而在成年老酒中则极少见到。此外，如椴树花、玫瑰花等花香，樱桃、桃、草莓等果香和生青、青叶等植物气味，是葡萄酒中常见的气味。

以上 8 类香气对应着许多复杂的呈香物质。在葡萄酒中根据这些物质的来源，又可将葡萄酒的香气分为三大类香气。源于葡萄浆果的香气被称为一类香气，又叫果香或品种香；源于发酵的香气被称为二类香气，又叫发酵香或酒香；源于陈酿的香气被称为三类香气，又叫陈酿香或醇香。在醇香中，根据陈酿方式的不同，又有还原醇香和氧化醇香两类。

10.2　香气成分

研究表明，化合物的气味不仅与分子中的官能团有关，而且与分子的几何形状和体积以及分子中价电子的性质有关，甚至还与其蒸汽压、扩散性、吸附性、溶解性（水溶性和脂溶性）等因素有关。凡是有气味的物质，分子中一般都含有某些特征原子或原子团，这些基团成为发香团，不同的发香团，具有不同的气味。常见的发香团有：羟基(—OH)、羧基(—COOH)、醛基(—CHO)、醚基(R—O—R′)、酯基(—COOR′)、羰基(—C＝O)、苯基(—C$_6$H$_5$)、硝基(—NO$_2$)、亚硝基(—NO)、酰胺基(—CO—NH$_2$)、氰基(—CN)、内酯 ［R—CH—(CH$_2$)$_2$— C＝O］ 等。

$$\text{R—CH—(CH}_2)_2\text{— C＝O}$$
$$\underset{\text{O}}{\rule{3cm}{0.4pt}}$$

按照气味物质的化学结构，可将葡萄酒中的香气物质分为萜类化合物、脂肪族化合物和芳香族化合物。

10.2.1　萜类化合物

萜类化合物是一类天然的烃类化合物，其分子中具有五个碳的基本单位，多具有不饱和键，其结构的基本骨架大都符合 (C$_5$H$_8$)$_n$ 通式，分类见表 10-1。

表 10-1　萜类化合物的分类

碳原子数	名　称	通式(C$_5$H$_8$)$_n$
5	半萜	$n=1$
10	单萜	$n=2$
15	倍半萜	$n=3$
20	二萜	$n=4$
25	二倍半萜	$n=5$
30	三萜	$n=6$
40	四萜	$n=8$
$7.5 \times 10^3 \sim 3 \times 10^5$	多聚萜	(C$_5$H$_8$)$_n$

构成葡萄酒芳香物质的萜类主要为单萜类，例如香茅醇($C_{10}H_{20}O$)、香叶醇($C_{10}H_{18}O$)、芳樟醇($C_{10}H_{18}O$)、橙花醇($C_{10}H_{18}O$)、$α$-萜品醇($C_{10}H_{18}O$)、薄荷醇($C_{10}H_{18}O$)、柠檬醛($C_{10}H_{16}O$)、香茅醛($C_{10}H_{18}O$)、蒎烯($C_{10}H_{16}$)等。

10.2.2　脂肪族化合物

此类化合物主要包括一些醛、酸、酮及酯类化合物等。其生成途径主要有糖酵解、三羧酸循环、氨基酸代谢等。

10.2.2.1　醛类

（1）柠檬醛：具有清甜的柠檬、柑橘的果香。它具有顺、反式异构体，反式异构体叫香叶醛，香气偏甜；顺式异构体叫橙花醛，香气偏清。

（2）正壬醛（n-Nonyl aldehyde）：香气清而微甜，有蔷薇和蜜蜡花香气。

（3）正庚醛（n-Decanal）：有柠檬油的香气。

10.2.2.2　酮类

（1）甲基庚烯酮（Methyl heptenone）：具有强烈的清香、柑橘样的香气，且带有脂肪的气味，同时具有梨的酸甜味；

（2）香芹酮（Carvone）：具有留兰的特有芳香；

（3）茴香酮（Aniokatone）：具有茴香的香气及口味。

10.2.2.3　酯类

（1）甲酸芳樟酯（Linalyl formate）：带有菠萝，近似柠檬的水果香气；

（2）甲酸茴香酯（Anisyl formate）：具有水果的气息，甜润的花香香气；

（3）乙酸芳樟酯（Linalyl acetate）：香气浓郁、清甜，似柠檬、薰衣草的香气；

（4）异戊酸甲酯（Methyl isovalerate）：具有强烈的苹果香气。

10.2.3　芳香族类化合物

芳香族化合物有的是萜源衍生物，有的是苯丙烷类衍生物。其多数是通过莽草酸途径转化而来。主要有：

（1）$α$-松油醇（$α$-Terpineol）：具有清新的似紫丁香、铃兰的花香；

（2）苯甲醛（Benzaldchyde）：具有苦杏仁香气；

（3）丁香酚（Eugenol）：具有强烈的丁香香气；

（4）桂醇（Cinnamyl alcohol）：具有令人愉快的花香；

（5）香兰素（Vanillin）：具有清甜的豆香；

(6) 香芹酚 (Carvacrol)：具有特殊刺鼻的浓烈气息。

此外，还有桂皮醛、丁酚、苯乙醇、苯乙烯、水杨酸甲酯、茴香醛等。

我们 (李华等 2004a，b) 用溶液萃取法提取葡萄酒中的香气成分，用气相色谱-质谱进行分离测定，结合计算机检索技术对分离化合物进行鉴定的方法，研究了宁夏省贺兰山东麓地区蛇龙珠 (Cabernet gernischt) 干红葡萄酒和霞多丽干白葡萄酒的香气成分。在贺兰山东麓地区蛇龙珠葡萄酒香气成分中，分离出32 种化学成分，鉴定出 31 种化合物，其峰面积相对含量占总量的 99.76%，主要为脂肪羧酸、脂肪醇、芳香醇、低级脂肪酸、脂肪酮、杂环类（呋喃类、噻吩类）、醚类等，其中含量较高的有 3-甲基丁醇 (47.97%)、丁二酸二乙酯 (16.487)、苯乙醇 (10.33%)、2-羟基丙酸乙酯 (6.41%)、2-甲基丙醇 (3.51%)、二氢化-2[3 氢]-呋喃酮 (2.07%)、2,3-丁二醇 (1.93%)、四氢化 2-甲基噻吩 (1.68%)、乙酸乙酯 (1.21%)、己醇 (0.95%) 等（表 10-2）。

表 10-2　蛇龙珠干红葡萄酒香气成分 GC-MS 分析结果

峰号	保留时间/min	香气化合物名称	化学式	相对分子质量	相对含量/%	相似度/%
1	2.954	Acetic acid, ethyl ester (乙酸乙酯)	$C_4H_8O_2$	88	1.21	86
2	2.987	Ethane, 1,1-diethoxy (1,2-二乙氧基乙烷)	$C_6H_{14}O_2$	118	0.06	83
3	3.959	3-Buten-2-one, 3-methyl (3-甲基-3-丁烯-2-酮)	C_5H_8O	84	0.03	22
4	4.507	1-Propanol (丙醇)	C_3H_8O	60	0.32	59
5	5.423	1,Propanol,2-methyl- (2-甲基丙醇)	$C_4H_{10}O$	74	3.51	90
6	6.116	1-Butanol,3-methyl-,acetate (乙酸-3-甲基丁酯)	$C_6H_{14}O_2$	130	0.28	90
7	6.562	1-Butanol (丁醇)	$C_4H_{10}O$	74	0.15	83
8	8.350	1-butanol,3-methyl- (3-甲基丁醇)	$C_5H_{12}O$	88	47.98	83
9	8.884	Hexanoic acid, ethyl ester (己酸乙酯)	$C_8H_{16}O_2$	144	0.10	80
10	10.537	2-Butanone, 3-hydroxy (3-羟基-2-丁酮)	$C_4H_8O_2$	88	0.50	90
11	12.249	Propanoic acid, 2-hydroxy-, ethyl ester (2-羟基丙酸乙酯)	$C_5H_{10}O_3$	118	6.41	64
12	12.392	1-Hexanol (己醇)	$C_6H_{14}O$	102	0.95	83
13	14.795	Octanoic acid, ethyl ester (辛酸乙酯)	$C_{10}H_{20}O_2$	172	0.14	91

续表

峰号	保留时间/min	香气化合物名称	化学式	相对分子质量	相对含量/%	相似度/%
14	15.663	Acetic acid（乙酸）	$C_2H_4O_2$	60	1.15	90
15	17.439	Butanoic acid, 3-hydroxy, ethyl ester（3-羟基丁酸乙酯）	$C_6H_{12}O_3$	132	0.10	87
16	18.169	2,3-Butanediol（2,3-丁二醇）	$C_4H_{10}O_2$	90	1.93	90
17	19.126	Propanoic acid, 2-methyl-（2-甲基丙酸）	$C_4H_8O_2$	88	0.20	64
18	19.228	2,3-Butanediol（.+.）(.+. 2,3-丁二醇)	$C_4H_{10}O_2$	90	0.33	83
19	20.790	2(3H)-Furanone, dihydro-（二氢化-2[3 氢]-呋喃酮）	$C_4H_6O_2$	86	2.07	90
20	21.436	Butanoic acid（丁酸）	$C_4H_8O_2$	88	0.04	53
21	21.971	Butanedioic acid, diethyl ester（.+.）(.+. 丁二酸二乙酯)	$C_8H_{14}O_4$	174	0.72	86
22	25.518	Thiophene, tetrahydro-2-methyl-（四氢化 2-甲基噻吩）	$C_5H_{10}S$	102	1.67	25
23	26.671	Hexanoic acid（己酸）	$C_6H_{12}O_2$	116	0.60	86
24	27.015	N-(3-methylbutyl) acetamide（N-3-甲基丁基乙酰胺）			0.32	78
25	28.271	Benzeneethanol（苯乙醇）	$C_8H_{10}O$	122	10.33	94
26	31.425	Butanedioic acid, hydroxy-, diethyl ester（.+.）(.+.)-羟基-丁二酸二乙酯	$C_8H_{14}O_5$	190	0.16	90
27	31.913	Octanoic acid（辛酸）	$C_8H_{16}O_2$	144	0.87	90
28	34.222	Undetected			0.24	
29	35.831	2-Butenoic acid,(Z)（(Z)2-丁酸）	$C_4H_6O_2$	86	0.25	90
30	36.683	Decanoic acid（癸酸）	$C_{10}H_{20}O_2$	172	0.34	50
31	39.214	Butanedioic acid, diethyl ester（丁二酸二乙酯）	$C_8H_{14}O_4$	174	16.49	53
32	51.477	Benzeneethanol, 4-hydroxy-（4-羟基-苯乙醇）	$C_8H_{10}O_2$	138	0.55	90

　　在贺兰山东麓地区霞多丽干白葡萄酒香气成分中，分离出 33 种化学成分，鉴定出 32 种化合物，其峰面积相对含量占总量的 98.97%，主要为脂肪羧酸、脂肪醇、芳香醇、低级脂肪酸、脂肪酮、杂环类（呋喃类、噻吩类）、醚类等，其中含量较高的有 3-甲基-丁醇（44.6%）、丁二醇二乙酯（8.0%）、辛酸

（6.8%）、苯乙醇（6.5%）、2-甲基丙醇（4.8%）、己酸（3.5%）、2-羟基丙酸乙酯（2.9%）、2，3-丁二醇（2.8%）、癸酸（2.4%）、二氢化-2（3 氢）呋喃酮（2.0%）等（表 10-3）。

表 10-3　霞多丽干白葡萄酒香气成分 GC-MS 分析结果

峰号	保留时间 /min	香气化合物名称	化学式	相对分子质量	相对含量 /%	相似度 /%
1	2.142	乙酸乙酯	$C_4H_8O_2$	88	0.150 23	90
2	2.718	1,2-二乙氧基乙烷	$C_6H_{14}O_2$	118	0.083 07	78
3	4.530	丙醇	C_3H_8O	60	0.857 12	72
4	5.422	2-甲基丙醇	$C_4H_{10}O$	70	4.763 87	90
5	6.147	3-甲基乙酸丁酯	$C_7H_{14}O_2$	130	1.991 00	90
6	6.563	丁醇	$C_4H_{10}O$	74	0.191 87	72
7	8.308	3-甲基丁醇	$C_5H_{12}O$	88	44.588 13	83
8	8.881	己酸乙酯	$C_8H_{16}O_2$	144	0.602 17	91
9	10.036	乙酸己酯	$C_8H_{16}O_2$	144	0.688 93	78
10	10.526	3-羟基-2-丁酮	$C_4H_8O_2$	88	0.477 61	83
11	12.190	2-羟基丙酸乙酯	$C_5H_{10}O_3$	118	2.876 69	64
12	12.371	1-己醇	$C_6H_{14}O$	102	0.981 96	90
13	13.106	3-乙氧基丙醇	$C_5H_{12}O_2$	104	0.993 38	83
14	14.800	辛酸乙酯	$C_{10}H_{20}O_2$	172	1.162 81	91
15	15.620	乙酸	$C_2H_4O_2$	60	1.703 20	90
16	17.423	3-羟基丁酸乙酯	$C_6H_{12}O_3$	132	0.095 50	90
17	18.158	2,3-丁二醇	$C_4H_{10}O_2$	90	2.789 52	90
18	18.295	丙酸	$C_4H_6O_2$	74	0.122 88	45
19	19.104	2-甲基丙酸	$C_4H_8O_2$	88	0.255 56	58
20	19.214	(．+．)2,3-丁二醇	$C_4H_{10}O_2$	90	0.496 43	83
21	20.755	二氢化-2(3 氢)-呋喃酮	$C_4H_6O_2$	86	2.044 46	87
22	21.953	(．+．)丁二酸二乙酯	$C_8H_{14}O_4$	174	0.546 84	78
23	23.739	谱库未有检出			1.029 86	
24	25.492	四氢化 2-甲基噻吩	$C_5H_{10}S$	102	1.002 83	42
25	25.683	乙酸苯乙酯	$C_{10}H_{12}O_2$	164	0.186 73	78
26	26.644	己酸	$C_6H_{12}O_2$	116	3.525 00	86
27	28.234	苯乙醇	$C_8H_{10}O$	122	6.511 80	94
28	31.431	羟基-丁酸二乙酯	$C_8H_{14}O_5$	190	0.748 23	91
29	31.927	辛酸	$C_8H_{16}O_2$	144	6.833 04	94
30	36.689	癸酸	$C_{10}H_{20}O_2$	172	2.357 44	97
31	39.159	丁二酸二乙酯	$C_8H_{14}O_4$	174	8.019 77	50
32	39.339	2,3-二氢苯并呋喃	C_8H_8O	112	0.451 03	47
33	43.621	5-(环己基甲基)-2-吡咯烷酮	$C_{11}H_{19}ON$	181	0.871 05	56

10.3　香气成分的化学结构与气味的关系

如前所述，凡是有气味的物质，分子中一般都含有某些特征原子或原子团，这些基团成为发香团，不同的发香团，具有不同的气味。但是，只有当化合物的相对分子质量较小，功能团在整个分子中所占的比重较大时，功能团对嗅感的影响才会明显表现，有时可根据某功能团的存在而预计其嗅感。

一般来讲，链状的醇、醛、酮、酸、酯等化合物，在低相对分子质量范围内，由于挥发性强，功能团的比重大，功能团特有的气味也较强烈。通常随着分子碳链的增长，其气味也沿果实香型→青香型→脂肪型的方向变化。因为随着相对分子质量的增大，功能团在整个分子中的影响已大为减弱。在饱和醇中，$C_1 \sim C_3$ 范围有轻快香味，如甲醇虽有毒，但香味清爽；$C_4 \sim C_6$ 的醇类有近似麻醉性的气味，如丁醇、戊醇都有醉人香气；$C_7 \sim C_{10}$ 范围则显示出芳香气味，如庚醇有葡萄香味，壬醇有蔷薇香味；碳数再多的饱和醇，其气味逐步减弱以至无嗅感。Wond 认为具有双键的醇类比饱和醇类气味更强烈，如叶醇具有浓烈的青草味；壬二烯醇有黄瓜香气；香茅醇、橙花醇具有蔷薇的香气；沉香醇具有百合的香气。

低级的饱和羧酸一般都有不愉快的嗅感，如草酸有刺鼻性酸味；丁酸有腌菜的不快气味；异戊酸有恶臭味；己酸有汗臭味。碳数再多的饱和羧酸带有脂肪气味，到 C_{16} 以上时，一般都无明显嗅感。脂肪酸的嗅感阈值如表 10-4。不饱和脂肪酸很多具有愉快的香气，如香茅醇，具有青草气味。

表 10-4　脂肪酸的嗅觉阈值/(μg/L)

物　　质	甲酸	乙酸	丙酸	丁酸	戊酸	己酸辛酸	癸酸	月桂酸
空气中的阈值	25	5	0.05	0.01	0.04	0.05	0.05	0.01

脂肪酮通常都具有较强的特殊嗅感。低级饱和酮有特殊香气，如丙酮有类似薄荷的芳香，2-庚酮有梨和香蕉的风味。在经过苹果酸-乳酸发酵的葡萄酒检测出的低浓度的双乙酰（饱和二酮）有奶油香气。

低级脂肪醛具有强烈的刺鼻气味，随着相对分子质量的增加，刺激性减弱，并逐渐出现愉快的香气。$C_8 \sim C_{12}$ 饱和醛，在高度稀释下有良好的香气，例如，壬醛有愉快的玫瑰和杏子香，十二醛（月桂醛）呈花香。低级脂肪醛微量溶于酒中，可使香味更醇厚。

内酯类和酯类一样具有特殊的香味，尤其是 γ-和 δ-内酯类存在于若干水果中，如香豆素具有樱花的香味，γ-十一烷有桃的香气。

研究表明在芳香族化合物中，α-及 β-萜品烯有柠檬香气。苯乙醇具有蔷薇香气，氧化后则成为苯乙醛，有蜂蜜香。桂皮醇及苯丙醇，则有较微弱的风信子香。酚类及酚醚类多有香辛料的香气。苯甲醛有杏仁香气，为苦杏仁油的主要成分。桂皮醛有肉桂香气，香草醛则有香草的香气。α-烯蒎有清爽的树脂香，莰烯有柔和的樟脑香。薄荷醇具薄荷的芳香及清凉的感觉。总之，芳香族化合物都有其特殊的嗅感，当苯环侧链上取代基的碳数逐渐增多时，其气味也像脂肪烃一样向果香→青香→脂肪臭方向转变，最后嗅感完全消失。

10.4　葡萄酒的香气

在葡萄酒中，根据香气物质的来源可以分为品种香气、发酵香气和陈酿香气。

10.4.1　品种香气

品种香气又称一类香气。它是葡萄浆果本身的香气，并且根据葡萄品种的不同而发生变化。除少数品种外，葡萄的香气物质只存在于果皮中。所以，如果葡萄浆果的成熟度良好，果皮中富含香气物质。

葡萄果实是由表皮、下表皮、果肉外层、果肉及内表皮组成。表皮由最外一层厚壁细胞组成，在果实横切面上，呈扁平状，外覆角质及蜡质；下表皮由 7 层细胞组成；果肉外层由 6～9 层薄壁细胞组成；果肉组织由 9～12 层大型薄壁细胞组成，其细胞内有较大的液泡；内表皮由一层小的扁平状薄壁细胞组成。葡萄的果皮包括表皮、下表皮和部分果肉外层，对浆果起保护作用，其中积累有芳香物质、色素和丹宁。

芳香物质是葡萄果皮中的主要物质，存在于果皮的下表皮细胞中。但有的葡萄品种（如玫瑰香 Muscat 系列品种）的果肉中也含有芳香物质。各种葡萄品种特殊的果香味取决于它们所含有的芳香物质的种类。葡萄的香味对于每个品种是特定的，但其浓度和优雅度取决于品种的营养系、种植方式、年份、生态条件和浆果的成熟度。

葡萄的芳香物质种类很多，以具有挥发性的游离态和不具挥发性的结合态但可变为游离态的芳香物质两种形态存在。因为，只有游离态的芳香物质才具有气味。

1. 葡萄的游离态芳香物质

这类物质包括能同时引起嗅觉和味觉的挥发性物质。

（1）芳香物质

芳香物质指所有具有芳香环的化合物。它们各自具有其特殊的气味，主要有：水杨酸乙酯，存在于所有葡萄品种中；氨茴酸甲酯，是美洲葡萄（V. labr-usca）和它的杂种中的特有成分，具有狐臭味；香兰素，具有香草气味；……（图 10-1）。

（2）酯类

通常具有果香或花香气味。主要有：甲酸乙酯，具蚂蚁或李子气味；乙酸甲酯和乙酸乙酯，具苹果味；异戊基（戊醇 $C_5H_{11}OH$ 的酯），具香蕉味；……

（3）醛类

通常具有花香气味。主要有：苯丙醛，具丁香气味；乙醛，具风信子气味；肉桂醛，肉桂气味；茴香醛，具山楂气味；……

（4）萜烯类化合物

这类化合物具有五的倍数个碳原子，其中一些具有很好的气味。萜烯类化合物数量很多，其中四种萜烯醇被认为是葡萄浆果中主要的芳香物质（图 10-2）：香茅醇，具柠檬气味；牻牛儿醇和橙花醇，具玫瑰气味；里啦醇，气味最重，具玫瑰的气味，存在于所有葡萄品种中。

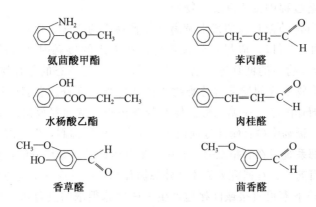

图 10-1　几种芳香物质的结构

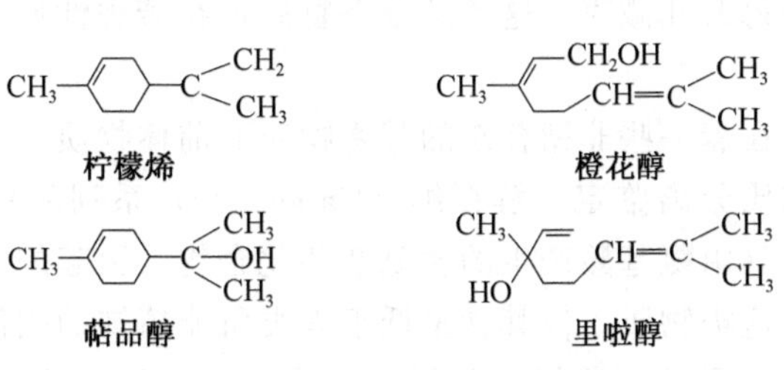

图 10-2　四种萜烯醇的结构

　　Gomez 等就根据果实香气中萜类化合物的含量将欧洲葡萄品种分成 3 种类型：玫瑰香型品种、非玫瑰香型的芳香型品种和非芳香型品种。玫瑰香型（Muscat grape varieties）的代表品种有：玫瑰香（Muscat de Hambourg）、白玫瑰（White muscat）、昂托玫瑰（Muscat ottonel）等，在这些品种中所检出的挥发性物质的 40％～60％为萜烯醇，主要萜类化合物有沉香醇、橙花醇、香叶醇、香茅醇、萜品醇、金合欢醇、苧烯、月桂烯、呋喃氧化物等二十余种，单萜含量为 1～3 mg/L。另外又在该类品种中发现一种 3,7-二甲基-1,5,7-辛三烯-3-醇的物质，具欧洲椴树的香气。萜类化合物给这类品种带来其特殊的芳香特性。非玫瑰香芳香型（Aromatic grape varieties no muscat flavor）品种有雷司令（Riesling）、琼瑶浆等，也存在多种萜类化合物，但其含量仅为 0.1～0.3 mg/L。非芳香型（No aromatic grape varieties）品种主要有赤霞珠、缩味浓（Sauvignon）、霞多丽、西拉（Syrah）等，其单萜含量为 0.02 mg/L 左右，主要的芳香物质是脂肪醇、醛等。

　　2. 葡萄的结合态芳香物质

　　在对原料的机械处理过程中，葡萄汁的香气变浓。这是因为在这一过程中，芳香物质的糖苷被分解为游离态的芳香物质和糖。此外，葡萄中的其他成分也会在葡萄酒的酿造过程中变为挥发性物质。

　　芳香物质所含的糖苷为葡萄中游离态芳香物质的 3～10 倍。由于它们主要存在于葡萄果皮中，所以，应尽量延长葡萄汁和果皮的接触时间（即加强浸渍作用），以促进芳香物质的糖苷进入葡萄汁，并释放出游离态的芳香物质。

　　萜烯类化合物所含的糖苷占芳香物质糖苷的绝大部分。它们通过酶解而释放出具有气味的糖苷配基——萜烯醇。促使芳香物质分解而释放出游离态芳香物质的酶是糖苷酶。葡萄中糖苷酶部分地被葡萄汁中的糖所抑制，但有的酵母菌系（即芳香酵母）的酶系统可在酒精发酵过程中使未分解的糖苷继续分解，释放出游离态的芳香物质。目前，正在研究人为添加外源糖苷酶以促进这一反应的技术。

　　某些类胡萝卜素可直接或间接地产生一些气味很浓的复合物，如正类异戊二烯，其中的一种紫罗兰香酮（C_{13} 物质）已在一些玫瑰香和西拉的优质葡萄酒中检测出，其含量为每升几微克。这类结合态物质也在芳香性葡萄品种和其他葡萄品种中发现。

　　在葡萄中还存在着一些非糖苷态的芳香物质的前体物质。气相色谱可将这些具有味感气味的物质分离鉴定。解百纳（Cabernets）系列品种的"甜椒"气味就是由吡嗪类物质（由氨基酸产生的含氮杂环化合物）引起的。质谱分析在其他品种中也检测到了这类物质，但其含量低于人类所能感知的阈值，至少在成熟浆果中是如此。而长相思的"黄杨叶"气味则是由在发酵过程中产生的硫酐引起的，现在还不知道其前体物质。

某些葡萄酒具有优雅的香气。现在人们认为，这些香气是由类黄酮、酚酸、酒石酸酯等转化而来的。而这些物质在葡萄中都已存在。一些研究人员认为，这类物质与上述其他的芳香前体不同，因为它们所产生的气味物质并不包括葡萄中的游离态芳香物质。

10.4.2　发酵香气

发酵香气又称二类香气。它是在葡萄酒酒精发酵过程中产生的香气，主要构成物质是高级醇及其乙酯和脂肪酸及其乙酯。这些物质在葡萄酒特别在白葡萄酒的香气中起着重要作用。但由于它们存在于所有的葡萄酒中，因此不能表现出葡萄酒的风格。目前，已知的酒精发酵副产物就有多达 40 余类、数百种（表 10-5）。酵母利用这些物质生长，产生一些终产物，并进入到葡萄酒中。葡萄糖和果糖通过糖酵解和乙醛途径代谢生成酒精和 CO_2（主要产物），同时也产生少量的甘油和琥珀酸。然而，含氮化合物、含硫化合物和有机酸也是重要的代谢产物。除了初级代谢终产物外，还产生少量对葡萄酒风味有促进作用的几百种挥发性和非挥发性的次级代谢产物。这些物质包括：有机酸、高级醇、酯类、酮类、含硫化合物和胺类物质。随着酵母菌株和发酵条件的不同，所产生的代谢物也有很大差异（Fleet 1997）。目前对酿酒酵母（S. cerevisiae）在发酵过程中的代谢过程研究得较为清楚，而对于非酵母属酵母（non-Saccharomyces），这方面的研究相对较少。

表 10-5　葡萄汁酒精发酵过程中产生的发酵产物

产　　物	含　　量	产　　物	含　　量
醇类		有机酸	
乙醇(g/L)	80～130	琥珀酸(g/L)	0.05～2
甘油(g/L)	2～10	乳酸(g/L)	0.01～5
异戊醇(mg/L)	50～350	乙酸(g/L)	0.02～2
活性戊醇(mg/L)	1～300	醛、酮类	
异丙醇(mg/L)	2～150	乙醛(mg/L)	10～150
丙醇(mg/L)	10～125	双己酰(mg/L)	0.2～5
2-苯乙醇(mg/L)	15～200	乙偶姻(3-羟基丁酮)(mg/L)	0.1～12
酯类		含硫化合物	
乙酸乙酯(mg/L)	5～200	硫化氢(μg/L)	1～30
乳酸乙酯(mg/L)	1～50	二甲硫(μg/L)	5～50
苯基乙酸乙酯(mg/L)	0.1～10	二氧化硫(mg/L)	10～100
乙酸异戊酯(mg/L)	0.1～12		
辛酸乙酯(mg/L)	0.1～8		
己酸乙酯(mg/L)	0.1～2		

低浓度的高级醇，可使葡萄酒的香气更为复杂；但如果浓度过高，则使葡萄酒具有不良的气味和粗糙感。高级醇的乙酯具有良好的果香，但其稳定性较差，在储藏过程中易被水解，这也是白葡萄酒经过储藏香气消失的一个原因。如果浓度过高，则会使葡萄酒具有特殊气味并掩盖一类香气。

六碳、八碳、十碳和十二碳脂肪酸及它们的乙酯，具有优雅但不明显的香气，而且，它们的香气与一类香气协调性良好。因此，这类物质是葡萄酒质量的保证。

在发酵香气中，所有的成分都是酵母菌发酵的副产物，它们存在于其他的与葡萄酒 pH 条件相似的发酵产品中。因此，它们虽然是葡萄酒的组成成分，但也是所有葡萄酒的组成成分，不能成为特指葡萄酒的典型成分。在感官特征方面，所有构成发酵香气的成分，使葡萄酒具有"酒"的感官特征。

10.4.3　陈酿香气

陈酿香气又称为三类香气或醇香。在葡萄酒的陈酿过程中，氧化作用、还原作用、酯化作用等化学反应，使葡萄酒的香气向更浓厚的方向转化，降低其品种香气的特性；同时，各种气味趋于平衡、融合、协调。最后，葡萄酒的氧化还原电位降至最低时（即在瓶内储藏几年后），其最佳香气才能获得。不论是氧化型醇香，还是还原型醇香，其主要的香气物质是挥发性的酯类、醛类、芳香性物质等。氧化型醇香主要是由醛类物质构成，使葡萄酒具有苹果、榅桲、核桃、哈喇和马德拉等的气味。此外，葡萄酒中的丹宁在酒的陈酿过程中也变得具有香气。橡木桶的挥发性成分溶入葡萄酒中，共同构成葡萄酒的陈酿香气，使葡萄酒具有香草味、橡木味。其主要物质是香草醛、愈创木酚、香兰素、丁香酚、香芹酚等。

10.5　葡萄酒香气物质的形成机制

在葡萄酒酿造过程中，葡萄酒的香气主要来源于葡萄浆果、酒精发酵和苹果酸-乳酸发酵、陈酿三个阶段，而不同的前体物质，其反应途径也不一样。

10.5.1　葡萄浆果的生物代谢

葡萄浆果的芳香物质伴随着浆果的成熟而不断地增加，它们也是构成葡萄酒果香的主要成分。其主要是通过异戊二烯和莽草酸途径合成。

萜烯类物质主要是经异戊二烯途径合成的（图 10-3），它们是天然风味挥发性物质中带支链烷基化合物，但也可转变成芳香型的环状化合物。

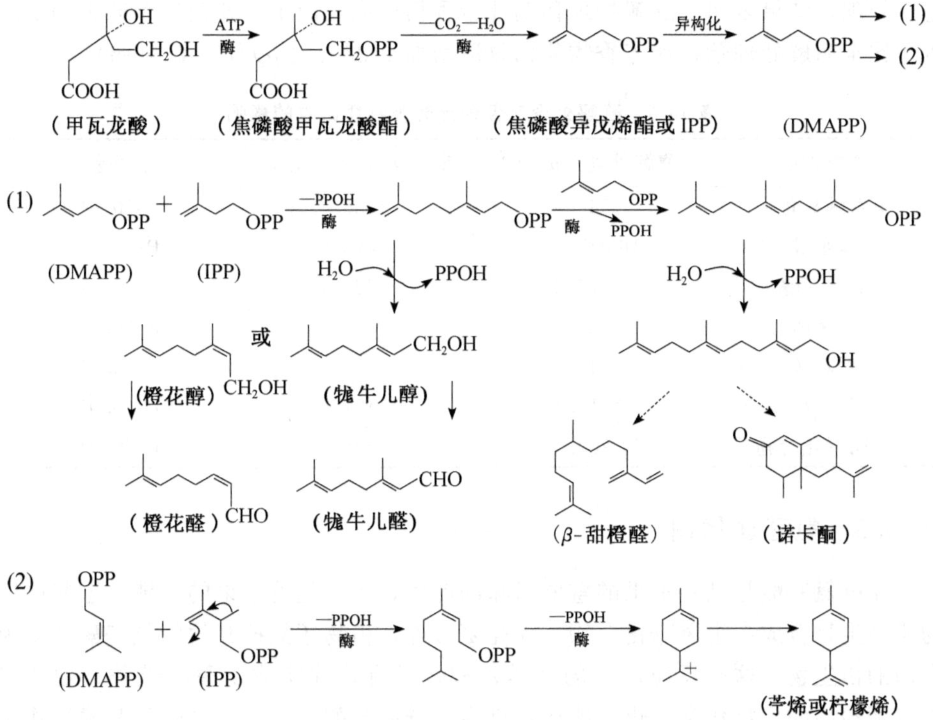

图 10-3　经异戊二烯途径生物合成的单萜类化合物

在生物合成体系中，莽草酸途径产生了与莽草酸有关的芳香物质。这个途径在苯丙氨酸和其他芳香氨基酸的产生中起的作用已很清楚。除了有芳香族氨基酸衍生的风味物质，还产生与精油有关的其他挥发物。香草醛、香草醇、丁子香酚等可通过莽草酸途径天然生成。香草醇是香子兰提取物中最重要的特征化合物，肉桂醇是肉桂香料的重要芳香组分，丁子香酚是丁香的主要芳香和辛辣成分。

10.5.2　酶的降解

葡萄中含有大量的结合态芳香物质，主要包括 α-L-鼠李-β-D-葡萄糖苷、α-L-阿拉伯-β-D-葡萄糖苷、β-D-葡萄糖苷等。这些糖苷的配糖基主要为里啦醇、橙花醇、香叶醇等萜类化合物，与葡萄的典型芳香物质相同。许多葡萄品种中，结合态的芳香物质与游离态的芳香物质比值都大于 1。葡萄结合态的芳香物质是非挥发性化合物，但可以在糖苷酶或酸的作用下裂解糖苷键释放配糖基，产生游离态的芳香物质，形成浓郁、典型的葡萄芳香，因而结合态芳香物质构成了葡萄中重要的、潜在的芳香成分。

张振华等（2003）用 NOVOferm12 酶制剂对玫瑰香（Muscat of hamburg）

进行处理，结果表明，酶解处理葡萄汁芳香物质回收液中，葡萄典型芳香物质总含量比未酶解处理葡萄汁芳香物质回收液增加了 3021.4 μg/L（表 10-6）。

表 10-6　酶解处理对葡萄汁芳香物质回收的影响

芳香物质	酶解处理/(μg/L)	未酶解处理/(μg/L)	显著性差异
里啦醇氧化物	1580.9	1086.4	$P<0.01$
里啦醇	16 047.6	14 402.3	$P<0.01$
α-品萜醇	377.2	228.4	$P<0.01$
香茅醇	625.1	510.6	$P<0.01$
橙花醇	744.2	559.3	$P<0.01$
香叶醇	1914.4	1481.5	$P<0.01$
总萜烯化合物	21 289.5	18 268.1	$P<0.01$

10.5.3　氨基酸代谢

支链氨基酸是某些水果的重要风味的前体物质，随着水果的成熟，这些前体物质经生物合成产生风味化合物，除亮氨酸外，植物还能把其他的氨基酸转变为类似的衍生物，这些反应产生的 2-苯乙醇，具有玫瑰花或丁香的芳香。葡萄浆果与葡萄酒的生物化学变化，能产生许多支链氨基酸，它们经过转氨和脱羧作用生成 2-甲基丁醇、3-甲基丁醇、2-苯基乙醇等风味物质。尽管由转氨和脱羧反应产生的醛、醇、酸都对成熟水果的风味直接产生影响，但酯才是具有特征影响的关键化合物。人们早就知道乙酸异戊酯在香蕉风味中的重要性，但还需要其他化合物才能具有完美的香蕉风味。2-甲基丁酸乙酯甚至比 3-甲基丁酸乙酯更像苹果的芳香（图 10-4）。

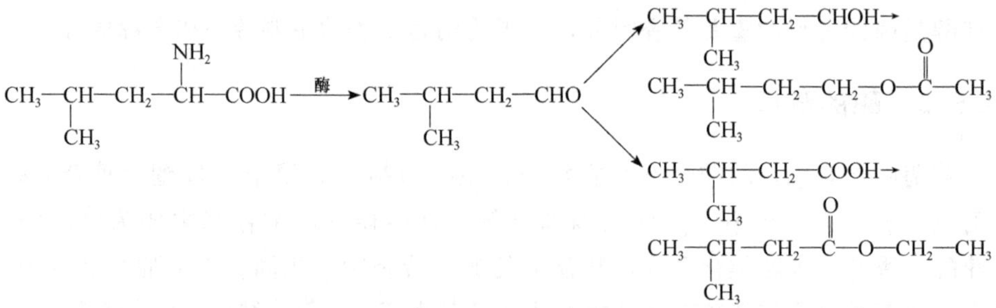

图 10-4　亮氨酸转变为挥发性物质

10.5.4　酵母的生物代谢

葡萄或葡萄汁能转化成葡萄酒主要是靠酵母的作用，酵母菌的生物代谢可以将葡萄浆果中的糖经过 EMP、TCA 等途径转化成乙醇、CO_2 和其他副产物。在这一过程中形成葡萄酒的风味物质，如乙醇、乙酸、乙醛、异丙醇、异戊醇等。其中异丙醇、异戊醇属于高级醇，它们在葡萄酒中含量很少，但它们是构成葡萄酒二类香气的主要物质，主要是由氨基酸代谢形成的。此外，酵母的硫代谢将会在葡萄酒中产生少量的 SO_2 和 H_2S，从而使葡萄酒产生一些不良的风味，如 H_2S 的臭鸡蛋味。

10.5.5　酯化反应

葡萄酒中的酯类物质是葡萄酒中重要的芳香物质之一。由于葡萄酒中含有有机酸和醇，在发酵和储藏过程中都存在酯化反应。

10.5.5.1　发酵过程中的酯化

在发酵过程中形成的有机酸和醇会发生酯化反应，这是一种化学反应或生物化学反应。这一酯化过程很快，形成的酯为挥发性酯。主要有乙酸乙酯和乳酸乙酯。

（1）乙酸乙酯：乙酸乙酯的形成途径主要是生物化学反应。在发酵过程中，由于尖端酵母的活动可形成少量的乙酸乙酯。在正常情况下，葡萄酒中的乙酸乙酯的含量为 40～160 mg/L。如果其含量过高（≥200 mg/L），葡萄酒就具有乙酸味和特殊的气味。乙酸乙酯含量过高，主要是一些酵母，如汉逊氏酵母和醋酸菌活动的结果。

（2）乳酸乙酯：在乳酸含量过高的葡萄酒中，乳酸乙酯较为普遍。它可在酒精发酵过程中形成，也可在苹果酸-乳酸发酵过程中（后）形成。

10.5.5.2　储藏过程中的酯化

在葡萄酒的整个储藏过程中，酯化反应都在不停地、缓慢地进行。这一过程形成的酯主要是化学酯类，包括酒石酸、苹果酸、柠檬酸等中性酯和酸性酯。酒石酸的酸性酯和中性酯的形成如下：

$$COOH(CHOH)_2COOH + CH_3CH_2OH \longrightarrow CH_3CH_2COO(CHOH)_2COOH$$
　　　酒石酸　　　　　　　　　乙醇　　　　　　　　酸型酒石酸乙酯

$$COOH(CHOH)_2COOH + CH_3CH_2OH \longrightarrow CH_3CH_2COO(CHOH)_2COOCH_2CH_3$$
　　　酒石酸　　　　　　　乙醇　　　　　　　　酒石酸乙酯

此外，在葡萄浆果的发育过程中，也会形成少量的酯类，存在于葡萄浆果的果皮中，构成葡萄浆果果香的主要物质之一。

总之，葡萄与葡萄酒中风味物质生成机制方面的研究已取得引人瞩目的成果，其形成途径基本清楚，但由于风味物质形成途径十分复杂，许多反应途径及机制都有许多悬而未决的问题，还有待于不断地研究与探索。

10.6　影响葡萄与葡萄酒气味物质的因素

10.6.1　葡萄品种

通常认为，葡萄浆果内已形成了该品种特有的香气物质，主要是酯类、醇类等。这些物质一部分以游离状态存在，此类物质呈现出一定的香气；另一部分则以结合状态存在，通常不表现出香气，但会在酿造过程中释放出游离态的香气物质。例如玫瑰香型的葡萄品种，其主要的芳香物质是由萜类物质及其糖苷构成，糖苷类的物质会在酿造过程中分解、释放出游离态的芳香物质——品萜醇、里啦醇、牻牛儿醇等。

不同的葡萄品种，其香气类型各不相同。赤霞珠以黑茶藨子果香为主，同时具有香料、烟熏、蘑菇、树脂等气味；比诺（Pinots）以樱桃等小浆果果香为主；霞多丽以椴树花、炒杏仁香为主；北美种群的美洲葡萄（*V. labrusca*）具有狐臭味；河岸葡萄（*V. riparia*）有似茶藨子果香；沙地葡萄（*V. rupestris*）具有青草味；康可（Concord）品种，无论何地种植，均表现出 N-邻氨基苯甲酸甲酯所具有的独特香气；龙眼葡萄具有明显的泥土气味。

10.6.2　发酵条件

微生物的种类和发酵条件的不同也会造成葡萄酒中气味物质的不同。这两个因素主要影响葡萄酒中高级醇及其乙酯和脂肪酸及其乙酯，这些物质含量过高会掩盖品种的典型香味，使葡萄酒具有粗糙感及不良风味。

优良的白葡萄酒，不仅应具有优雅的一类香气，而且应同时具有与一类香气相协调的、优雅的二类香气。在众多的酵母菌种中只有酿酒酵母（*S. cerevisiae*）和贝酵母（*S. bayanus*）才能合成足够的高级醇以构成葡萄酒的二类香气，而且也正是它们的活动才构成葡萄酒酒精发酵的主体部分。但是，在通常情况下，葡萄酒酒精发酵是由尖端酵母触发的，以形成最开始的 4%～5%（体积分数）的酒精。它们在发酵过程中形成的副产物少，会形成大量的乙酸乙酯。

发酵温度、通气状况等也影响葡萄酒的香气物质。为了获得优良的香气，干白葡萄酒的酒精发酵必须在较低温度下进行。在低温条件下（13 ℃），酒精发酵会形成更多的副产物；但是，过低的温度（7 ℃）却没有任何好处（表 10-7）。Ribereau-Gayon 根据其试验结果建议，将干白葡萄酒的发酵温度控制在 18～20 ℃。因为温度过高会明显降低二类香气，而温度过低则会增加高级醇乙酯的含量，减弱二类香气的优雅度。如果酒精发酵在有空气的条件下进行，则酵母合成的副产物，特别是酯类物质的量较少。此外，葡萄汁的酸度过高也会影响发酵副产物的形成，温度越高，这一现象越明显。因此，将干白葡萄酒在酒精发酵前降酸，可以获得良好的二类香气。

表 10-7 发酵温度对干白葡萄酒挥发物质的影响

挥发性物质	高级醇/(mg/L)	高级醇乙酯/(mg/L)	脂肪酸(C_6、C_8、C_{10})乙酯/(mg/L)
7℃	385	17.35	4.02
13℃	394	18.07	5.22
30℃	208	2.60	1.69

10.6.3 陈酿条件

葡萄酒在储藏过程中，由于物质的缩合、聚合、酯化、醛化等作用也会形成一些风味物质。不同的储藏条件，会产生不同类型的风味，如氧化醇香与还原醇香。

储藏初期，葡萄酒中的香味的前体物质变成呈香物质，香味的前体物质包括葡萄皮中的香味组分和酚类化合物，前者的果香味在早期就参与香气的形成。葡萄酒在瓶内储藏条件下，其氧化还原电位一直是降低的，最终达到极限电位。而香气的浓度取决于葡萄酒中氧化还原的极限电位，因为只有在极限电位时，才能很好地生成芳香物质。极限电位又取决于葡萄酒的性质、软木塞的气密性和储藏温度等。当温度稍升高时，酒中的氧含量及氧化还原电位降低得就很快，维持储藏温度在 18～19 ℃，可以使它们在瓶内的香气发育速度加快。酒中游离 SO_2 的含量能加速氧化还原电位的降低，促进香气物质的形成。

如果葡萄酒通气剧烈、含氧量过高或者储藏过程中升温过快，会使葡萄酒产生过氧化味。过氧化味是一系列作用的结果。如果葡萄酒中大部分的芳香物质与微量的氧结合使香味变化或破坏，然后在酒中就会出现一种苦味和涩味，如果进一步使酒通风，则红葡萄酒会出现油腻味，白葡萄酒会出现马德拉味。

10.7 小 结

我们可以将葡萄酒的香气分为 3 大类。第一大类是存在于葡萄浆果中香气物质，我们称之为品种香气或一类香气。它是葡萄浆果本身的香气，根据葡萄品种的不同而发生变化。除少数品种外，葡萄的香气物质只存在于果皮中。所以，如果葡萄浆果的成熟度良好，果皮中富含香气物质。葡萄果实中的香气成分主要有醇类、萜醇类、羰基类、酯类、含氮类等化合物。Gomez 等（1994）就根据果实中的香气中萜类化合物的含量将欧洲葡萄品种分成 3 种类型：玫瑰香型品种、非玫瑰香型的芳香型品种和非芳香型品种。

　　第二大类是在酒精发酵过程中形成的香气，我们称之为发酵香气或二类香气，其主要构成物质是高级醇及其乙酯和脂肪酸及其乙酯。这些物质在葡萄酒，特别在白葡萄酒的香气中起着重要作用，但由于它们存在于所有的葡萄酒中，不能表现出葡萄酒的风格。目前，已知的酒精发酵副产物就有多达 40 余类、数百种。

　　第三大类是在葡萄酒陈酿过程中缓慢形成的香气，我们称之为陈酿香气或三类香气。目前对这类香气的了解还非常有限。但是，由于三类香气是代表特定葡萄酒风格的香气，所以，它的前体物质应是特定葡萄原料中的成分。这些前体物质，在葡萄酒的陈酿过程中，通过氧化作用、还原作用、酯化作用等化学反应，转化成陈酿香气，使葡萄酒的香气向更浓厚的方向转化。

主要参考文献

白祝清. 1995. 啤酒、葡萄酒和蒸馏酒的香味. 食品与发酵工业，6 (3)：27

李华. 1990. 葡萄酒酿造与质量控制. 北京：天则出版社

李华. 1992. 葡萄酒品尝学. 北京：中国青年出版社

李华. 1994. 葡萄酒口感及香气的平衡. 酿酒，1：11

李华. 2000. 葡萄酒与葡萄酒研究进展——葡萄酒学院年报 (2000). 西安：陕西人民出版社

李华. 2000. 现代葡萄酒工艺学 (第二版). 西安：陕西人民出版社

李华. 2002. 葡萄酒与葡萄酒研究进展——葡萄酒学院年报 (2002). 西安：陕西人民出版社

李华，胡博然. 2004. 蛇龙珠干红葡萄酒香气成分的 GC/MS 分析. 分析测试学报，23 (1)：85

李华，胡博然. 2004. 宁夏贺兰山东麓地区霞多丽干白葡萄酒香气成分的 GC/MS 分析. 中国食品学报，2

李记明，李华. 1994. 葡萄酒成分分析与质量研究. 食品与发酵工业，4 (2)：30

张振华，葛毅强，倪元颖. 2003. 酶解处理对葡萄汁芳香物质回收工艺的影响. 食品与发酵工业，29 (4)：1

Fennema O R. 1991. 食品化学. 王璋译. 北京：中国轻工业出版社

Girard B, Fukumoto L, Mazza G, et al. 2002. Volatile terpene constituents in maturing gewurztraminer grapes from british columbia. Am. J. Enol. Vitic.，53 (1)：99

Margaret Cliff，Dogan Yuksel，Benoit Girard，et al. 2002. Characterization of canadian ice wine by sensory compositional analyses. Am. J. Enol. Vitic.，53 (1)：46

第11章　葡萄酒的酸碱平衡

葡萄酒中含有大量的有机酸，主要包括葡萄浆果本身的酸，如酒石酸、苹果酸和少量的柠檬酸以及由发酵产生的酸，如乙酸、乳酸和琥珀酸等。这些有机酸的解离状态，通过影响葡萄酒的生物化学性质和化学、物理及物理化学性质，最后对葡萄酒的稳定性、陈酿特性和感官质量产生深刻的影响。根据酸碱质子理论，凡能给出质子的物质都是酸，凡能接受质子的都是碱，所以有机酸解离给出质子就变成了碱。因而有机酸的解离状态，就决定了葡萄酒的酸碱平衡。

11.1　浓度与离子活度

在葡萄酒的 pH（2.8～3.8）条件下，其中的有机酸一部分以游离状态存在，另一部分则以盐的形式存在。而弱酸的解离度取决于其解离常数 K 和溶液的 pH。对于二元酸而言，第一个酸基的解离常数为 K_1，第二个酸基的解离常数为 K_2。解离常数代表酸的强度，K 越大，酸的强度越大；K 也是质量作用定律在解离平衡中作用的结果。根据质子理论，凡是给出质子的物质就是酸，凡是接受质子的物质就是碱。对于一元酸（HA）而言，HA 给出质子后转变为碱 A^-，碱 A^- 接受质子后转变为酸 HA，酸 HA 与碱 A^- 之间的相互依存关系为共扼关系。HA 是 A^- 的共扼酸，A^- 是 HA 的共扼碱，HA-A^- 称为共扼酸碱对。因此可以认为，游离酸为酸，而结合（成盐）酸为碱。它们之间的质子得失反应称为酸碱半反应：

$$HA \rightleftharpoons H^+ + A^- \tag{11-1}$$

如果用方括号表示物质浓度，根据质量作用定律，则有

$$\frac{[H^+][A^-]}{[HA]} = K_c \tag{11-2}$$

式中，K_c 为浓度常数。

但是，在利用质量作用定律时，还应考虑离子活度以及与之相关的"热动力学常数"K_t，因为 K_t 只取决于温度和溶剂的种类，而不取决于离子的浓度。

当平衡式中物质都带电荷时，就会产生静电场，且该静电场受所有离子的影响，并取决于溶液的离子强度。

根据 Lewis 的活度概念，离子活度与其浓度之比，就是活度系数 f，而离子活度等于离子浓度与其活度系数的乘积（用括号表示离子活度）：

$$(A^-) = [A^-]f_{A^-}$$

因此，根据式（11-2），则有

$$\frac{[H^+][A^-]}{[HA]} = K_t \tag{11-3}$$

溶液中各种离子的浓度不同，并不完全遵循质量作用定律，后者取决于各离子电荷的影响，而未解离分子的活度系数接近 1。

通常用电位方法测定的 pH 表示溶液中的 $[H^+]$，但事实上 pH 所表示的是活度而不是浓度，pH 的精确表述为：

$$pH = -lg(H^+) \tag{11-4}$$

即 pH 是氢离子活度的负对数。当已知溶液的 pH 时，也就知道氢离子的活度。

但是，在浓度很低的情况下，可近似地认为：

$$(H^+) = [H^+] \tag{11-5}$$

当多种离子同时存在于溶液中时，它们之间的相互作用非常复杂，与溶液中总体的离子浓度及其电荷数有关。对于一元酸，可得到式（11-6）：

$$\frac{[H^+][A^-]}{[HA]} = K_m \tag{11-6}$$

式中，K_m 为"混合常数"，它取决于各离子的活度和浓度的总体贡献。

11.2　混合常数与热动力学常数

根据混合常数 K_m、热动力学常数 K_t 以及相应常数的负对数 pK，据式（11-3），则有

$$pK_t = pH + lg\frac{(HA)}{(A^-)} = pH + lg\frac{[HA]f_{HA}}{[A^-]f_{A^-}} \tag{11-7}$$

$$pK_t = pH + lg\frac{(HA)}{(A^-)} + lg\frac{f_{HA}}{f_{A^-}} \tag{11-8}$$

因此有

$$pK_t = pK_m + lg\frac{f_{HA}}{f_{A^-}} \tag{11-9}$$

式（11-9）表示混合常数、热动力学常数和解离态和非解离态活度系数的关系。

更一般而言，设一个分子在解离前带一个电荷，解离时释放一个氢离子，则有

$$A^{z_A} \Longrightarrow B^{z_B} + H^+ \tag{11-10}$$

式中，z_A 为分子未解离前的电荷数，z_B 为分子解离后的电荷数，故有

$$z_A = z_B - 1 \tag{11-11}$$

根据式 (11-9)，则有

$$pK_t = pK_m + \lg \frac{f_A}{f_B} \tag{11-12}$$

11.3　Debye-Hückel 理论

考虑到溶液中离子间的静电作用，Debye（得拜）和 Hückel（休克尔）成功地根据温度、溶液的介电常数和离子强度，计算出某个离子的活度系数。

根据 Lewis 的离子强度概念，离子强度 I 可用式 (11-13) 表述：

$$I = \frac{1}{2} \sum c_i z_i^2 \tag{11-13}$$

式中，c_i 为浓度，z_i 为电荷数。

如 0.1 M 的 KCl 溶液，解离为 K^+ 和 Cl^-，其离子强度为

$$(1/2)(0.1 \times 1^2 + 0.1 \times 1^2) = 0.1$$

而 0.1 M 的 K_2SO_4 溶液的离子强度为

$$(1/2)(2 \times 0.1 \times 1^2 + 0.1 \times 2^2) = 0.3$$

所以电荷数对离子强度的影响是非常重要的。只有在一价盐的情况下，离子强度才与分子浓度相吻合。

在特定温度（如 20 ℃）条件下，Debye-Hückel 用式 (11-14) 表述离子活度系数：

$$\lg f = -\frac{z^2 A \sqrt{I}}{1 + B \sqrt{I}} \tag{11-14}$$

式中，z 为离子的电荷数，I 为溶液的离子强度，A 和 B 为与温度和溶液的介电常数相关的常数。

根据式 (11-14)，有下列关系：

$$\lg f_A = -\frac{z_A^2 A \sqrt{I}}{1 + B \sqrt{I}} \quad , \quad \lg f_B = -\frac{z_B^2 A \sqrt{I}}{1 + B \sqrt{I}}$$

$$\lg \frac{f_A}{f_B} = \lg f_A - \lg f_B = -\frac{z_A^2 A \sqrt{I}}{1 + B \sqrt{I}} + \frac{z_B^2 A \sqrt{I}}{1 + B \sqrt{I}} = (z_B^2 - z_A^2) \frac{A \sqrt{I}}{1 + B \sqrt{I}} \tag{11-15}$$

根据式 (11-11)，有

$$z_B^2 - z_A^2 = z_A^2 + 2z_A + 1 - z_A^2 = 1 + 2z_A \tag{11-16}$$

因此：

$$-\lg \frac{f_A}{f_B} = (2z_A - 1) \frac{A\sqrt{I}}{1 + B\sqrt{I}} \tag{11-17}$$

如果将式（11-17）代入式（11-12），则有

$$pK_m = pK_t + (2z_A - 1) \frac{A\sqrt{I}}{1 + B\sqrt{I}} \tag{11-18}$$

令 $2z_A - 1 = n$，则可将式（11-18）写为

$$pK_m = pK_t + \frac{nA\sqrt{I}}{1 + B\sqrt{I}} \tag{11-19}$$

式中，n 所取的值，根据分子在解离时的电荷数，即酸的种类不同而不同，如：

$$CH_3COOH, \quad z_A = 0, \quad n = -1$$
$$HT^-, \quad z_A = -1, \quad n = -3$$
$$HPO_4{}^{2-}, \quad z_A = -2, \quad n = -5$$

在已知离子强度 I、和 A、B 的情况下，通过式（11-19）可相互计算混合常数和热动力学常数。

通过以上分析，我们了解了解离常数、混合常数以及离子强度等概念及其相互关系。下面我们将讨论 pH、pK 以及它们与游离酸量和结合（成盐）酸量的关系。

11.4　有机酸的结合状态

11.4.1　一元酸

在葡萄酒中，一元酸包括乙酸、乳酸、半乳糖醛酸、葡糖醛酸和葡糖酸。由于 pH 是氢离子活度的负对数，所以通过 pH 的测定，就能得到氢离子的活度。

在一元酸的离解中，如果以 HA 表示一元酸，我们可以建立下列关系：

$$HA \rightleftharpoons H^+ + A^- \tag{11-20}$$

$$\frac{[H^+][A^-]}{[HA]} = K$$

$$(H^+) = K \frac{[HA]}{[A^-]}$$

$$\lg(H^+) = \lg K + \lg \frac{[HA]}{[A^-]}$$

$$-\lg(H^+) = -\lg K + \lg \frac{[A^-]}{[HA]}$$

$$pH = pK + \lg \frac{[A^-]}{[HA]}$$

$$pH - pK = \lg \frac{[A^-]}{[HA]}$$

$$10^{(pH-pK)} = \frac{[A^-]}{[HA]}$$

设 $10^{(pH-pK)} = a$，C 为酸的物质的量浓度，则有

$$C = [HA] + [A^-]$$

$$\begin{cases} [A^-]/[HA] = a \\ [HA] + [A^-] = C \end{cases}$$

解方程组，得

$$[HA] + a[HA] = C$$

$$[HA](1+a) = C$$

$$[HA] = C/(1+a) \tag{11-21}$$

$$[A^-] = aC/(1+a) \tag{11-22}$$

因此，根据 pH 和一元酸的 pK 值，就可计算出酸的未解离和解离（成盐）部分的量。

下面我们以乙酸和乳酸为例，来进一步讨论。设 pH 分别为 3.0 和 3.5，乙酸的 pK = 4.76，乳酸的 pK = 3.86。

在 pH = 3.0 时，对于乙酸有

$$a = 10^{(pH-pK)} = 10^{(3.0-4.76)} = 0.017\,378$$

$$[HA] = C/(1+a) = C/(1+0.017\,378) = 0.9825C$$

$$[A^-] = aC/(1+a) = 0.017\,378C/(1+0.017\,378) = 0.0175C$$

即 98.25% 的乙酸分子以未解离状态存在，1.25% 的分子以解离状态存在。

对于乳酸有

$$a = 10^{(pH-pK)} = 10^{(3.0-3.86)} = 0.138\,03$$

$$[HL] = C/(1+a) = C/(1+0.138\,03) = 0.8787C$$

$$[L^-] = aC/(1+a) = 0.138\,03C/(1+0.138\,03) = 0.1213C$$

即 87.87% 的乳酸分子以未解离状态存在，12.13% 的分子以解离状态存在。

在 pH = 3.5 时，对于乙酸有

$$a = 10^{(pH-pK)} = 10^{(3.5-4.76)} = 0.054\,953$$

$$[HA] = C/(1+a) = C/(1+0.054\,953) = 0.9479C$$

$$[A^-] = aC/(1+a) = 0.054\,953C/(1+0.054\,953) = 0.0521C$$

即 94.79% 的乙酸分子以未解离状态存在，5.21% 的分子以解离状态存在。

对于乳酸有

$$a = 10^{(pH-pK)} = 10^{(3.5-3.86)} = 0.436\,52$$

$$[HA] = C/(1+a) = C/(1+0.436\,52) = 0.6961C$$

$$[A^-] = aC/(1+a) = 0.436\,52C/(1+0.436\,52) = 0.3039C$$

即 69.61％的乳酸分子以未解离状态存在，30.39％的分子以解离状态存在。

11.4.2　二元酸

如果以 H_2A 表示二元酸，则有

$$H_2A \rightleftharpoons HA^- + H^+$$
$$HA^- \rightleftharpoons A^{2-} + H^+$$
$$[H^+][HA^-]/[H_2A] = K_1$$
$$[H^+][A^{2-}]/[HA^-] = K_2$$
$$[H_2A] + [HA^-] + [A^{2-}] = C$$
$$(H^+) = K_1[H_2A]/[HA^-]$$
$$-\lg(H^+) = -\lg K_1 + \lg\{[HA^-]/[H_2A]\}$$
$$pH = pK_1 + \lg\{[HA^-]/[H_2A]\}$$

同理：
$$pH = pK_2 + \lg\{[A^{2-}]/[HA^-]\}$$
$$\begin{cases} 10^{(pH-pK_1)} = [HA^-]/[H_2A] = a & [H_2A] = [HA^-]/a \\ 10^{(pH-pK_2)} = [A^{2-}]/[HA^-] = b & [A^{2-}] = b[HA^-] \\ [H_2A] + [HA^-] + [A^{2-}] = C \end{cases}$$
$$[HA^-]/a + [HA^-] + b[HA^-] = C$$
$$(1/a + 1 + b)[HA^-] = C$$
$$[HA^-](1+a+ab)/a = C$$
$$[HA^-] = aC/(1+a+ab)$$
$$[H_2A] = C/(1+a+ab)$$
$$[A^{2-}] = abC/(1+a+ab)$$

因此，根据 pH 和二元酸的 pK_1、pK_2 值，就可计算出酸的未解离、半解离和完全解离（成盐）部分的量。

下面我们以酒石酸、苹果酸、柠檬酸和琥珀酸为例，来进一步讨论。

pH＝3.0，酒石酸（pK_1＝3.04、pK_2＝4.73）：
$$a = 10^{(pH-pK_1)} = 10^{(3.0-3.04)} = 0.912$$
$$b = 10^{(pH-pK_2)} = 10^{(3.0-4.73)} = 0.042\,66$$
$$[H_2T] = C/(1+a+ab) = C/(1+0.912 + 0.912 \times 0.042\,66) = 0.5126C$$
$$[HT^-] = aC/(1+a+ab) = 0.912C/(1+0.912 + 0.912 \times 0.042\,66) = 0.4675C$$
$$[T^{2-}] = abC/(1+a+ab) = 0.912 \times$$

$$0.042\,66C/(1+0.912+0.912\times0.042\,66)=0.0199C$$

即 51.26％的酒石酸分子以游离酸的状态存在，46.75％以半成盐状态存在，1.99％以完全成盐状态存在。

pH＝3.5，酒石酸：

$$a=10^{(pH-pK_1)}=10^{(3.5-3.04)}=2.884$$

$$b=10^{(pH-pK_2)}=10^{(3.5-4.73)}=0.1349$$

$$[H_2T]=C/(1+a+ab)=C/(1+2.884$$
$$+2.884\times0.1349)=0.234C$$

$$[HT^-]=aC/(1+a+ab)=2.884C/(1+2.884$$
$$+2.884\times0.1349)=0.6749C$$

$$[T^{2-}]=abC/(1+a+ab)=2.884\times0.1349C/(1+2.884$$
$$+2.884\times0.1349)=0.091C$$

即 23.41％的酒石酸分子以游离酸的状态存在，67.49％以半成盐状态存在，9.10％以完全成盐状态存在。

pH＝3.0，苹果酸（$pK_1=3.46$、$pK_2=5.13$）：

$$a=10^{(pH-pK_1)}=10^{(3.0-3.46)}=0.3467$$

$$b=10^{(pH-pK_2)}=10^{(3.0-5.13)}=0.007\,413$$

$$[H_2M]=C/(1+a+ab)=C/(1+0.3467$$
$$+0.3467\times0.007\,413)=0.7411C$$

$$[HM^-]=aC/(1+a+ab)=0.3467C/(1+0.3467$$
$$+0.3467\times0.007\,413)=0.257C$$

$$[M^{2-}]=abC/(1+a+ab)=0.3467\times0.007\,413C/(1+0.3467$$
$$+0.3467\times0.007\,413)=0.0019C$$

即 74.11％的苹果酸分子以游离酸的状态存在，25.70％以半成盐状态存在，0.19％以完全成盐状态存在。

pH＝3.5，苹果酸：

$$a=10^{(pH-pK_1)}=10^{(3.5-3.46)}=1.0965$$

$$b=10^{(pH-pK_2)}=10^{(3.5-5.13)}=0.023\,44$$

$$[H_2M]=C/(1+a+ab)=C/(1+1.0965$$
$$+1.0965\times0.023\,44)=0.4712C$$

$$[HM^-]=aC/(1+a+ab)=1.0965C/(1+1.0965$$
$$+1.0965\times0.023\,44)=0.5167C$$

$$[M^{2-}]=abC/(1+a+ab)=1.0965\times0.023\,44C/(1+1.0965$$
$$+1.0965\times0.023\,44)=0.0121C$$

即 47.12％的苹果酸分子以游离酸的状态存在，51.77％以半成盐状态存在，

1.21％以完全成盐状态存在。

由于在葡萄酒的 pH 范围内，苹果酸完全成盐的比例非常小，所以其表现类似于一元酸。

pH＝3.0，柠檬酸（pK_1＝3.14、pK_2＝4.77、pK_3＝6.41）：

柠檬酸的三级解离常数 pK_3 非常高，与葡萄酒的 pH 范围不符。因此，在葡萄酒的 pH 范围内，柠檬酸的表现类似于二元酸。

$$a = 10^{(pH-pK_1)} = 10^{(3.0-3.14)} = 0.724\ 43$$

$$b = 10^{(pH-pK_2)} = 10^{(3.0-4.77)} = 0.016\ 982$$

$$[H_2Ct] = C/(1+a+ab) = C/(1+0.724\ 43$$
$$+0.724\ 43 \times 0.016\ 982) = 0.5758C$$

$$[HCt^-] = aC/(1+a+ab) = 0.724\ 43C/(1+0.724\ 43$$
$$+0.724\ 43 \times 0.016\ 982) = 0.4171C$$

$$[Ct^{2-}] = abC/(1+a+ab) = 0.724\ 43 \times 0.016\ 982C/$$
$$(1+0.724\ 43+0.724\ 43 \times 0.016\ 982) = 0.007\ 08C$$

即 57.58％的柠檬酸分子以游离酸的状态存在，41.71％以一个酸根成盐状态存在，0.708％以两个酸根成盐状态存在。

pH＝3.5，柠檬酸：

$$a = 10^{(pH-pK_1)} = 10^{(3.5-3.14)} = 2.2908$$

$$b = 10^{(pH-pK_2)} = 10^{(3.5-4.77)} = 0.053\ 703$$

$$[H_2Ct] = C/(1+a+ab) = C/(1+2.2908$$
$$+2.2908 \times 0.053\ 703) = 0.2929C$$

$$[HCt^-] = aC/(1+a+ab) = 2.2908C/(1+2.2908$$
$$+2.2908 \times 0.053703) = 0.67105C$$

$$[Ct^{2-}] = abC/(1+a+ab) = 2.2908 \times 0.053\ 703C/$$
$$(1+2.2908+2.2908 \times 0.053\ 703) = 0.036\ 04C$$

即 29.29％的柠檬酸分子以游离酸的状态存在，67.10％以一个酸根成盐状态存在，3.60％以两个酸根成盐状态存在。因此，在葡萄酒的 pH 范围内，两个酸根成盐的柠檬酸的比例也非常小。

pH＝3.0，琥珀酸（pK_1＝4.22、pK_2＝5.64）：

$$a = 10^{(pH-pK_1)} = 10^{(3.0-4.22)} = 0.060\ 255$$

$$b = 10^{(pH-pK_2)} = 10^{(3.0-5.64)} = 0.002\ 290\ 8$$

$$[H_2Suc] = C/(1+0.060\ 255+0.060\ 255 \times 0.002\ 290\ 8) = 0.943C$$

$$[HSuc^-] = 0.060\ 255C/(1+0.060\ 255+0.060\ 255 \times 0.002\ 290\ 8) = 0.0568C$$

$$[Suc^{2-}] = 0.060\ 255 \times 0.002\ 290\ 8C/(1+0.060\ 255$$
$$+0.060\ 255 \times 0.002\ 290\ 8) = 0.000\ 13C$$

即 94.30％的琥珀酸分子以游离酸的状态存在，5.68％以半成盐状态存在，0.013％以完全成盐状态存在。

pH＝3.5，琥珀酸：

$$a = 10^{(pH-pK_1)} = 10^{(3.5-4.22)} = 0.190\ 54$$

$$b = 10^{(pH-pK_2)} = 10^{(3.5-5.64)} = 0.007\ 244\ 3$$

$$[H_2Suc] = C/(1 + 0.190\ 54 + 0.190\ 54 \times 0.007\ 244\ 3) = 0.839C$$

$$[HSuc^-] = 0.190\ 54C/(1 + 0.190\ 54 + 0.190\ 54 \times 0.007\ 244\ 3) = 0.159\ 86C$$

$$[Suc^{2-}] = 0.190\ 54 \times 0.007\ 244\ 3C/(1 + 0.190\ 54$$
$$+ 0.190\ 54 \times 0.007\ 244\ 3) = 0.001\ 158C$$

即 83.90％的琥珀酸分子以游离酸的状态存在，15.99％以半成盐状态存在，0.116％以完全成盐状态存在。所以，在葡萄酒 pH 范围内，完全成盐的琥珀酸的比例非常小，琥珀酸的表现类似于一元酸。

11.5　酒石酸、苹果酸和乳酸的等物质的量溶液

下面比较等物质的量浓度的酒石酸、苹果酸和乳酸溶液。设浓度均为 40 mmol/L 酒石酸、苹果酸和乳酸的水溶液，即上述酸的质量浓度分别为 6.00 g/L、5.36 g/L 和 3.60 g/L。在 pH＝3.0 时，即使是最强的酸——酒石酸，也只有 2％的分子完全成盐。在 pH 更低的情况下，可以忽略酒石酸和苹果酸的二级解离，即可将它们作为一元酸来考虑。这样，就可根据这些酸的一级解离常数及其浓度（物质的量浓度），来精确计算溶液的 pH。在式（11-23）中：

$$\frac{[H^+][A^-]}{[HA]} = K_1 \tag{11-23}$$

由于每生成一个 [A^-]，就会同时产生一个 [H^+]，所以，可近似地用（H^+）代替 [A^-]。由于 C 为溶液中酸的物质的量浓度，故有

$$C - (H^+) = [HA] \tag{11-24}$$

这样就可将式（11-23）改写为

$$\frac{(H^+)^2}{C - (H^+)} = K_1 \tag{11-25}$$

根据式（11-25），可得

$$(H^+) = \frac{-K_1 \pm \sqrt{K_1^2 + 4K_1C}}{2} \tag{11-26}$$

将 $K_1 = 10^{-pK_1}$ 代入式（11-26），得

$$(H^+) = \frac{-10^{-pK_1} \pm \sqrt{10^{-2pK_1} + 4 \times 10^{-pK_1}C}}{2}$$

故

$$pH = -\lg \frac{-10^{-pK_1} \pm \sqrt{10^{-2pK_1} + 4 \times 10^{-pK_1} C}}{2} \tag{11-27}$$

根据相应的 pK_1，由式（11-27）可计算出，当 $c = 0.04$ mol/L 时，酒石酸、苹果酸和乳酸的 pH 分别为：1.95、2.45 和 2.64。

11.6 葡萄酒的成盐平衡

由式（11-19）可知，为了计算混合常数或者其负对数 pK，就必需知道溶液的离子强度 I 以及 A、B 两个常数。根据综合现有有关酒精水溶液介电常数的资料，我们可以计算出在葡萄酒酒度条件下的 A、B 值，此外我们也能确定在不同酒度下有机酸的解离常数。

现在就剩下一个未知数，即葡萄酒的离子强度。而离子强度的获得，必需对葡萄酒的阴离子和阳离子进行全面分析。

下面我们以巴尔贝拉（Barbera）葡萄酒（1967）为例来进行讨论。该葡萄酒的有关分析结果如下：

酒度：12.98%（体积分数）

pH：3.23，$(H^+) = 0.000\,589$ mol/L

总酸：100.9 mmol/L=7.57 g/L(酒石酸)

挥发酸：13 mmol/L=0.78 g/L(乙酸)

灰分碱度：23.2 mmol/L=0.92 g/L(NaOH)

酒石酸：19.67 mmol/L=2.95 g/L

苹果酸：微量

乳酸：26.1 mmol/L=2.35 g/L

铵态氮：0.43 mmol/L=6 mg/L

钾：19.05 mmol/L=745 mg/L

钠：0.87 mmol/L=20 mg/L

钙：2.35 mmol/L=94 mg/L

镁：4.60 mmol/L=112 mg/L

硫酸盐：3.87 mmol/L=7.75 mmol/L=675 mg/L(K_2SO_4)

盐酸盐：1.61 mmol/L=94 mg/L(NaCl)

磷酸盐：3.02 mmol/L($H_2PO_4^-$)=278 mg/L(PO_4^-)

灰分碱度可代表有机阴离子，如果不考虑量很小的中性酒石酸盐阳离子和含量更小的中性苹果酸盐阳离子，可以认为有机阴离子都为一价。因此，在评价离子强度时，有机阴离子不会带来很大的错误。

我们所分析的葡萄酒的离子强度，可以用所有的阴离子和阳离子的浓度（以克离子每升表示）乘以其电荷数的平方和再除以 2 ［式 (11-13)］ 表示：

$$I = 1/2(0.000\,589 + 0.000\,43 + 0.019\,05 + 0.000\,87 + 0.0023 \times 4$$
$$+ 0.0046 \times 4 + 0.0232 + 0.003\,87 \times 4 + 0.001\,61 + 0.003\,02) = 0.046$$

如果我们分别计算阳离子和阴离子的总量，则可得到：

阳离子＝34.85 mmol/L，阴离子＝35.67 mmol/L

两者非常相似，这说明分析结果非常可靠。

如果我们假设所有的离子都是一价离子，则该葡萄酒的离子强度约为0.035。用自由离子树脂测得的可交换酸度，很容易估计该离子强度值，再用自由离子树脂交换前后测得的、用 mmol/L 为单位的可滴定酸度的差值，就是葡萄酒中的离子总数，将其除以 1000，就得到了葡萄酒离子强度的近似值。

下面我们讨论离子强度的近似值（$I=0.046$ 和 $I=0.035$），对葡萄酒中酒石酸和乳酸的解离常数的影响。

在酒度为 13％ 时，酒石酸的热动力学常数为：$pK_{1t}=3.18$，$pK_{2t}=4.57$，而乳酸为：$pK_t=4.08$；$A=0.5678$，$B=1.704$。

根据式 (11-19)，有

$$pK_m = pK_t + \frac{n\,0.5678\sqrt{I}}{1 + 1.704\sqrt{I}} \qquad (11\text{-}28)$$

对于酒石酸的第一个热动力学常数，$n=-1$（见 11.3 节）：

$$pK_{1m} = 3.18 - \frac{0.5678\sqrt{0.046}}{1 + 1.704\sqrt{0.046}} = 3.18 - 0.0892 = 3.091;$$

$$pK_{1m} = 3.18 - \frac{0.5678\sqrt{0.035}}{1 + 1.704\sqrt{0.035}} = 3.18 - 0.0805 = 3.099;$$

对于酒石酸的第二个热动力学常数，$n=-3$：

$$pK_{2m} = 4.75 - \frac{3 \times 0.5678\sqrt{0.046}}{1 + 1.704\sqrt{0.046}} = 4.75 - 3 \times 0.0892 = 4.302;$$

$$pK_{2m} = 4.75 - \frac{3 \times 0.5678\sqrt{0.035}}{1 + 1.704\sqrt{0.035}} = 4.75 - 3 \times 0.0805 = 4.328;$$

而对于乳酸，$n=-1$：

$$pK_m = 4.08 - \frac{0.5678\sqrt{0.046}}{1 + 1.704\sqrt{0.046}} = 4.08 - 0.0892 = 3.991;$$

$$pK_m = 4.08 - \frac{0.5678\sqrt{0.035}}{1 + 1.704\sqrt{0.035}} = 4.08 - 0.0805 = 3.999。$$

由以上分析结果可以看出，用可交换酸度来估计葡萄酒的离子强度，并不会

使 pK_m 值有很大的差异。因此，可交换酸度可以很好地代表葡萄酒的离子强度。

下面我们用相关的分析结果，来计算葡萄酒中酒石酸和乳酸的结合状况。

[酒石酸] $=19.67$ mmol/L，pH$=3.23$

$$a=10^{(pH-pK_1)}=10^{(3.23-3.09)}=1.3804$$

$$b=10^{(pH-pK_2)}=10^{(3.23-4.30)}=0.085\,11$$

$$[H_2T]=C/(1+a+ab)=19.67/(1+1.3804$$
$$+1.3804\times0.1349)=7.87\,(mmol/L)$$

$$[HT^-]=1.3804\times7.87=10.87\,(mmol/L)$$

$$[T^{2-}]=0.085\,11\times10.87=0.925\,(mmol/L)$$

[乳酸] $=26.1$ mmol/L，pH$=3.23$

$$a=10^{(pH-pK_1)}=10^{(3.23-3.99)}=0.173\,78$$

$$[HL]=26.1/(1+a)=26.1/(1+0.173\,78)=22.24\,(mmol/L)$$

$$[L^-]=0.173\,78\times22.24=3.86\,(mmol/L)$$

因此，葡萄酒中酒石酸和乳酸的成盐总量为

$$10.87+0.925\times2+3.86=16.58\,(mmol/L)$$

总酸和灰分碱度之和为

$$100.9+23.2=124.1\,(mmol/L)$$

从中减去挥发酸、酒石酸和乳酸，就得到其他酸的含量：

$$124.1-13-39.34-26.1=45.66\,(mmol/L)$$

其中，成盐部分的酸量为

$$23.2-16.58=6.62\,(mmol/L)$$

在除乙酸、酒石酸和乳酸以外的酸中，成盐的有 $(6.62/45.66)\times100=14.5\%$。这些酸包括琥珀酸、半乳糖醛酸和葡糖酸等弱酸及少量的柠檬酸，但是在柠檬酸的第一个酸根中，有约 50% 的成盐，即仅占其总量的 $1/6$。

11.7　pH 与酸的结合状态

由于 pH 对葡萄酒的感官特性具有重要的影响，使之成为葡萄酒质量的决定性因素之一。因此必须讨论葡萄酒有机酸的成盐平衡对 pH 的影响。

我们仍然以 pH$=3$、含量为 5.36 g/L，即 40 mmol/L 的苹果酸溶液为例，根据在 11.4.2 节中的计算结果，有

$$[HM^-]=0.257C=0.257\times40=10.28\,(mmol/L)$$

$$[M^{2-}]=0.0019\times40=0.076\,(mmol/L)$$

假设现在苹果酸完全被转化为乳酸，有 40 mmol/L 乳酸，其中 $10.28+0.076\times2=10.432$ mmol/L 已经成盐，而 $40-10.432=29.568$ (mmol/L) 为游离

酸，那么该溶液的 pH 是多少？

已知乳酸的 pK=3.86，所以有

$$pH = 3.86 + \lg(10.432/29.568) = 3.86 - 0.452 = 3.408$$

11.8　苹果酸-乳酸发酵和苹果酸-酒精发酵的物理化学意义

我们知道，从总体上讲，苹果酸-乳酸发酵，就是将苹果酸转化等物质的量的乳酸，而苹果酸-酒精发酵则是将苹果酸完全转化为乙醇。

为了了解这两种发酵的根本区别，就需要分析苹果酸的这两种转化对葡萄酒成盐平衡的影响。在葡萄汁中，由于柠檬酸的含量很少，酒石酸和苹果酸就是最主要的酸。此外，葡萄酒中还有在酒精发酵中产生的少量乳酸、乙酸、琥珀酸和由果胶水解产生的半乳糖醛酸。而后 3 种酸都是弱酸，在成盐平衡中的作用非常小。

因此我们可用酒石酸和苹果酸的混合溶液为例来进行分析。

设溶液中含有酒石酸 40 mmol/L (6.0 g/L)，苹果酸 40 mmol/L (5.36 g/L)，pH=3.0。通过 pH 和酸的总量，就可根据已知酸的解离常数或混合常数来计算溶液中不同形态酸的浓度（表 11-1）。

表 11-1　三种酸的解离常数

酸	pK_1	pK_2
酒石酸	3.04	4.37
苹果酸	3.46	5.13
乳　酸	3.86	—

对于酒石酸：

$$a = 10^{(pH-pK_1)} = 10^{(3.0-3.04)} = 0.912$$

$$b = 10^{(pH-pK_2)} = 10^{(3.0-4.37)} = 0.042\,66$$

$$[H_2T] = C/(1+a+ab) = 40/(1+0.912 + 0.912 \times 0.042\,66) = 20.504 \ (mmol/L)$$

$$[HT^-] = 0.912 \times 20.504 = 18.7 \ (mmol/L)$$

对于苹果酸：

$$a = 10^{(pH-pK_1)} = 10^{(3.0-3.46)} = 0.3467$$

$$b = 10^{(pH-pK_2)} = 10^{(3.0-5.13)} = 0.007\,413$$

$$[H_2M] = C/(1+a+ab) = 40/(1+0.3467 + 0.3467 \times 0.007\,413) = 29.644 \ (mmol/L)$$

$$[HM^-] = 0.3467 \times 29.644 = 10.28 \ (mmol/L)$$

$$[M^{2-}] = 0.007\,413 \times 10.28 = 0.076 \ (mmol/L)$$

11.8.1　苹果酸-乳酸发酵

假设所有的苹果酸完全转化为乳酸，则会产生 40 mmol/L 乳酸。如果酒石酸不存在，则乳酸溶液中的成盐部分与原苹果酸溶液中的比例一致，即：

$$10.28 + 2 \times 0.076 = 10.432 \ (\text{mmol/L})$$

根据质量作用定律，则有

对于酒石酸：

$$(\text{H}^+) = K_1 \frac{[\text{H}_2\text{T}]}{[\text{HT}]} \tag{11-29}$$

对于乳酸：

$$(\text{H}^+) = K \frac{[\text{HL}]}{[\text{L}^-]} \tag{11-30}$$

在苹果酸未转化为乳酸前，pH＝3.0，游离酒石酸与半成盐的酒石酸之比为

$$[\text{H}_2\text{T}]/[\text{HT}^-] = 20.504/18.7$$

而对于乳酸，如前所述，游离酸和成盐酸的比例为

$$[\text{HL}]/[\text{L}^-] = 29.568/10.432$$

由于酒石酸和苹果酸同时存在，由苹果酸转化而来的乳酸的成盐条件，将会被较强的游离酒石酸改变，使结合态的乳酸释放出少量游离乳酸，而且使同样比例的酒石酸成盐，这一现象涉及酒石酸的第一个酸根。其结果是，伴随着新的平衡的产生，出现新的氢离子浓度。

设 x 为由结合态转变成游离态的酸量，根据式（11-29）、（11-30），可得式（11-31）：

$$(\text{H}^+) = K_1(20.504 - x)/(18.7 + x) = K(29.568 + x)/(10.432 - x)$$

$$\tag{11-31}$$

解式（11-31），得方程：

$$0.000\,773\,97x^2 - 0.034\,876x + 0.118\,753$$

解方程，得

$$x = 3.71(41.35\ 舍去)$$

因此，在苹果酸-乳酸发酵后，溶液中游离酒石酸与半成盐的酒石酸之比为

$$(20.504 - x)/(18.7 + x) = (20.504 - 3.71)/(18.7 + 3.71) = 16.79/22.41$$

由于 $\text{p}K_1 = 3.04$，所以：

$$\text{pH} = 3.04 + \lg(16.79/22.41) = 3.165$$

溶液中游离乳酸与成盐乳酸之比为

$$(29.568 + x)/(10.432 - x) = (29.568 + 3.71)/$$
$$(10.432 - 3.71) = 33.278/6.722$$

由于乳酸的 $\text{p}K_1 = 3.86$，所以：

$$\text{pH} = 3.86 + \lg(33.278/6.722) = 3.165$$

很显然，无论是用酒石酸计算，还是用乳酸计算，都会得到同样的 pH。

11.8.2　苹果酸-酒精发酵

苹果酸-酒精发酵是将苹果酸转化为酒精，伴随着苹果酸的消失，不产生任何其他的酸。

在苹果酸-酒精发酵前，以 mmol/L 为单位的灰分碱度为

$$[HT^-]+[HM^-]+2[T^{2-}]+[M^{2-}]=$$
$$18.7+10.28+2\times0.796+0.076=30.724 \text{ mmol/L}$$

在苹果酸-酒精发酵后，苹果酸的消失，并不会引起灰分碱度的变化，且灰分碱度只取决于酒石酸的半成盐和完全成盐的形态；同样，溶液的滴定酸度也取决于酒石酸。

设滴定酸度 $=T$，灰分碱度 $=A$，就可建立下列关系：

$$2[H_2T]+[HT^-]=T \tag{11-32}$$
$$[HT^-]+2[T^{2-}]=A \tag{11-33}$$
$$K_1[H_2T]/[HT^-]=K_2[HT^-]/[T^{2-}] \tag{11-34}$$

将式 (11-32)、(11-33) 代入式 (11-34)，得

$$K_1(T-[HT^-])/2[HT^-]=K_2 2[HT^-]/(A-[HT^-])$$
$$K_1(T-[HT^-])(A-[HT^-])=4 K_2[HT^-]^2$$
$$(K_1-4 K_2)[HT^-]^2-K_1(T+A)[HT^-]+K_1 TA=0$$

以上方程为未知数 $[HT^-]$ 的二次方程，解该方程得

$$[HT^-]=[K_1(T+A)\pm\sqrt{K_1^2(T+A)^2-4(K_1-4K_2)K_1 TA}]/2(K_1-4K_2)$$

已知：

$$A=30.724 \text{ mmol/L}$$
$$T=49.276 \text{ mmol/L}$$
$$K_1(T+A)=80 K_1=80\times10^{-3.04}=0.072\,961$$
$$K_1^2(T+A)^2=0.005\,323$$
$$4(K_1-4K_2)K_1 TA=4\times0.000\,741\,4$$
$$\times0.000\,912\times30.724\times49.276$$
$$=0.004\,095$$

因此：

$$[HT^-]=(0.072\,961\pm\sqrt{0.005\,323-0.004\,095})/$$
$$0.035\,043=25.57(72.83) \text{ (mmol/L)}$$
$$[T^{2-}]=(30.724-25.57)/2=2.577 \text{ (mmol/L)}$$
$$[H_2T]=49.276/2=11.853 \text{ (mmol/L)}$$

根据不同形态酸的浓度，就能计算出苹果酸-酒精发酵后溶液的 pH：

$$pH = pK_1 + lg([HT^-]/[H_2T]) = 3.04 + lg(25.57/11.853) = 3.374$$

$$pH = pK_2 + lg([T^{2-}]/[HT^-]) = 4.37 + lg(2.577/25.57) = 3.373$$

通过苹果酸-酒精发酵，溶液的 pH 由原来的 3.0 提高了 3.37，其增幅比苹果酸-乳酸发酵要大得多。需指出的是，pH 是对数值，其轻微的变化就表示氢离子含量的很大变化。在本例中，溶液中氢离子的浓度至少降低了一半。

11.9　葡萄酒的缓冲能力

为了充分理解葡萄酒的缓冲能力，我们就必须对二元酸的离解状况进行进一步的讨论。

11.9.1　表现类似一元酸的二元酸

现在我们以酒石酸、苹果酸和琥珀酸在 10% 的酒精水溶液中的表现为例来进行讨论。在 10% 的酒精溶液中，上述酸的热动力学解离系数如表 11-2：

表 11-2　三种酸的热力学解离系数

酸	pK_1	pK_2
酒石酸	3.20	4.46
苹果酸	3.61	5.27
琥珀酸	4.35	5.80

首先，我们尝试用一元酸 HB 来取代二元酸 H_2A，其方法如下：

在相同 pH，用物质的量表示浓度，可令

$$[HB] = 2[H_2A] + [HA^-]$$

$$[B^-] = 2[A^{2-}] + [HA^-]$$

则有

$$pH - pK_1 = lg([HA^-]/[H_2A])$$

$$pH - pK_2 = lg([A^{2-}]/[HA^-])$$

$$pH - pK = lg([B^-]/[HB]) = lg[(2[A^{2-}] + [HA^-])/(2[H_2A] + [HA^-])]$$

$$pK = pH + lg[(2[H_2A] + [HA^-])/(2[A^{2-}] + [HA^-])] \qquad (11-35)$$

用式（11-35）可计算"可代表在每个 pH 条件下，具有相同滴定酸和相同灰分碱度的相应二元酸的理论一元酸的离解常数"。

显然，将二元酸简化为一元酸，只是一种近似方法，其目的是为了检验这种简化，是否能在差异不大的范围内，反映一些物理化学现象。

根据以上给出的在 10% 的酒精溶液中热动力学离解系数，我们计算了酒石酸的结合状态，结果如表 11-3（以下所有结果都以 100 个分子为基数）：

表 11-3　酒石酸的结合状态

pH	H_2T/%	HT^-/%	T^{2-}/%
2.50	83.21	16.60	0.18
2.70	75.66	23.93	0.41
2.90	66.01	33.08	0.91
3.10	54.67	43.43	1.90
3.30	42.64	53.65	3.71
3.50	31.11	62.08	6.80
3.70	21.22	67.11	11.66
3.90	15.53	67.80	18.67

如果将以上数据代入式（11-35），计算代表酒石酸的理论一元酸的 pK，就得到以下数据（表 11-4）：

表 11-4　酒石酸的理论一元酸 pK 值

pH	2.50	2.70	2.90	3.10	3.30	3.50	3.70	3.90
pK	3.53	3.55	3.57	3.61	3.66	3.71	3.78	3.86

从以上结果可以看出，当 pH 的变化范围不超过 0.2 时，这一简化是完全可能的，可以认为，上述的每一个 pK 上，酒石酸的表现与一元酸相似。

同理，我们可以得到相同条件下苹果酸的结合状态如表 11-5：

表 11-5

pH	H_2M/%	HM^-/%	M^{2-}/%
2.50	92.97	7.20	0.01
2.70	89.02	10.95	0.03
2.90	83.62	16.31	0.07
3.10	76.27	23.57	0.16
3.30	66.89	32.76	0.35
3.50	55.88	43.38	0.74
3.70	44.18	54.36	1.46
3.90	32.97	64.29	2.74

计算出代表苹果酸的理论一元酸的 pK 如下：

pH	2.50	2.70	2.90	3.10	3.30	3.50	3.70	3.90
pK	3.93	3.93	3.95	3.97	4.00	4.04	4.10	4.17

可以看出，对于苹果酸，由 pH 引起的 pK 的变化比酒石酸还要小。

用同样的方法，计算出琥珀酸的结合状态如表 11-6：

表 11-6　琥珀酸的结合状态

pH	H₂Suc/%	HSuc⁻/%	Suc²⁻/%
2.50	98.61	1.39	0.0007
2.70	97.81	2.19	0.002
2.90	96.57	3.43	0.004
3.10	94.67	5.32	0.011
3.30	91.79	8.18	0.026
3.50	87.57	12.37	0.062
3.70	81.59	18.27	0.145
3.90	73.57	26.10	0.33

计算出琥珀酸的理论一元酸的 pK 如表 11-7：

表 11-7　琥珀酸的理论一元酸 pK 值

pH	2.50	2.70	2.90	3.10	3.30	3.50	3.70	3.90
pK	4.65	4.65	4.66	4.66	4.67	4.68	4.69	4.71

因此，在葡萄酒可能的 pH 范围内，琥珀酸的表现与一元酸几乎没有差异。上述简化方法表现出高度的可靠性。

从以上讨论结果，可以得出如下结论：当 pH 变化很小时，可以将二元酸作为一元酸来看待，其游离部分与滴定酸相对应，成盐部分与灰分碱度相对应。

11.9.2　对碱的缓冲能力

下面我们讨论当在一种部分成盐的有机酸溶液中，加入强碱时的缓冲概念。

根据前几节的讨论和质量作用定律，对于一元酸 HA，有下列关系：

$$pH = pK + \lg \frac{[A^-]}{[HA]}$$

将常用对数改写为自然对数，有

$$\lg x = \ln x / 2.3026; \quad \ln x = 1/x$$

$$pH = pK + \frac{\ln[A^-] - \ln[HA]}{2.0326} \tag{11-36}$$

将式（11-36）进行微分，得

$$dpH = \frac{1}{2.3026}\left[\frac{d[A^-]}{[A^-]} - \frac{d[HA]}{[HA]}\right] \tag{11-37}$$

如果在该溶液中加入一定量的强碱 dB，就会提高等量的成盐酸，同时降低等量的游离酸，即：

$$dB = d[A^-] = -d[HA] \tag{11-38}$$

将式 (11-38) 代入式 (11-37)，得

$$dpH = \frac{dB}{2.3026}\left\{\frac{1}{[A^-]} + \frac{1}{[HA]}\right\} = \frac{dB}{2.3026}\frac{[HA]+[A^-]}{[HA][A^-]}$$

即：

$$\frac{dB}{dpH} = 2.3026\frac{[HA][A^-]}{[HA]+[A^-]} \tag{11-39}$$

这样，我们就得到了一种酸溶液的 Anderson-Hasselbach 缓冲公式，它表示在 pH 变化极小的情况下，pH 变化一个单位所必需的强酸量。

对于混合酸溶液，引起 pH 变化一个单位必需的强碱量，取决于与每种酸反应的碱量的总和，并且与游离酸的总量及结合酸的总量有关。我们已经知道，游离酸的总量代表总酸，而结合酸的总量代表灰分碱度。

虽然以上分析是基于一元酸的，但是，在葡萄酒中，如果 pH 的变化不是很大，我们可以将二元酸当成一元酸看待，且其总酸和灰分碱度相等。当 pH 的变化极小时，二元酸与一元酸的表现完全一致。

因此，对于葡萄酒，如果用 T 表示总酸，A 代表灰分碱度，我们完全可以将式 (11-39) 改写为

$$\beta = \frac{dB}{dpH} = 2.3026\frac{T \times A}{T + A} \tag{11-40}$$

式中，β 为缓冲容量。

我们以本章中的巴尔贝拉葡萄酒为例，来计算其缓冲容量。已知该葡萄酒的总酸 $T = 100.9\,\mathrm{mmol/L}$，灰分碱度 $A = 23.2\,\mathrm{mmol/L}$，其缓冲容量为

$$\beta = \frac{dB}{dpH} = 2.3026\frac{T \times A}{T + A} = 2.3026\frac{100.9 \times 23.2}{100.9 + 23.2} = 43.43\,(\mathrm{mmol/L})$$

即在该葡萄酒中加入 43.43 mmol/L 的强碱（如氢氧化钾、碳酸氢钾的等），就可将其 pH 由 3.23 提高到 4.23。如果要将 pH 提高 0.1，只需加入 4.34 mmol/L 相当于一价的降酸剂，葡萄酒的总酸也会由 100.9 mmol/L 降低到 96.56 mmol/L，即由 7.57 g/L 降低到 6.88 g/L（酒石酸）。

11.9.3　对酸的缓冲能力

前面我们讨论了在加入强碱时，即在降酸时，葡萄酒的缓冲能力。根据同样的推理，下面我们讨论在加入强酸（如硫酸）时葡萄酒的缓冲能力。

我们再次将式 (11-37) 重复如下：

$$dpH = \frac{1}{2.3026}\left[\frac{d[A^-]}{[A^-]} - \frac{d[HA]}{[HA]}\right]$$

用 dAc 表示所加入的无机酸的量，则：

$$dAc = d[HA] = -d[A^-] \tag{11-41}$$

将式代入式 (11-37)，得

$$\beta = -\frac{dAc}{dpH} = -2.3026\frac{[HA][A^-]}{[HA]+[A^-]} \tag{11-42}$$

将葡萄酒的总酸 (T) 和灰分碱度代入式 (11-42)，得

$$\beta = -\frac{dAc}{dpH} = -2.3026\frac{T \times A}{T+A} \tag{11-43}$$

所以，在加入强酸时，葡萄酒的缓冲容量与加入强碱时是一致的，但其值在加入强酸后是负值，也就是 pH 降低了。

11.10　酸的结合状态对比重法测定干浸出物结果的影响

葡萄酒中有机酸的结合状态，除影响 pH、缓冲能力以及降酸、增酸等以外，还对葡萄酒的密度有影响，从而影响通常用比重法测定的干浸出物的结果。在测定葡萄汁的干浸出物时，如果我们将比重法与称重法测定的结果进行比较，就会发现，比重法比称重法测定的结果要多几克，但在葡萄酒中，这两种方法测定的结果则相对一致。这是因为，用比重法测定的干浸出物所表示的是，同体积的葡萄汁或葡萄酒中所含有的与果糖、葡萄糖不同的其他成分，在水溶液中与蔗糖的水溶液具有相同的密度时的蔗糖的浓度 (g/L)。所以，干浸出物的量受所有溶解在葡萄汁中的、除糖以外的其他成分的质量对密度的影响，例如，1 g K_2SO_4 对密度的影响相当于 2.2 g 的蔗糖，即在用比重法测定干浸出物时，它将被认为是 2.2 g 的干浸出物。

表 11-8 列出了溶解在葡萄酒中的一系列成分，1 g/L 对用比重法测定的葡萄汁或葡萄酒干浸出物含量的影响值。

表 11-8　各种成分对比重法干浸出物的影响

成　分	干浸出物/(g/L)（比重法 20 ℃/20 ℃）
酒石酸	1.190
酒石酸氢钾	1.533
酒石酸钾	1.762
苹果酸	1.030
苹果酸氢钾	1.412
苹果酸钾	1.671
乳酸	0.639
乳酸钾	1.370
琥珀酸	0.775
磷酸二氢钾	1.837

续表

成　　分	干浸出物/(g/L)(比重法 20 ℃/20 ℃)
硫酸钾	2.200
谷氨酸	1.050
精氨酸	0.900
脯氨酸	0.650
甘油	0.603

11.11　小　　结

在葡萄酒的 pH（2.8～3.8）条件下，其中的有机酸一部分以游离状态存在，另一部分则以盐的形式存在。而弱酸的解离度取决于其解离常数 K 和溶液的 pH。对于二元酸而言，第一个酸基的解离常数为 K_1，第二个酸基的解离常数为 K_2。解离常数代表酸的强度，K 越大，酸的强度越大。K 也是质量作用定律在离解平衡中作用的结果。根据质子理论，凡是给出质子的物质是酸，凡是接受质子的物质是碱。对于一元酸（HA）而言，HA 给出质子后转变为碱 A^-，碱 A^- 接受质子后转变为酸 HA。酸 HA 与碱 A^- 之间的相互依存关系为共扼关系。HA 是 A^- 的共扼酸，A^- 是 HA 的共扼碱，HA-A^- 称为共扼酸碱对。它们之间的质子得失反应称为酸碱半反应。

在葡萄酒中，一元酸包括乙酸、乳酸、半乳糖醛酸、葡糖醛酸和葡糖酸。由于 pH 是氢离子活度的负对数，所以通过 pH 的测定，就能得到氢离子的活度。同样，根据 pH 和一元酸的 pK，就可计算出酸的未解离和解离（成盐）部分的量。在葡萄酒可能的 pH 范围内，当 pH 变化很小时，可以将二元酸作为一元酸来看待，其游离部分与滴定酸相对应，成盐部分与灰分碱度相对应。

由于同时含有弱酸及其盐，当加入酸或碱时，葡萄酒对其 pH 的变化表现出一定的抗性，即葡萄酒是一种缓冲溶液。而缓冲溶液的缓冲能力有一定的限度，当加入酸或碱量较大时，缓冲溶液就失去缓冲能力。缓冲能力的大小由缓冲容量来衡量。所谓缓冲容量是指在 pH 变化极小的情况下，pH 变化一个单位所必需酸或碱的物质的量，用 β 表示。在葡萄酒中，如果用 T(mmol/L) 表示总酸，A(mmol/L) 代表灰分碱度，则：

$$\beta = \frac{dB}{dpH} = -\frac{dAc}{dpH} = \pm 2.3026 \frac{T \times A}{T + A}$$

此外，葡萄酒有机酸的结合状态，除影响 pH、缓冲能力以及降酸、增酸等以外，还对葡萄酒的密度有影响，从而影响通常用比重法测定的干浸出物的结果。

主要参考文献

董元彦，左贤云，邬荆平. 2000 无机及分析化学. 北京：科学出版社

高年发，李小刚，杨枫. 葡萄及葡萄酒中有机酸及降酸研究. 中外葡萄与葡萄酒，1999
　　(4)：6

郜志峰，傅承光，张彦从. 1994. 单柱离子色谱测定葡萄不同成长期的苹果酸、酒石酸和柠檬
　　酸. 河北大学学报（自然科学版），14（3）：34

李华. 2000. 现代葡萄酒工艺学（第二版）. 西安：陕西人民出版社

刘光启，马连湘，刘杰. 2002. 化学化工数据手册（有机卷）. 北京：化学工业出版社

刘建华，刘涛，刘振来. 2001. 葡萄酒的冷稳定工艺研究. 第二届国际葡萄与葡萄酒学术研讨
　　会论文集. 西安：陕西人民出版社. 149

司合芸，李记明. 2001. 葡萄酒化学降酸及其稳定性研究. 第二届国际葡萄与葡萄酒学术研讨
　　会论文集. 西安：陕西人民出版社. 158

Usseglio-Tomsset L. 1995. Chimie oenologique. 2eme edition. Paris：Tec & Doc

第 12 章 葡萄酒的降酸与增酸

我们知道，国际标准允许使用的化学降酸方法，是在葡萄酒或葡萄汁中加入降酸剂（包括碳酸氢钾和碳酸钙），而增酸的方法是加入增酸剂（只有酒石酸）。为了正确评价化学降酸和增酸的作用，就必须通过化学分析了解葡萄酒中的酸组成。对未澄清的葡萄汁或葡萄醪进行降酸或增酸，由于会形成酒石酸氢钾结晶的悬浮物或沉淀，故很难评价其效果。

降酸或增酸对葡萄酒的影响是复杂的，它涉及有机酸的所有中和平衡。加入降酸剂或增酸剂，不仅影响葡萄酒的酸碱平衡，而且会自然地引起溶解度低的盐的沉淀。这些盐的沉淀，除影响葡萄酒的物理化学稳定性外，还会对降酸或增酸的最终结果产生深刻的影响。

在葡萄酒的酿造过程中，所有处理的目标，必须是改变葡萄酒的感官特性。由于只有氢离子浓度才是最终决定葡萄酒酸的感觉的因素。所以，对葡萄酒降酸或增酸的目标必须是改变葡萄酒的 pH，而不是改变葡萄酒的总酸。但是，在传统的葡萄酒学中，由于总酸的分析较为容易，习惯上只重视葡萄酒的总酸，而对葡萄酒的 pH 重视不够，虽然总酸的改变并不一定与氢离子浓度的变化相一致。

12.1 葡萄酒 pH 的变化

由于同时含有弱酸及其盐，当加入酸或碱时，葡萄酒对其 pH 的变化表现出一定的抗性，即葡萄酒是一种缓冲溶液。在第 11 章中，我们已经知道，葡萄酒的缓冲能力用缓冲容量 β 表示，在 pH 变化极小的情况下，其计算公式如下：

$$\beta = \frac{dL}{dpH}$$

式中，dL 表示所加入的强碱或强酸的量，dpH 表示葡萄酒 pH 的变化量。换言之，β 表示当 pH 变化极小时，pH 变化一个单位（如由 3.0 改变为 4.0）所必需的强酸或碱的量。

对于混合酸溶液，引起 pH 变化一个单位必需的强碱量，取决于与每种酸反应的碱量的总和，并且与游离酸的总量及结合酸的总量有关。我们已经知道，游离酸的总量代表总酸，而结合酸的总量代表灰分碱度。

虽然以上分析是基于一元酸的，但是，在葡萄酒中，如果 pH 的变化不是很大，我们可以将二元酸当成一元酸看待，且其总酸和灰分碱度相等。当 pH 的变化极小时，二元酸与一元酸的表现完全一致。

　　因此，对于葡萄酒，如果用 T 表示总酸，S 代表灰分碱度，我们完全可以将 Anderson-Hasselbach 缓冲公式改写为：

$$\beta = \frac{\mathrm{dL}}{\mathrm{dpH}} = 2.303 \frac{T \times S}{T + S} \tag{12-1}$$

12.2　葡萄酒的降酸

　　下面，我们以 Usseglio-Tomasset（1995）的降酸实验结果为例，对葡萄酒的降酸进行讨论。在该实验中，需要对一系列葡萄酒进行降酸，以使它们的 pH 提高 0.3。

　　为了达到这一目的，取 100 ml 葡萄酒，在其中加入 0.1 mol/L 的 NaOH，并用精确的 pH 计测定葡萄酒的 pH，直到葡萄酒的 pH 升高 0.3 为止，精确计算出所需的 NaOH 的物质的量。

　　我们取同样的葡萄酒各 100 ml，分别加入与 NaOH 等物质的量的 $KHCO_3$ 和 $CaCO_3$ 后，再精确测定葡萄酒的 pH。结果会发现，使用 $KHCO_3$，可得到与 NaOH 同样的结果，而使用 $CaCO_3$ 后，葡萄酒的 pH 要比使用 NaOH 的低。为了评价 $KHCO_3$ 和 $CaCO_3$ 之间的表现差异，我们在用 $KHCO_3$ 降酸的葡萄酒中加入相应量的 0.1mol/L 的 HCl，使其 pH 与用 $CaCO_3$ 降酸的葡萄酒的 pH 完全相同，这样，消耗 HCl 的物质的量就可用于测定两种降酸剂之间的差异。

　　这种表现的差异说明，在降酸过程中，钙只能是部分地与酸结合，并伴随着氢离子的释放。

　　为了更好地理解在降酸以后葡萄酒的变化，就需要测定葡萄酒的酒度、pH、总酸、灰分碱度以及钙和钾。

　　由于我们感兴趣的是在物理化学稳定后的葡萄酒的结果，所以，用 $KHCO_3$ 降酸的葡萄酒在 $-5 \sim -4$ ℃的温度条件下处理了 $6 \sim 7$ d，而用 $CaCO_3$ 降酸的葡萄酒则在室温下保留了 10 d。在稳定处理结束后，取澄清葡萄酒测定 pH。

　　正如该实验所证实的那样，由盐的沉淀而引起的 pH 的变化，取决于在降酸后葡萄酒所达到的 pH。当降酸后葡萄酒的 pH 接近 3.60 时，由盐的沉淀而引起的 pH 的变化不大，但如果葡萄酒的 pH 低于 3.60，则盐的沉淀会引起 pH 明显的降低。

　　由于无论在葡萄酒中加入 $KHCO_3$，还是加入 $CaCO_3$，都会引起酒石酸的沉淀，这样，就不难理解上述现象：在 pH 为 3.60 时，酒石酸几乎完全解离为酒石酸氢根离子（HT^-）；而在 pH 低于 3.60 时，酒石酸则既有游离酸形态（H_2T），又有酒石酸氢根离子形态（HT^-）。因此，由酒石酸的一级解离平衡，

可得

$$pH = pK_1 + \lg \frac{[HT^-]}{[H_2T]} \tag{12-2}$$

式（12-2）表示，酒石酸溶液的 pH 等于常数 pK_1 加上 $[HT^-]$ 与 $[H_2T]$ 之比的对数值。所以，酒石酸氢根离子的沉淀，意味着式（11-2）中对数式分子的减小，从而使其对数值和 pH 降低。

如果大量的酒石酸都结合成酒石酸钙，就会破坏原来的成盐平衡，降低最终的酒石酸氢根离子浓度，从而降低 pH。

从以上分析可以看出，在降酸后，由于盐的沉淀结果，刚好与降酸本身相反，即盐的沉淀，会使在降酸以后葡萄酒已经升高的 pH 降低。

在这方面，应该强调 $KHCO_3$ 与 $CaCO_3$ 的表现有着深刻的差异。事实上，除其降酸能力更低外，在葡萄酒的稳定阶段，碳酸钙还会引起中性酒石酸盐的沉淀，从而引起灰分碱度的降低，且其降低的幅度相当于沉淀的阳离子的毫摩数，而在这一阶段中，葡萄酒的总酸不会有任何降低。

与 $CaCO_3$ 相反，在稳定阶段，$KHCO_3$ 会引起酒石酸氢钾沉淀，也会导致灰分碱度的降低，其降低幅度同样相当于沉淀的阳离子的毫摩数。但是，它同时会降低葡萄酒的总酸。对于相同毫摩数的阳离子沉淀，钾会从葡萄酒中除去相当于钙除去的两倍的酒石酸，所以其最终的降酸效果要好得多，而且葡萄酒的 pH 会更高。

Usseglio-Tomasset（1995）用上述方法对 18 种葡萄酒进行了降酸实验研究。为了便于理解，我们以巴尔贝拉 1980 葡萄酒为例来详细说明实验方法。在表 12-1 中，标明了该葡萄酒的酒度、pH、总酸和灰分碱度。

表 12-1　葡萄酒 1980-$KHCO_3$ 降酸并在 $-4 \sim -5\,^\circ\!C$ 稳定处理 $6 \sim 7\,d^*$

mmol/L	Barbera	Freisa	Dolcetto	Nebiolo	Grignolino	Merlot	Cortese	Pinot B	Riesling
葡萄原酒									
酒度% （体积分数）	9.60	11.30	10.80	10.60	10.10	11.20	10.32	11.40	10.75
pH	2.96	3.11	3.14	3.19	3.05	3.27	2.81	3.26	2.88
总酸	118.5	136.1	94.5	93.5	113.9	87.5	113.2	80.9	87.8
灰分碱度	22.0	27.0	20.5	21.5	22.0	22.0	19.5	20.0	15.0
计算 β	42.73	52.0	38.80	40.20	42.46	40.49	38.31	39.93	29.51
K	15.244	26.345	18.621	18.544	20.104	23.123	19.183	19.056	17.265
Ca	1.199	1.273	1.123	1.397	2.495	1.207	0.898	1.522	2.096
降酸									
加入 NaOH	16.55	16.60	12.75	13.80	15.30	14.00	13.30	11.85	10.25

续表

mmol/L	Barbera	Freisa	Dolcetto	Nebiolo	Grignolino	Merlot	Cortese	Pinot B	Riesling
pH	3.29	3.42	3.44	3.49	3.37	3.60	3.14	3.58	3.19
dpH	0.33	0.31	0.30	0.30	0.32	0.33	0.33	0.32	0.31
测定 β	50.15	53.50	42.50	46.00	47.81	42.42	40.30	37.03	33.06
结合酸	26.68	28.01	22.93	25.40	25.39	23.33	20.70	20.07	17.16
pK	3.61	3.80	3.76	3.76	3.70	3.84	3.55	3.87	3.59
降酸									
加入 K	16.480	16.711	12.885	13.844	15.382	14.084	13.315	12.166	10.278
总酸	102.00	119.39	81.61	79.62	98.52	73.42	99.88	67.83	77.57
结合酸	43.16	44.72	35.81	39.28	40.77	37.41	34.01	32.24	27.44
测定 pH	3.30	3.43	3.44	3.50	3.38	3.62	3.14	3.61	3.20
计算 pH	3.24	3.37	3.40	3.45	3.32	3.55	3.08	3.55	3.14
稳定									
沉淀 K	14.307	10.060	6.286	6.697	15.408	12.011	18.355	8.584	12.886
总酸	87.49	109.33	75.33	72.92	83.11	61.40	81.53	60.15	64.49
结合酸	28.85	34.66	29.52	32.58	25.36	25.40	15.65	23.66	14.55
测定 pH	3.18	3.38	3.42	3.48	3.28	2.56	2.98	3.60	3.03
计算 pH	3.13	3.30	3.35	3.41	3.18	3.46	2.83	3.46	2.94
计算 β	49.96	60.61	48.84	51.86	44.75	41.38	30.24	39.11	27.34

* 据 Usseglio-Tomasset (1995) 资料整理。

根据式 (12-1)，将在预备实验中所加入的 NaOH 的物质的量除以 pH 的变化值，就得到了该葡萄酒的缓冲容量：

$$16.55/0.33 = 50.15 \, (\text{mmol/L})$$

这样测定的缓冲容量表示 pH 的变化在 0.3 左右时的平均值，而与计算出的缓冲容量值不一致，因为计算出的值是建立在 pH 变化极小时的值，虽然两者差异不大。

在降酸现象中要用的缓冲容量，是实验所得的缓冲容量。此外，它还可使我们根据总酸而获得葡萄酒的成盐（结合酸）的量，从而可避免繁重而枯燥的灰分碱度的测定。

事实上，根据式 (12-1)，如果 S 表示结合酸量，就可得到式 (12-3)：

$$S = \frac{\beta T}{2.0326T - \beta} \tag{12-3}$$

利用式 (12-3)，就可计算出表 12-1 中 Barbera 葡萄酒的结合酸量：

$$S = \frac{\beta T}{2.0326T - \beta} = \frac{50.15 \times 118.5}{2.3026 \times 118.5 - 50.15} = 26.68 \, \text{mmol/L}$$

正如我们在第 11 章中得出的结论，当 pH 变化很小时，可以将二元酸作为

一元酸来看待，其游离部分与滴定酸相对应，成盐部分与灰分碱度相对应。由此可得

$$pK = pH + lg \frac{T}{S} \qquad (12\text{-}4)$$

$$pH = pK + lg \frac{S}{T} \qquad (12\text{-}5)$$

由式（12-4），可计算出 Barbera 葡萄酒的 pK：

$$pK = pH + lg \frac{T}{S} = 2.96 + lg \frac{118.5}{26.68} = 3.61$$

在用碳酸氢钾降酸时，在 100 ml 葡萄酒中加入了 165 mg KHCO$_3$，即加入了 16.480 mmol/L 的钾，它将降低游离酸（总酸）16.480 mmol/L，同时提高结合态酸 16.480 mmol/L。这样，在加入钾后，葡萄酒中的总酸和游离酸分别为

$$T = 118.5 - 16.480 = 102.00 \text{ (mmol/L)}$$
$$S = 26.68 + 16.480 = 43.16 \text{ (mmol/L)}$$

在表 12-1 中，同时标出了在加入钾后，测定的 pH 和用式（12-5）计算的 pH：

$$pH = pK + lg \frac{S}{T} = 3.61 + lg \frac{43.16}{102.00} = 3.24$$

在用钾降酸后，经过在 -4 ℃温度下稳定处理 6 d，葡萄酒中还含有钾 681 mg/L，即 17.417 mmol/L。

在葡萄酒稳定处理前的钾含量为葡萄原酒的含钾量与所加入的钾量之和：

$$15.244 + 16.480 = 31.724 \text{ (mmol/L)}$$

用该含钾量减去在稳定处理后葡萄酒中的含钾量，就得到了所沉淀的钾量：

$$31.724 - 17.417 = 14.307$$

在葡萄酒稳定中所降低的含钾量，或者等于总酸的降低量，或者等于结合酸的降低量。这样，在稳定处理后，葡萄酒的总酸和结合酸的量分别为：

$$T = 102.00 - 14.307 = 87.49 \text{ (mmol/L)}$$
$$S = 43.16 - 14.307 = 28.85 \text{ (mmol/L)}$$

利用式（12-5）和（12-1），可分别计算出稳定处理后葡萄酒的 pH 为 3.13，β 为 49.96 mmol/L。

在表 12-2 中，标出了用 CaCO$_3$ 降酸的结果。

表 12-2　葡萄酒 1980-CaCO$_3$ 降酸并在室温下稳定处理 10 d*

mmol/L	Barbera	Freisa	Dolcetto	Nebiolo	Grignolino	Merlot	Cortese	Pinot B	Riesling
葡萄原酒									
酒度% (体积分数)	9.60	11.30	10.80	10.60	10.10	11.20	10.32	11.40	10.75

续表

mmol/L	Barbera	Freisa	Dolcetto	Nebiolo	Grignolino	Merlot	Cortese	Pinot B	Riesling
pH	2.96	3.11	3.14	3.19	3.05	3.27	2.81	3.26	2.88
总酸	118.5	136.1	94.5	93.5	113.9	87.5	113.2	80.9	87.8
灰分碱度	22.0	27.0	20.5	21.5	22.0	22.0	19.5	20.0	15.0
计算 β	42.73	52.0	38.80	40.20	42.46	40.49	38.31	39.93	29.51
K	15.244	26.345	18.621	18.544	20.104	23.123	19.183	19.056	17.265
Ca	1.199	1.273	1.123	1.397	2.495	1.207	0.898	1.522	2.096
用 CaCO₃ 降酸									
a 加入 Ca 量	8.313	8.383	6.491	7.053	7.683	7.113	6.684	6.085	5.175
测定 pH	3.23	3.37	3.39	3.44	3.31	3.55	3.08	3.53	3.14
KHCO₃ 降酸后用 HCl 调整 pH									
b 加入 K 量	16.480	16.711	12.885	13.884	15.382	14.084	13.315	12.166	10.278
测定 pH	3.30	3.43	3.44	3.50	3.38	3.62	3.14	3.61	3.20
C 加入 HCl	2.06	2.48	1.64	2.16	3.36	2.56	2.40	2.80	1.87
测定 pH	3.23	3.37	3.39	3.44	3.31	3.55	3.08	3.53	3.14
100(b−c)/2a	87.95	84.89	86.61	83.11	78.24	81.00	81.65	76.97	81.23
总酸	104.08	121.87	83.26	81.78	101.88	75.98	102.28	71.53	79.44
结合酸	41.10	42.24	34.17	37.12	37.41	34.85	31.61	29.44	25.27
计算 pH	3.21	3.34	3.37	3.42	3.26	3.50	3.04	3.48	3.10
稳定									
沉淀 Ca 量	7.99	7.26	5.94	6.81	8.88	6.72	6.38	6.16	5.72
总酸	104.08	121.87	83.25	81.78	101.88	75.98	102.29	71.53	79.39
结合酸	33.11	34.11	28.08	30.20	28.76	28.06	25.55	23.35	19.82
测定 pH	3.02	3.21	3.25	3.28	3.17	3.38	2.97	3.40	3.03
计算 pH	3.11	3.06	3.14	3.18	3.06	3.18	3.00	3.12	3.00
计算 β	57.85	61.37	48.36	50.79	51.65	47.19	47.09	40.54	36.53

* 据 Usseglio-Tomasset（1995）资料整理。

在 100 ml Barbera 葡萄酒中，加入了 83.2 mg CaCO₃，即加入的钙量为 8.313 mmol/L。加入钙后，葡萄酒 pH 为 3.23。

用 0.1 mol/L 的 HCl 将已经用 16.480 mmol KHCO₃ 降酸的葡萄酒的 pH 降低到 3.23，所用 HCl 的量为 2.06 mmol，这表明 8.313 mmol 的钙与 16.480—

$2.06 = 14.420$ mmol 的钾的降酸作用相一致，也就是，$CaCO_3$ 的降酸能力只有：

$$\frac{14.621}{2 \times 8.313} \times 100\% = 87.95\%$$

在降酸后，总酸降低了 14.420 mmol/L，同时也提高了结合酸量 14.420 mmol/L，所以总酸和结合酸量分别为

$$T = 118.5 - 14.420 = 104.08 \ (\text{mmol/L})$$
$$S = 26.68 + 14.621 = 41.10 \ (\text{mmol/L})$$

在室温下稳定处理 10 d 后，葡萄酒中的钙含量为 61 mg/L，即 1.522 mmol/L。

在葡萄酒稳定处理前的钙含量为葡萄原酒的含钙量与所加入的钙量之和：

$$1.199 + 8.3125 = 9.512 \ (\text{mmol/L})$$

所以，在稳定处理后，葡萄酒所沉淀的钙量为

$$9.512 - 1.522 = 7.990 \ (\text{mmol/L})$$

在稳定处理中所降低的钙量，只等于结合酸所降低的量。所以稳定以后，葡萄酒中结合酸量为

$$41.10 - 7.990 = 33.11 \ (\text{mmol/L})$$

同理，可分别计算出稳定处理后，葡萄酒的 pH 为 3.11，β 为 57.84 mmol/L。

由表 12-1、12-2 和上述分析结果，可以得出以下结论：

（1）在降酸过程中，$KHCO_3$ 的作用与氢氧化钠完全一致。

（2）$CaCO_3$ 在葡萄酒中的降酸能力比 $KHCO_3$ 的低，而且这与降酸后的稳定处理无关。这可能是由于在降酸以后，钙与葡萄酒中的某些成分发生反应而释放出氢离子的缘故。根据表 12-1 和表 12-2 的平均值，$CaCO_3$ 在葡萄酒中的降酸能力约为其理论值的 85%。

（3）无论是用 $KHCO_3$，还是用 $CaCO_3$ 降酸，在降酸后都必须进行稳定处理。对于 $KHCO_3$ 降酸的葡萄酒，必须进行冷处理，但用 $CaCO_3$ 降酸的葡萄酒，可在室温下处理。此外，比较表 12-1 和 12-2 中的数据发现，在加入一价盐相当物质的量的降酸剂时，在稳定后，钙的沉淀要比钾的沉淀完全得多。表 11-2 的结果表明，对于 pH 低的葡萄酒，也就是最需要降酸的葡萄酒，所加入的钙几乎完全沉淀，而钾的沉淀量则较低。

（4）正如前面已经讨论过的那样，在稳定阶段，降酸剂的表现，刚好与降酸本身相反，即它会使在降酸以后已经升高的 pH 降低。但是，在这方面，$KHCO_3$ 和 $CaCO_3$ 的区别，并不是因为 $CaCO_3$ 的降酸能力较低，而是因为钙的沉淀只导致灰分碱度（结合酸）的降低，而钾的沉淀则同时引起总酸和结合酸的降低。就 pH 而言，$CaCO_3$ 的降酸效果要比 $KHCO_3$ 的差，所以，如果要获得同样的 pH，就要增加 $CaCO_3$ 的用量。

(5) 如果将葡萄酒的酸度，看成是由一元酸形成的话，则其游离酸可用总酸表示。这样，在表 12-1 和 12-2 中，根据所测定的葡萄酒的缓冲容量 β 和 pK，就可利用 Anderson-Hasselbach 公式，计算葡萄酒在稳定前后的 pH，且这样计算的 pH 与测定值非常接近。

(6) 最后，需指出的是，在用 $KHCO_3$ 对陈年老酒进行降酸时，降酸后葡萄酒的稳定非常困难，且其酒石酸氢钾的沉淀要比新酒少得多。这可能是因为，陈酿会提高葡萄酒抑制酒石酸氢钾沉淀的能力。同样，对于新酒，在降酸后，用 $KHCO_3$ 降酸的葡萄酒，也比用 $CaCO_3$ 降酸的葡萄酒更难稳定。

12.3　达到稳定后葡萄酒所要求的 pH 降酸剂用量的确定

有了上述数据，就可通过计算来确定，达到稳定后葡萄酒所预计的 pH 所需要的降酸剂用量。当然，需强调的是，$CaCO_3$ 的实际降酸能力只有其理论值的 85%。此外，还应该区别 $KHCO_3$ 和 $CaCO_3$ 在降酸过程中表现的差异。

12.3.1　碳酸氢钾

我们仍然以巴尔贝拉 1980 葡萄酒为例，来进行相关的讨论，且设其经过降酸及稳定处理后的 pH＝3.30。

如果用 x 表示所需加入的 K 的物质的量，则所加入的 K 会在稳定阶段引起等量的沉淀，总酸 T 的变化为 $T-2x$：因为在降酸阶段会引起总酸降低 x mmol，在稳定阶段，由于同样数量的酒石酸氢钾的沉淀，还会引起总酸降低 x mmol。由于结合酸 S 将在降酸阶段提高 x mmol，而在稳定阶段将降低 x mmol，所以，结合酸保持不变。

将在加入 K 并稳定后，葡萄酒的上述变化代入式（12-5），可得

$$pH = pK + \lg \frac{S}{T-2x} \tag{12-6}$$

解式（12-6），得

$$10^{(pK-pH)} = \frac{T-2x}{S}$$

$$T-2x = S \times 10^{(pK-pH)}$$

$$x = \frac{T}{2} - \frac{S}{2} 10^{(pK-pH)} \tag{12-7}$$

将表 12-1 的相关数据代入式（12-7），得

$$x = \frac{118.5}{2} - \frac{26.68}{2} 10^{(3.61-3.30)} = 32.01 \text{（mmol）}$$

所以，为了使该葡萄酒的最终 pH 达到 3.30，应在葡萄酒中加入 32 mmol

的 $KHCO_3$，而使总酸的降低量很大。

为了预计 $KHCO_3$ 的必需加入量，在降酸前，就必须测定葡萄酒的 pH、总酸以及计算结合酸和 pK 所需的缓冲容量。

为此，应取 100 ml 葡萄酒，用 0.1 mol/L 的 NaOH 溶液将葡萄酒 pH 调整到预计的值上，但 pH 的变化值应在 0.3 左右，计算所消耗 NaOH 的体积数。这样，根据式（12-1），用所消耗 NaOH 的体积数 dL 除以 pH 的变化值 dpH，就得到了葡萄酒的缓冲容量 β。

将葡萄酒的总酸 T 和缓冲容量 β 代入式（12-3），就可计算出葡萄酒的结合酸量 S。

将葡萄酒的 pH、T 和 S 代入式（12-4），就可计算出葡萄酒的 pK。

最后，将上述值和葡萄酒最终要达到的 pH 代入式（12-7），就可计算出所需加入的 $KHCO_3$ 量。

正如我们多次所强调的那样，使用 $KHCO_3$ 会导致葡萄酒总酸的大幅下降。因此，它适用于那些 pH 低、总酸也高的葡萄酒，也就是最需要降酸的葡萄酒。

在本例中，加入 32 mmol 的钾，将导致总酸降低 4.8 g/L（酒石酸），即葡萄酒的总酸将从原来的 8.9 g/L 降低到 4.1 g/L（酒石酸），所以降低幅度过大，而且葡萄酒中可能没有可供除去的酒石酸量。

很显然，实际的最大降酸量，取决于葡萄酒中可供除去的最大酒石酸量。所以，对于 Barbera 1980 葡萄酒，不可能将其稳定后的 pH 提高到 3.30，而应考虑更低的最终 pH。例如，如果将最终 pH 确定为 3.20，则只需 25 mmol 的钾，它将除去 3.47 g/L 的酒石酸。在 Usseglio-Tomasset（1995）所报道的实例（表 12-1）中，由于酒石酸氢钾的沉淀量稍低，使用 16.480 mmol 的钾就可除去 2.18 g/L（酒石酸），使葡萄酒的最终 pH 达到 3.18。

对于红葡萄酒，通常用苹果酸-乳酸发酵来进行降酸。为了促进苹果酸-乳酸发酵，常用 $KHCO_3$ 在发酵前将葡萄酒的 pH 调整到 3.2 左右。需强调的是，在苹果酸-乳酸发酵结束后，葡萄酒的 pH 还会再提高 $0.1 \sim 0.2$。

显然，如果在稳定阶段，钾的沉淀不完全，葡萄酒的最终 pH 将会高一些（表 12-1），这进一步说明，计算的 pH 常常会比实验的 pH 高。

12.3.2　碳酸钙

如前所述，作为降酸剂，$CaCO_3$ 不仅降酸能力比酒石酸氢钾低（约为其 85%），而且在稳定阶段，$CaCO_3$ 所引起酒石酸沉淀的量，仅为酒石酸氢钾沉淀量的一半。因此，虽然在与酸的反应中，1 mol Ca＝2 mol K，但与葡萄酒中可供除去的最大酒石酸量相联系，使用钙的物质的量与钾相等。

此外，根据实验数据（表 12-1、12-2），使用 $CaCO_3$ 可使葡萄酒获得更为完全的稳定。

考虑到上述因素，如果加入 x mmol 的钙，总酸将由 T 降低到 $T-0.85\times 2x$，而且这一降低量将在降酸阶段表现，而在稳定阶段，总酸将保持不变。此外，在加入的钙沉淀时，不会引起结合酸的变化。

因此，根据式（12-5），可得

$$pH = pK + \lg \frac{S}{T-1.7x} \tag{12-8}$$

解式（12-8）得

$$x = \frac{T - S \times 10^{(pK-pH)}}{1.7} \tag{12-9}$$

根据式（12-9），可计算出在 Barbera 1980 葡萄酒中，加入 $CaCO_3$ 形式的 25 mmol钙，所获得的最终 pH 为 3.16，比加入 25 mmol 的钾所获得的最终 pH 3.20 略低。

如果需要提高 pH 以有利于苹果酸-乳酸发酵，即在稳定前提高葡萄酒的 pH，最好不用 $CaCO_3$。因为钙比钾更容易变为不溶态，而钙的不溶态会使葡萄酒的 pH 降低，从而降低处理的效果。

12.4　葡萄酒的增酸

葡萄酒的化学增酸只能用加入酒石酸来实现。与降酸一样，增酸的目的是将葡萄酒的 pH 调整到所希望的值上，以获得相应的感官特征。

虽然酒石酸是葡萄酒中最强的有机酸，但它仍然是弱酸。因此，其增酸的作用不仅是由于提高总酸，而且还因为降低灰分碱度，而灰分碱度的降低，是在稳定阶段通过酒石酸氢钾的沉淀而实现的。

所以，稳定处理不仅能保证葡萄酒的物理化学稳定性，也是达到增酸要求所必需的。

与降酸的稳定过程一样，由于同样的物理化学原因，在用酒石酸增酸时，酒石酸氢钾的沉淀会加速 pH 的降低。

实际上，如果所加入的酒石酸完全以酒石酸氢钾的形式沉淀，最终结果会与加入等物质的量的强酸，如盐酸一样，沉淀等物质的量的钾。最后会观察到与所加入酒石酸物质的量相等的灰分碱度（结合酸）的降低量。

Usseglio-Tomasset 对 9 个 pH 较高的葡萄酒进行了增酸实验，结果见表 12-3。

表 12-3　葡萄酒 1981-加入酒石酸并在-5 ℃稳定处理 7 d*

mmol/L	1	2	3	4	5	6	7	8	9
葡萄原酒									
酒度% (体积分数)	10.38	12.48	11.80	12.84	13.50	11.87	10.89	10.56	13.10
pH	3.50	3.92	3.63	3.56	3.68	3.73	3.60	3.64	3.80
总酸	61.10	54.00	60.45	66.50	57.40	50.90	52.80	59.35	64.85
灰分碱度	22.00	42.00	27.00	29.00	27.00	28.00	26.60	31.50	35.00
计算 β	37.25	54.41	42.98	46.51	42.29	41.60	40.74	47.39	52.35
K	22.253	40.413	31.461	29.671	26.090	29.057	26.345	29.415	38.879
Ca	1.397	1.597	1.996	1.996	1.396	1.896	2.196	2.495	1.647
增酸									
加入 HCl	10.80	22.20	11.70	11.10	10.70	11.30	12.30	12.90	18.80
pH	3.30	3.43	3.28	3.30	3.35	3.37	3.23	3.30	3.37
dpH	0.30	0.49	0.35	0.26	0.33	0.36	0.37	0.34	0.43
测定 β	36.00	45.31	33.43	42.69	32.42	31.39	33.24	37.94	43.72
结合酸	21.01	30.95	19.10	25.70	18.65	18.61	19.86	22.80	26.84
pK	3.96	4.16	4.13	3.97	4.17	4.17	4.02	4.06	4.18
增酸									
加入 H_2T mmol/L	11.147	22.207	11.753	11.193	10.687	11.280	12.213	13.086	19.112
总酸	83.39	98.41	83.96	88.89	78.77	73.46	77.23	85.52	103.07
结合酸	21.01	30.95	19.10	25.70	18.65	18.61	19.86	22.80	26.84
测定 pH	3.31	3.52	3.39	3.35	3.44	3.45	3.31	3.36	3.44
计算 pH	3.36	3.66	3.50	3.43	3.54	3.57	3.43	3.49	3.60
稳定									
沉淀 K 量	10.589	23.071	11.843	7.162	10.232	9.495	8.338	9.720	17.266
总酸	72.80	75.34	72.12	81.73	68.54	63.96	68.89	75.80	85.80
结合酸	10.42	7.88	7.26	18.54	8.42	9.11	11.52	13.08	9.57
测定 pH	3.15	3.33	3.25	3.28	3.32	3.34	3.24	3.26	3.29
计算 pH	3.12	3.18	3.13	3.33	3.26	3.32	3.24	3.30	3.23
计算 β	20.99	16.43	15.19	34.80	17.27	18.36	22.73	25.69	19.83

* 据 Usseglio-Tomasset（1995）资料整理。

　　其实验方法如下：与在降酸时一样，通过预备实验，根据葡萄酒的 pH，用 0.1 mol/L 的 HCl 将 100 ml 葡萄酒的 pH 进行调整，使其 pH 降低 0.25～0.50，以确定调整 pH 所需 HCl 的物质的量。然后在正式实验时，在葡萄酒中加入与该 HCl 物质的量相等的酒石酸，降酸后的葡萄酒在 −5 ℃ 的条件下稳定处理 7 d。

在稳定前后的葡萄酒中的钾含量的差值，可用于估计以酒石酸氢钾形态沉淀的酒石酸量。

与在降酸时一样，将所加入 HCl 的物质的量和 pH 的变化量代入式 (12-1)，就可计算出葡萄酒的缓冲容量 β；将葡萄酒的总酸 T 和缓冲容量 β 代入式 (12-3)，就可计算出葡萄酒的结合酸量 S；将葡萄酒的 pH、T 和 S 代入式 (12-4)，就可计算出葡萄酒的 pK；最后，据式 (12-5)，就可计算出葡萄酒的 pH。

由表 12-3 的数据可以得出以下结论：

(1) 高温地区的葡萄酒，pH 高，总酸低，通常灰分碱度也高。表中数据再次证明，pH 并不只取决于总酸，而且取决于总酸与灰分碱度之比。因此，pH 的降低，不仅取决于总酸的升高，而且取决于灰分碱度的降低，而灰分碱度的降低，仅是在稳定阶段由于酒石酸氢钾的沉淀引起的。

(2) 对于葡萄酒过高的 pH，可以通过大幅降低灰分碱度、少量提高总酸，来达到降低 pH 的目的，提高葡萄酒的感官质量。在用酒石酸增酸以后，通过必要的冷处理，葡萄酒的总酸有轻微的提高，但其灰分碱度有大幅度的降低。因此，对于酸度过低的葡萄酒，如果不有效地降低其灰分碱度，要改善其感官质量是不可能的。

(3) 由于灰分碱度的降低，在稳定后葡萄酒的缓冲容量也大幅降低。

(4) 表 12-3 中的数据还表明，一定物质的量的酒石酸，在稳定结束后，所引起 pH 降低量，与同样物质的量的 HCl 所引起 pH 的降低量相同。一般而言，酒石酸氢钾的沉淀量等于所加入的酒石酸的物质的量，并引起与等量强酸相同的 pH 降低量。因此，在增酸时，对葡萄酒最终 pH 的预计就较为简单：在稳定后，如果所加入的酒石酸的物质的量等于为了达到预计 pH 所加入 HCl 的物质的量，则会得到预计的葡萄酒 pH。

(5) 在用酒石酸降酸时，冷处理不仅对防止以后酒石酸氢钾的沉淀是必要的，而且对于将 pH 降低到预计 pH 上也是必需的，因为只有在稳定过程中，通过酒石酸氢钾的沉淀，降低灰分碱度，才能降低 pH。

12.5 小　结

在葡萄酒的酿造过程中，所有处理的目标，必须是改变葡萄酒的感官特性。由于只有氢离子浓度才是最终决定葡萄酒酸的感觉的因素，所以，对葡萄酒降酸或增酸的目标必须是改变葡萄酒的 pH，而不是改变葡萄酒的总酸。

对于葡萄酒，允许使用的降酸剂为 $KHCO_3$ 和 $CaCO_3$，允许使用的增酸剂只有酒石酸。

在降酸时，为了预计降酸剂必需加入的量，在降酸前，就必须测定葡萄酒的 pH、总酸以及计算结合酸和 pK 所需的缓冲容量。

为此，应取 100 ml 葡萄酒，用 0.1 mol/L 的 NaOH 溶液将葡萄酒 pH 调整到预计的值上，但 pH 的变化值应在 0.3 左右，计算所消耗 NaOH 的物质的量。这样，根据式 (12-1)，用所消耗 NaOH 的体积数 dL 除以 pH 的变化值 dpH，就得到了葡萄酒的缓冲容量 β。

将葡萄酒的总酸 T 和缓冲容量 β 代入式 (12-3)，就可计算出葡萄酒的结合酸量 S。

将葡萄酒的 pH、T 和 S 代入式 (12-4)，就可计算出葡萄酒的 pK。

最后，将上述值和葡萄酒最终要达到的 pH 代入式 (12-7)，就可计算出所需加入的 $KHCO_3$ 量；将上述值和葡萄酒最终要达到的 pH 代入式 (12-9)，就可计算出所需加入的 $CaCO_3$ 量。

与 $KHCO_3$ 比较，$CaCO_3$ 不仅降酸能力比酒石酸氢钾低（约为其 85%），而且在稳定阶段，$CaCO_3$ 所引起酒石酸沉淀的量，仅为酒石酸氢钾沉淀量的一半。因此，虽然在与酸的反应中，1 mol Ca＝2 mol K，但与葡萄酒中可供除去的最大酒石酸量相联系，使用钙的物质的量与钾的相等。

如果需要提高 pH 以有利于苹果酸-乳酸发酵，即在稳定前提高葡萄酒的 pH，最好不用 $CaCO_3$。因为钙比钾更容易变为不溶态，而钙的不溶态会使葡萄酒的 pH 降低，从而降低处理的效果。

在使用酒石酸对葡萄酒进行增酸时，应首先通过预备实验，根据葡萄酒的 pH，用 0.1 mol/L 的 HCl 将 100 ml 葡萄酒的 pH 进行调整，使其 pH 降低 0.25～0.50，以确定调整 pH 所需 HCl 的物质的量。然后在正式实验时，在葡萄酒中加入与该 HCl 物质的量相等的酒石酸，降酸后的葡萄酒在 −5 ℃ 的条件下稳定处理 7 d。

在稳定前后的葡萄酒中的钾含量的差值，可用于估计以酒石酸氢钾形态沉淀的酒石酸量。

与在降酸时一样，将所加入 HCl 的物质的量和 pH 的变化量代入式 (12-1)，就可计算出葡萄酒的缓冲容量 β；将葡萄酒的总酸 T 和缓冲容量 β 代入式 (12-3)，就可计算出葡萄酒的结合酸量 S；将葡萄酒的 pH、T 和 S 代入式 (12-4)，就可计算出葡萄酒的 pK；最后，据式 (12-5)，就可计算出葡萄酒的 pH。

在增酸时，对葡萄酒最终 pH 的预计较为简单：在稳定后，如果所加入的酒石酸的物质的量等于为了达到预计 pH 所加入 HCl 的物质的量，则会得到预计的葡萄酒 pH。

最后，需强调指出的是，对葡萄酒无论是降酸（包括 $KHCO_3$ 和 $CaCO_3$）还是增酸，稳定处理不仅能保证葡萄酒的物理化学稳定性，也是达到降酸或增酸的目的所必需的。

主要参考文献

董元彦，左贤云，邬荆平. 2000. 无机及分析化学. 北京：科学出版社

Usseglio-Tomsset L. 1995. Chimie oenologique. 2eme edition. Paris：Tec & Doc

第 13 章 葡萄酒中的酒石酸盐沉淀

在讨论了葡萄酒的有机酸的中和平衡后，现在讨论与酒石酸盐沉淀（Tartaric Precipitation）有关的问题。我们知道，酒石酸盐的沉淀与酒石酸不同离子形态间的平衡有着特殊的关系。

除用受灰霉菌侵害的葡萄酿造的葡萄酒中存在的半乳糖二酸（黏酸）外，酒石酸是葡萄酒中惟一能引起溶解度小的结晶盐沉淀的有机酸，这些结晶盐沉淀包括酒石酸氢钾和中性酒石酸钙。

酒石酸氢钾和中性酒石酸钙，溶解度都较小，经常在酒中形成沉淀物，沉于容器底部，结晶如石，故称酒石。酒石酸氢钾的溶解度随着温度的降低和酒度的增加而减小；因此，在储藏过程中，由于冬季低温的出现而产生大量的沉淀，使酒变得柔和，这是葡萄酒物理降酸的基础。酒石酸钙的沉淀不受温度的影响，其沉淀作用慢，时间长。酒石沉淀若出现于储藏阶段，则会提高葡萄酒的稳定性。反之，若出现于瓶内，则会影响酒的外观质量。

在葡萄和葡萄酒中，钾的含量非常丰富，所以葡萄酒有"钾饮料"之称，这也能部分地证实葡萄酒的生物和食品价值。与钾一样，酒石酸是葡萄和葡萄酒的基本和典型的构成成分。虽然钙没有钾重要，但它也是葡萄酒的构成成分。

因此，为了防止酒石酸盐在瓶内的沉淀，不可能希望将酒石酸和钾从葡萄酒中完全除去，而对于从葡萄酒中除去钙，则还可接受。但是，必须对除去这些成分的方法对葡萄酒的影响进行深入地研究。

13.1 酒石酸氢钾（Potassium Bitartrate）

酒石酸氢钾是酒石酸与钾离子形成的酒石酸盐，其结构式如下：

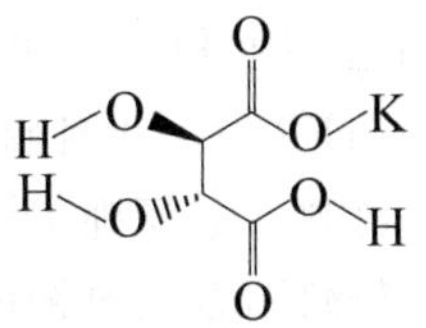

13.1.1 酒石酸氢钾的溶度积

前面我们已经讨论了在葡萄酒中，以酒石酸氢离子形式存在的量的计算。要进行该计算，就必须知道酒石酸总量、pH、酒石酸的第一解离常数和第二解离常数、酒度和葡萄酒的离子强度。利用在不同酒度下的热动力学常数和由离子交换树脂法测定的可交换酸度，很容易计算出上述参数。对于酒石酸氢钾沉淀，决定其溶解度的两个重要因素是：酒石酸氢离子和钾离子的浓度，而钾离子的浓度几乎与用分析方法测定的钾的总量相等。

因此，只要知道这两种离子的浓度，以及温度和酒度，就有可能解决葡萄酒中酒石酸氢钾沉淀的问题。之所以说有可能解决，是因为以后我们会讨论到，在上述条件完全一致时，在模拟的酒精水溶液中，可以完全预测酒石酸氢钾的溶解性，但在葡萄酒中却不能。

即便如此，为了便于理解在葡萄酒中酒石酸氢钾的表现，我们仍然在模拟的酒精水溶液中来研究，在葡萄酒的 pH 范围内，在葡萄酒可能遇到的低温条件下以及在不同的酒度条件下，酒石酸氢钾的溶解度。

如果用 KHT 表示酒石酸氢钾，则在溶液中，有以下平衡：

$$\text{KHT} \rightleftharpoons \text{K}^+ + \text{HT}^- \tag{13-1}$$

在式（13-1）中，一定数量的未解离的酒石酸氢钾分子，与离子数量相平衡。根据质量作用定律，则有

$$\frac{[\text{K}^+][\text{HT}^-]}{\text{KHT}} = L \tag{13-2}$$

式中，L 为对于每一温度和每一种溶剂（即每一酒度）的常数。

在饱和溶液中，酒石酸氢钾不可能再溶解，所以，式（13-2）中的分子，即两种离子的乘积，就成为一个常数 P_s：

$$[\text{K}^+][\text{HT}^-] = P_s \tag{13-3}$$

对于每种溶剂（每一酒度）和每一温度，常数 P_s 都有一确定的值，该常数称为盐的溶度积（Product of solubility）。

如果钾离子浓度与酒石酸氢根浓度的乘积大于溶度积，盐就会沉淀，以使其离子浓度的乘积回到溶度积。换言之，只有当其两种离子浓度的乘积低于其溶度积时，酒石酸氢钾溶液才会稳定。

所以，必须确定与葡萄酒的酒度和低于葡萄酒储藏及运销过程中的温度相关的酒石酸氢钾的溶度积。只要知道溶度积，就可以通过测定葡萄酒的酒石酸总量、pH 和总钾，计算出 $[\text{K}^+][\text{HT}^-]$，并且将该值与溶度积比较，从而确定在该温度条件下葡萄酒是否会出现酒石酸氢钾沉淀。

简言之，为了合理地检验葡萄酒酒石酸氢钾的稳定性，首先应计算其钾离子浓度与酒石酸氢根浓度的乘积，然后将之与相同温度和相同酒度条件下的酒石酸氢钾的溶度积进行比较，就可确定该葡萄酒的酒石酸氢钾是否稳定。

但是，在葡萄酒中，事情远不是这样简单，因为葡萄酒的酒石酸氢钾始终都处于过饱和状态（Supersaturation），即它以溶解状态存在的钾和酒石酸的量，

与酒石酸氢钾的溶度解积不相匹配。事实上,正是由于对酒石酸氢钾在酒精水溶液中溶解度的研究,才发现了葡萄酒不正常的表现。Usseglio-Tomasset(1995)利用酒精水溶液,确定了在 $-4\ ℃$ 条件下,酒度为 $6\%\sim18\%$(体积分数)时,酒石酸氢钾的溶度积,同时还制定了相应的表格,以提供在相应酒度 $[6\%\sim18\%$(体积分数)] 和相应 pH(2.8~3.8)条件下,对应每种酒石酸浓度,处于溶解状态的钾的量。

13.1.2　酒石酸氢钾的过饱和状态

我们知道,在一定的 pH 条件下,酒石酸一部分以游离状态存在,另一部分则以盐的形式存在。根据酒石酸的 pK,即可计算出在葡萄酒中的酒石酸盐含量,预测有多少酒石酸盐沉淀。实际生产中发现,葡萄酒与相同离子强度和乙醇含量的模拟酒相比能溶解更多的酒石酸盐,即使其含量已高出计算含量许多,在应当沉淀的温度和 pH 条件下,酒石酸盐仍然不发生沉淀。这就是酒石酸盐在葡萄酒中的过饱和现象。因此,在葡萄酒中,要测定酒石酸氢钾的溶解度,是非常困难的,其中的主要原因是葡萄酒的成分极其复杂,而且不同品种、不同产地、不同类型,甚至同一类型的葡萄酒在不同时间其成分都有很大的变化。所以,了解酒石酸氢钾在葡萄酒中的存在状态,有助于我们进行葡萄酒的酒石稳定处理。

13.1.2.1　晶体的习性和过饱和现象

构成沉淀物颗粒的大小和性质取决于形成沉淀时的条件、具体物质的特性以及沉淀后的处理。绝大多数沉淀,包括胶体在内,都可以结晶状态从过饱和溶液中析出沉淀物。当涉及由离子所组成的沉淀时,在过饱和溶液中,离子相互结合形成离子缔合物或离子群。当这些离子群达到一定程度大小时,它们就形成能和溶液分开的固相,然后过饱和溶液中的离子逐步沉积其上,最后成长为较大的颗粒。我们将这些离子群称为微晶或胚芽,或更普通地叫晶核。晶核非常细小,在显微镜下也看不见。根据过饱和程度不同,在可见微粒析出之前要经过一定的时间,这一时期叫诱导期。通常沉淀颗粒的大小取决于晶核生成速度与晶核生长速度之间的关系。若前者比后者大得多,则沉淀将由大量的小颗粒组成(如从高浓度的过饱和溶液中沉淀)。在稍微过饱和情况下,形成的晶核数目不多,则沉淀通常是由相对较少量的在显微镜下观察完好的晶体所组成。

不同的过饱和度溶液中所生成的沉淀的颗粒大小,与结晶形成的时间和溶液的状态有关。如让沉淀与母液长期接触,由于陈化的结果,颗粒的形状和大小可以有很大的改变。当沉淀是在高度过饱和溶液中形成时,最初颗粒很小,而又非常完整,因而上述情况特别明显。我们发现,在模拟酒和不同状态下的葡萄酒中,KHT 的形状和大小都有所不同(图 13-1~图 13-4)。

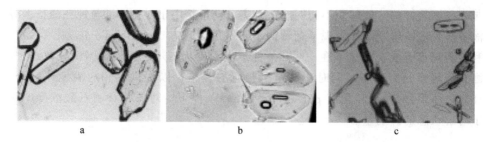

图 13-1　a 水溶液中 KHT 晶体；b、c 模式酒中 KHT 晶体（放大 200 倍）

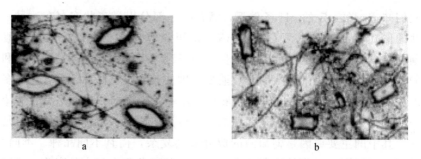

图 13-2　干红葡萄酒澄清后 KHT 晶体（放大 200 倍，同一酒样）

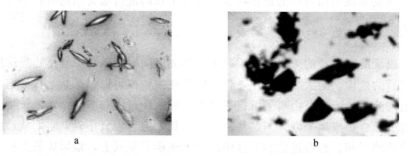

图 13-3　干红葡萄酒－4 ℃处理 7 d 后 KHT 晶体（放大 200 倍）
a 为 Granoir；b 为赤霞珠

图 13-4　葡萄酒－4 ℃处理 180 d 后 KHT 晶体（放大 400 倍）
a 为干红；b 为干白

在处理草酸钙、硫酸铅和硫酸钡的微晶沉淀时发现，在过饱和度最小的情况下，得到完好的小晶体沉淀。随着过饱和度的增大，颗粒也变大，而且保留完好的晶体。如再增大过饱和度，则晶粒也随着增大，但颗粒具有较不完整的晶体外貌。最大的沉淀颗粒，是在一定的过饱和程度下产生的，如超过此过饱和度，则颗粒反而很快变小。

13.1.2.2　结晶颗粒的成长

晶体的成长不是一种简单的过程。结晶颗粒的成长发生在分子溶液转变到沉淀的悬浮液的过程中，组成沉淀的离子一定先要结合成聚合分子，它可作为晶核或胚芽以便进一步成长。这些晶核是极其微小的，并在成核过程中测不出有电导性能的变化。一般认为，一个晶核所含的组成沉淀的离子不会多于 4～8 个，或仅含有 2～4 个离子对。颗粒的成长速度是由晶格离子扩散到晶体表面的扩散作用所决定的。

成长晶体所吸附的外来物质，对晶体成长的诱导期、结晶速度和晶体习性都有影响。150 年前法国矿物学家 Haüy 首先讨论了这种影响。他观察到氯化钠在尿素存在下结晶时，其晶体为八面体而不是立方体。从那以后许多工作者研究了染料和其他吸附物质对可溶性晶体习性的影响。他们发现吸附物会混入到成长的晶体中。关于吸附物的存在对微溶沉淀物性质的影响，只作过为数不多的系统的研究。Fisoher 注意到亲液胶体，例如明胶和琼脂，对硫酸钡沉淀的诱导期有明显的增加，并且也会抑制晶体的成长速度。

由于溶胶的稳定性、凝聚作用和胶溶作用，分散得很细的微溶物质颗粒，如果它们有机会得到某种电荷，就能保存在胶体溶液里。这是由于颗粒的表面吸附了阴离子或阳离子，每种沉淀都有吸附它自己的离子的倾向。例如经实验表明，金属硫化物对硫离子，以及卤化银对银离子和卤素离子具有强烈的吸附性。酒石酸盐颗粒在极性溶剂（水、乙醇等）中，其表面就带有电荷，带电荷的表面就会吸引反号离子，而同号离子则被排斥在界面附近；同时，由于热运动使离子做无规则运动，使表面聚集了大量的反号离子，无形中形成了一个电性符号相反而又相对富集的电层——双电层，类似平行板电容器，这样就产生了电势差，其大小可用式（13-4）表示：

$$\xi = \frac{4\pi\delta d}{\varepsilon} \tag{13-4}$$

式中，δ 为表面电荷密度，ε 为介电常数，d 为电层距离。双电层电势在胶体稳定中影响很大，其所形成的斥力、分子间引力、由于浓度产生的渗透力以及分子（或原子）电子云间的斥力等相互作用、相互制约，决定着胶体的稳定性，也是胶体流变性、内部结构的决定因素。

在葡萄酒中，其复杂的化学成分中能够抑制酒石酸盐晶体成长速度的物质很多，从而使酒石结晶沉淀的速度就更为缓慢。

13.1.3　影响酒石酸氢钾溶解度的因素

13.1.3.1　温度

温度是影响盐类溶解度最重要的因素之一。温度对溶解度的影响发生在几乎所有的盐类，主要与活化能有关。需要特别说明的是，酒石酸氢钾发生水解反应是酸碱中和反应的逆反应，属于吸热反应，当温度升高时水解度增大，也增加了其溶解性。在葡萄酒中，温度同样也是决定酒石酸氢钾溶存能力的主要因素。由于粉碎的固体比大晶体有较大的溶解度，在较高温度下，沉淀晶核微小，酒石酸盐在葡萄酒中就出现了过饱和状态的最初条件。在酒精发酵结束后，葡萄酒相对处于一个较为静止的状态，此时如果酒体温度较低，酒石酸氢钾就会大量结晶沉淀，此后葡萄酒中的酒石酸氢钾含量就处于饱和状态以下，相对较为稳定。但如果发酵结束后酒体温度较高，形成沉淀的晶核较小，沉淀不完全，葡萄酒中的酒石酸氢钾就会长期处于饱和或过饱和状态，给酒石稳定带来困难。

13.1.3.2　pH

pH 是氢离子浓度或酸度的一个平衡量，受溶液中的酸被中和程度的影响。许多化学成分的离子化程度、化学反应速率、葡萄酒的物理特性及微生物稳定性均受 pH 的影响。由于盐类水解使溶液具有不同的酸碱性，控制溶液的酸碱度就可改变水解平衡，在葡萄酒中，pH 决定了酒石酸、酒石酸氢根和酒石酸根的存在比例（表 13-1）。在 pH=3.0~4.0 条件下，酒石酸氢根的存在比例在 43%~71% 之间，而在 pH=3.8 时的最大比例为 73%；酒石酸根的比例范围变化为 1%~19%，而 pH 从 3.7 上升至 4.0 时，它的比例会上升 1 倍。

表 13-1　在不同 pH 下以不同离子形式存在的酒石酸

存在形式	pH							
	2.8	3.0	3.2	3.4	3.6	3.8	4.0	4.2
未解离酸/%	66.6	55.5	43.7	32.4	22.6	14.8	9.19	5.38
酒石酸氢根离子/%	32.8	43.3	54.0	63.4	70.0	72.9	71.7	66.5
酒石酸根离子/%	0.55	1.15	2.28	4.24	7.43	12.26	19.1	28.1

注：以上数据是根据乙醇含量为 12%（体积分数）时的 pK 计算。

需要特别指出的是，在葡萄酒中，如果 pH<3.5，则酒石酸氢钾的沉淀，会导致葡萄酒的 pH 的降低；反之，如果葡萄酒的 pH>3.5，酒石酸氢钾的沉淀就会提高葡萄酒的 pH。

13.1.3.3　乙醇浓度

在葡萄酒中，乙醇除了能改变 pH 外，还影响着溶液的极性。KHT 是溶解度较小的难溶电解质。在水中，由于水分子的作用，KHT 表面上的离子受水分子吸引，与水分子的偶极处于异极相邻状态，削弱了晶体离子间的相互作用力，使晶体表面上的离子脱离晶体进入溶液中，这个过程就是溶解；同时，进入溶液中的离子又处于布朗运动状态，一些离子碰到固体表面，受到固体表面正负离子的吸引，又会回到固体表面，这个过程就是沉淀。与水解一样，溶解度大小也主要与晶体本身性质有关。此外，由溶解过程可知，溶剂的极性对溶解度的大小也有很大影响，由于分子间形成了氢键，乙醇的极性减弱，对晶体离子作用力减小；因此，酒石酸盐在乙醇的水溶液中的溶解度比纯水中的小。Berg 和 Keefer 测定了酒石酸氢钾在乙醇溶液中的溶解度（表 13-2）。在 20 ℃下，乙醇的浓度每增加 10%（体积分数），酒石酸氢钾的溶解度就要降低约 40%。

表 13-2　酒石酸氢钾在乙醇溶液中的溶解度（g/L）

温度/℃	乙醇浓度（体积分数）						
	0%	10%	11%	12%	13%	14%	15%
−4	1.99	1.05	0.98	0.90	0.87	0.81	0.70
0	2.24	1.26	1.17	1.11	1.02	0.98	0.87
5	2.65	1.58	1.49	1.39	1.32	1.24	1.11
10	3.46	2.20	1.92	1.81	1.71	1.62	1.47
15	4.18	2.45	2.35	2.24	2.13	2.03	1.83
20	4.93	3.09	2.92	2.77	2.63	2.50	2.26
25	5.67	3.52	3.46	3.20	3.03	2.88	2.60

注：由于测定方法的不同，所测值可能与其他资料略有差别。

13.1.3.4　其他因素

氧化、陈酿、下胶和热处理等也能够影响葡萄酒（尤其是干红葡萄酒）对酒石酸盐的溶解能力。葡萄酒的成分复杂，比具有同样离子强度和乙醇含量的模拟溶液能容纳更多的酒石酸盐。De Soto，Yamada 和 Berg，Akiyoshi 研究指出，在稳定状态时，某些红葡萄酒中的酒石酸盐含量要比相应的白葡萄酒中多 40%。这种溶解度的提高，可能是蛋白质、多糖、色素、丹宁及果胶物质等与酒石酸氢根或酒石酸根离子形成复合物而使酒石酸盐稳定。

13.2　酒石酸钙（Calcium Tartrate）

酒石酸钙，或含有 4 个结晶水的中性酒石酸钙，都是白色晶体粉末，溶于盐酸和稀硝酸，微溶于水和乙醇。酒石酸钙在水中的溶解度随温度的升高变化不明显，在 0 ℃溶解度为 0. 37 g/L。其结构式如下：

$$HO\!-\!\!\!\overset{\displaystyle O}{\underset{\displaystyle O}{\Big\rangle}}\!\!\!-\!\!\overset{O}{\underset{O}{}}\!\!>\!Ca\cdot4H_2O$$

葡萄酒中的酒石酸钙经过长期储存，一部分右旋酒石酸钙变为外消旋酒石酸钙。由于右旋酒石酸钙的溶解度为 230 mg/L；左旋酒石酸钙的溶解度为 250 mg/L；外消旋酒石酸钙的溶解度为 30 mg/L。因此，大量外消旋酒石酸钙的形成，使其含量远远超过它的溶解度，因而造成了酒石酸钙的沉淀。酒石酸钙的溶解度也因溶液中的酒精成分增加而降低。当溶液中的 pH 降低时，酒石酸钙的溶解度就显著增加，酒石酸钙在水溶液中加热也不易溶解，但稍微使溶液酸化，结晶便立即溶解。

鉴别酒石酸钙的方法是，若溶液中含酒石酸钙，加入几滴草酸铵，溶液即变为浑浊。

13. 2. 1　酒石酸钙的溶度积

与酒石酸氢钾一样，在饱和溶液中，酒石酸钙不可能再溶解，如果用 CaT 表示酒石酸钙，则其溶度积可用式 (13-5) 表示：

$$[Ca^{2+}][T^{2-}] = P_s \tag{13-5}$$

虽然在葡萄酒的 pH 条件下，[T^{2-}] 要比 [HT^-] 小得多（表 13-1），且葡萄酒中自然的钙含量也要比钾含量小得多，但在不同的温度下，酒石酸钙的溶度积几乎只是酒石酸氢钾的 1/100。所以，在模拟酒精水溶液中，葡萄酒中存在着酒石酸钙沉淀的物理化学条件。但是，研究表明，与酒石酸氢钾一样，在葡萄酒中，溶解钙的含量远远高于酒石酸钙的溶度积所允许的浓度，其过饱和状态比酒石酸氢钾的更为严重。

总之，在葡萄酒中，酒石酸钙在各种温度下，都处于严重的过饱和状态，而冷处理对酒石酸钙的稳定作用很小。庆幸的是，如果葡萄酒中的钙含量在适当的范围内，其沉淀也是非常困难的。所以有必要分析钙在葡萄酒中稳定时的含量，即使我们知道它已经远高于酒石酸钙的溶度积允许的浓度。

13. 2. 2　酒石酸钙的来源

葡萄酒中的钙来源于以下几个方面：原料，来自土壤含钙量；用于调整成分的添加剂，如含钙量较高的砂糖；降酸剂、过滤介质或澄清剂，如钙型皂土、硅藻土等；一些含有钙的储藏设备，如混凝土容器等。

在正常情况下，白葡萄酒中钙的含量为 189～549 mg/L 之间，平均比红葡萄酒中的钙含量（153～224 mg/L）高 3 倍（李记明等 1994）。而 Klenk 和 Maurer（Usseglio-Tomasset 1995）则认为，正常葡萄汁中，钙的含量为 70～140 mg/L，多数情况下低于 100 mg/L，为 70～90 mg/L。在葡萄酒酿造过程中的一些处理，会提高葡萄酒中的钙含量：1 g/L 的膨润土处理，可释放 3～20 mg/L 钙；对葡萄酒的粗滤、澄清过滤以及除菌过滤，会分别释放 3～4 mg/L 钙。此外，用碳酸钙对葡萄酒进行降酸，也会提高葡萄酒中的钙含量。

13.2.3　影响酒石酸钙沉淀的因素

影响酒石酸钙沉淀的因素与酒石酸氢钾的因素基本一样，在这里，我们重点讨论温度对酒石酸钙沉淀的影响。

虽然酒石酸钙的溶解度随温度的降低而降低，但是这种变化并不明显，尤其是在乙醇溶液中（表 13-3）。所以利用低温促进酒石酸钙的结晶几乎是无效的。这是由酒石酸钙本身的特性决定的，几乎所有的钙盐都有这种特性。由于酒石酸钙的这种特性，在酒石酸钙的稳定性检验和控制上都需要一些特别的处理。

表 13-3　不同温度下酒石酸钙在乙醇溶液中的溶解度（g/L）

温度/℃	乙醇浓度（体积分数）				
	0%	10%	12%	14%	20%
0	1.56	0.65	0.54	0.46	0.27
5	1.82	0.76	0.64	0.54	0.32
10	2.13	0.89	0.75	0.63	0.38
15	2.48	1.05	0.88	0.75	0.45
20	2.90	1.24	1.04	0.88	0.53

注：资料来自 Berg 和 Keefer（1959）。

13.3　酒石酸盐稳定性的预测

葡萄酒进行酒石稳定处理后是否达到了要求，必须进行稳定性检测才能判断出来。因此，使用合理准确的评估方法非常重要。理论上讲，在知道了影响酒石酸在葡萄酒中离解的因素后，根据 pH 及 pK 的关系，应该可以计算出酒石酸的未解离、半解离和完全解离部分的量，以此预测酒石酸氢钾及酒石酸钙的稳定性。但实际上，由于葡萄酒中成分复杂，而且不同品种、不同产地、不同类型，甚至同一类型的葡萄酒在不同时间其成分都有很大的变化，这样就造成了在实际生产上应用这些理论的困难，因为我们没有办法将所有的常数都测出来，这既不可能，也无必要。

这里将目前出现的预测方法作一简要介绍，供读者参考。

13.3.1　离子溶度积法

在一定温度下，离子活度和它们的溶解度之间的平衡关系称为溶度积（P_s），对于酒石酸氢钾和酒石酸钙，有

$$P_s = [K^+][HT^-] \tag{13-6}$$

$$P_s = [Ca^{2+}][T^{2-}] \tag{13-7}$$

在较低的 pH 下可将酒石酸的二级电离忽略，当作一元酸处理，用交换酸度来估计葡萄酒的离子强度。根据式（11-19）即可计算 pK，测定 pH 后即可计算出酒石酸的未解离、半解离和完全解离（成盐）部分的量，以此估计酒石的稳定性。

如果钾（钙）离子浓度与酒石酸氢根离子（酒石酸根）浓度的乘积（即离子溶度积）大于相应的溶度积，盐就会沉淀，以使其离子浓度的乘积回到溶度积。换言之，只有当其两种离子浓度的乘积低于其溶度积时，酒石酸氢钾（酒石酸钙）溶液才会稳定。

葡萄酒中除了酒石酸外，还有其他有机酸。在酸碱平衡和沉淀溶解平衡过程中，由于同离子效应和盐效应的影响，使得上述平衡发生了移动，使估计值与葡萄酒中实测值有了较大差异，影响了实验结果。同时，由于不同的酒中化学和物理组成不同，这些溶度积数据应用到不同葡萄品种或不同地区的葡萄酿造的酒时，会产生错误的结果。还有不同的酿造工艺也有可能造成不同的结果。有些研究者在乙醇和酒石酸氢钾模拟溶液中测定了不同温度下的 P_s，以此推算的 K^+ 的含量在与 $-4\ ℃$ 保存了一段时间的葡萄酒相比，出现了较大的差异。对酒石酸钙，也出现了同样的结果。

由于上述原因，溶度积法只是一个有限的数据，并不能用来确定葡萄酒中酒石酸盐的稳定性。

13.3.2　电导法

为了快速预测葡萄酒的稳定性，人们克服了离子溶度积法的不足，基于晶体形成速率开发了戴维斯电导实验。这种方法是研究 KHT 结晶动力学的过程中建立起来的。在一定温度下，葡萄酒溶液的电导率的定义为，单位面积（1 cm²），单位距离（1 cm）内溶液的电阻率的倒数，即：

$$\gamma = \frac{1}{\rho} \tag{13-8}$$

因为 K^+、HT^- 和 KHT 在溶液中存在着动态平衡关系，因此电导率反映出葡萄酒溶液的稳定状态。由于结晶使游离的 K^+ 从溶液中析出而导致电导率变

化，所以可用测定葡萄酒电导率的方法检测 KHT 的结晶状况。

具体操作方法是：将待测样在 $-4\sim0$ ℃的温度下测定其初始电导值，然后加入晶核，保持温度恒定，不断搅拌，测定电导值至恒定。如果加入晶核后电导值升高，说明该酒样已处于稳定状态，如果保持不变，则说明此时酒样刚好处于饱和状态，如果电导值降低，就是说有沉淀析出，说明此时酒样中酒石处于过饱和状态，不稳定。

刘建华等（2001）认为，对于酒石酸氢钾，可用冷冻前后的电导率的变化值（dγ），来检验冷冻处理的效果：dγ< 25 μs 的葡萄酒是稳定的；25 μs ＜dγ＜ 50 μs 的葡萄酒有酒石酸氢钾沉淀的危险；dγ＞50 μs 的葡萄酒不稳定。

13.3.3 饱和温度法

饱和温度，广义地说是指溶质在溶液里达到饱和状态时的温度。在一定范围内，超过或低于此温度就会造成溶液由饱和变为不饱和或由不饱和变为饱和。溶液的饱和程度受溶质和溶剂的影响，也受温度的影响。饱和温度法，是指通过饱和温度的试验，可大致得出不致使酒中的酒石酸盐形成沉积的最低温度。

该试验操作方法为：先使葡萄酒的温度达到 5 ℃，然后缓慢加热至 25 ℃左右，并记录在加热过程中葡萄酒的电导率；再将酒温降至 5 ℃，加入 4 g/L 的 KHT 晶种，然后将酒温加热到 25 ℃，记录在此过程中酒的电导率。将记录下来的数据经计算整理后，用两条曲线构成的图表示出来，曲线的交点表示饱和温度。饱和温度越高，葡萄酒就越不稳定。

13.3.4 冷处理法

冷处理是根据酒石酸盐在温度降低时溶解度减小，将葡萄酒在低温下处理一段时间后观察有无结晶沉淀来检测葡萄酒酒石的稳定性。生产上常用的有冷藏法和冷冻法。

（1）冷藏法：将所测酒样在其冰点温度高 1 ℃的条件下维持数天或数周，观察有无结晶析出。

（2）冷冻法：将酒样在实际结冰温度下维持 8～24 h，检查冰晶融化后有无结晶。

冷处理实验的最大缺陷是可导致假阳性结果。一种不稳定的葡萄酒可能由于饱和度较低，或其他成分的干扰形成晶体缓慢而被判断为稳定的。在冷冻实验中，冰晶形成后所有溶质都被浓缩（包括乙醇和酒石酸盐），这以后出现的沉淀与葡萄酒的浓度并无关系。过低的温度对胶体凝聚也有干扰，影响晶核的自发形成。在一般情况下，检查时是不加晶核的，因为其阻碍实验结果的观察，但不加晶种，沉淀缓慢又可能判断失误。

13.4　葡萄酒生产中酒石稳定的方法

13.4.1　冷处理

由于酒石酸盐在低温下溶解度减小，因此降低葡萄酒的温度，使过量的酒石酸盐结晶析出，趁冷过滤分离酒石，这样可以保证葡萄酒的酒石稳定；同时，冷处理还可以改善葡萄酒的感官质量，尤其是新酒。因此，目前的葡萄酒生产中几乎都采用冷处理来稳定酒石。实际操作中分为长时间处理、接触稳定、连续稳定等。

（1）长时间处理：黄河以北地区冬季气温可降至葡萄酒冰点附近，经过一两个冬天后，葡萄酒中大部分酒石都会沉淀，及时过滤除去酒石，可获得一定的稳定效果。这种自然降温不耗费能源，但降温速度慢，时间过长。目前大部分生产厂家都是采用冷冻机和热交换器进行人工降温，在绝热罐中储藏一定时间（7～20 d）。在这一过程中要保证温度不升高，出罐时保持低温并过滤。

（2）接触稳定：这一方法结合了冷处理和晶核效应。首先将葡萄酒的温度降至 0 ℃，然后加入磨得很细（50～100 μm）、纯度很高的 KHT 晶体，其最佳用量为 4 g/L，搅拌 1～4 h，然后在低温下过滤。如果同时加入中性酒石酸钙作为晶核，还可以促进葡萄酒中性酒石酸钙的沉淀。

（3）连续稳定：连续稳定方法在原理上与接触稳定相同，只是所用的设备可以连续工作，这样可以提高效率。

在目前葡萄酒生产中，冷处理还是一种行之有效的酒石稳定方法。但处理所需时间太长，这样就增加了生产成本，延长了生产周期，推迟了葡萄酒上市时间，不利于葡萄酒的及时消费，所以寻找代替方法还是必要的。

13.4.2　离子交换树脂法

离子交换树脂法使用阴离子和阳离子两种类型的树脂除去形成酒石的成分。通常是采用 Na^+ 型的阳离子交换树脂以除去 K^+，使葡萄酒中的 K^+ 含量降低到一个稳定水平，从而保证酒石稳定。

用离子交换树脂法稳定葡萄酒，效果显著，目前已经有连续工作的此类设备，除法国外，这种方法被世界上绝大多数葡萄酒生产国所采用。

但是，该法最大的缺点是对处理过的葡萄酒成分有影响。由于 Na^+ 代替了 K^+ 使葡萄酒中 Na^+ 含量升高，这是有关国际组织所不允许的，世界卫生组织也反对饮用低钾高钠的葡萄酒。刘延琳等的研究表明，离子交换处理使葡萄酒的色度和香气浓度均有所降低。

13.4.3 使用添加剂

酒石酸是葡萄酒中最重要的固定酸之一，也是抵抗细菌作用最强的酸。酒石酸氢钾沉淀引起的葡萄酒酸度的降低，对酸度较高的葡萄酒降酸是有利的，特别是新酒。但在酸度不高的葡萄酒中，这又会降低葡萄酒抵抗有害微生物的能力。红葡萄酒酒石的沉淀还会吸附部分色素的沉淀，引起颜色的损失。同样，钾、钙离子是葡萄酒中的营养成分，酒石沉淀同样会引起葡萄酒质量的降低。

13.4.3.1 偏酒石酸

一般认为，由于吸附作用，偏酒石酸可布满酒石酸盐晶体表面，从而包覆酒石酸盐，阻止那些微小的晶体相互结合沉淀。所以，在装瓶时加入偏酒石酸（最大用量 100 mg/L），可使葡萄酒获得酒石稳定性。

但是，由于偏酒石酸会逐渐水解成酒石酸，所以其稳定效果是暂时的。因此，偏酒石酸只能用于那些即时消费的葡萄酒。

13.4.3.2 其他添加剂

近年来，人们经过不断地实践，发现了另外一些可以长时间稳定酒石的物质，如甘露糖蛋白，羧甲基纤维素钠等。

我们的研究（李华等 2003）表明，甘露蛋白对白葡萄酒的酒石稳定，具有很好的作用。在冷稳定处理后的白葡萄酒中，加入 50～150 mg/L 的甘露蛋白，可以保证酒石的稳定。但如果加入的甘露蛋白量过大（200 mg/L），则会增加白葡萄酒非结晶性沉淀的可能性。此外，甘露蛋白对红葡萄酒的酒石稳定无效（表13-4、13-5）。

表 13-4 甘露糖蛋白对白葡萄酒电导率及其冷稳定性的影响

甘露蛋白添加量/(mg/L)	0	100	150	200	250	300	350
初始电导率/μS	1648	1666	1681	1693	1691	1695	1698
电导率下降值/μS	58	21	14	10	5	8	8
冷冻 6 d 后晶体沉淀	＋＋＋	＋	—	—	—		
沉淀晶体的主要成分	KHT、CaT	CaT					
冷冻后非结晶沉淀	—	—	—	＋	＋＋	＋＋＋	＋＋＋

注：—为无沉淀；＋为有少量沉淀；＋＋为有较多沉淀；＋＋＋为有大量沉淀；KHT 为酒石酸氢钾，CaT 为酒石酸钙。下表相同。

甘露蛋白可稳定白葡萄酒的原因可能是，甘露糖蛋白可以增加葡萄酒的电导率，用极点电导率测试仪检测酒石稳定性，白葡萄酒的电导率下降值减小。

表 13-5　甘露糖蛋白对红葡萄酒电导率及其冷稳定性的影响

甘露蛋白添加量/(mg/L)	0	100	150	200	250	300	350
初始电导率/μS	2388	2430	2444	2450	2460	2449	2455
电导率下降值/μS	77	76	75	74	75	76	73
冷冻 6 d 后晶体沉淀	+++	+++	+++	+++	++	+++	++
沉淀晶体的主要成分	KHT CaT	KHT CaT	KHT CaT	KHT CaT	KHT CaT	KHT CaT	KHT CaT
冷冻后非结晶沉淀	+	++	++	+++	+++	+++	+++

　　我们还研究了羧甲基纤维素（CMC）对葡萄酒酒石稳定的作用，结果（李华等 2003）表明，选用黏度 100 mpa/s 以下，取代度 1.0 以上的 CMC 对澄清葡萄酒进行处理，对稳定葡萄酒酒石有良好的效果，而且效果稳定，不受温度、酒度、外力及过滤等因素的影响。实验结果显示，添加 200 mg/L 的 CMC 对葡萄酒的理化指标及感官品质没有不良影响，随着处理时间的延长，其对葡萄酒的品质有改善作用。根据实验结果，认为 CMC 的稳定机制对酒石酸氢钾和酒石酸钙也不一样。推测 CMC 可能与葡萄酒中的酒石酸氢钾结晶结合，重新建立了葡萄酒中的各种平衡，使酒石成为维持这些平衡的必要因素。由于 CMC 本身的稳定性，使酒石在葡萄酒中有可能保持长期稳定（图 13-5）。对酒石酸钙，CMC 可以快速将葡萄酒中已经形成的酒石酸钙沉淀下来，消除了在装瓶后酒石酸钙沉淀的危险。

 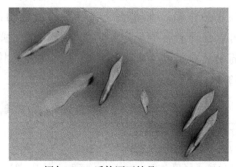

葡萄酒中的酒石结晶(400×)　　　　　　　添加 CMC 后的酒石结晶(400×)

图 13-5　在葡萄酒中添加 CMC 前后的酒石结晶

13.5　小　结

　　葡萄酒中的酒石酸盐主要是酒石酸氢钾和酒石酸钙。这两种盐在葡萄酒中的溶解度较低，会形成沉淀。

葡萄酒与相同离子强度和乙醇含量的模拟酒相比能溶解更多的酒石酸盐，即使其含量已高出计算含量许多，在应当沉淀的温度和 pH 条件下，酒石酸盐仍然不发生沉淀。这就是酒石酸盐在葡萄酒中的过饱和现象。

构成沉淀物的颗粒的大小和性质取决于形成沉淀时的条件，具体物质的特性以及沉淀后的处理（陈化）。不同的过饱和度溶液中所生成的沉淀的颗粒大小与在结晶形成的时间和溶液的状态有关。如让沉淀与母液长期接触，由于陈化的结果，颗粒的形状和大小可以有很大的改变。结晶颗粒的成长在分子溶液转变到沉淀的悬浮液的过程中，组成沉淀的离子一定先要结合成聚合分子，然后其作为晶核或胚芽以便进一步成长。由于溶胶的稳定性、凝聚作用、胶溶作用，分散得很细的微溶物质颗粒，如果有机会得到某种电荷，它们就能保存在胶体溶液里，成长中晶体所吸附的外来物质，对晶体成长的诱导期、结晶过程的速度和晶体习性都有影响。

影响酒石酸盐在葡萄酒中溶解的主要因素有温度、乙醇含量、pH 及葡萄酒中的色素等胶体物质。对酒石酸钙，温度对其影响不明显。

关于酒石酸盐在葡萄酒中稳定性的评价方法目前主要有离子溶度积法、电导法、饱和温度法及冷处理法。对于酒石稳定，生产上仍然采用的是以冷处理法或使用以此为主要原理的机械设备，使用一些有效的食品添加剂稳定酒石也有研究。

主要参考文献

董元彦，李宝华，路福绥. 2001. 物理化学（第二版）. 北京：科学出版社

董元彦，左贤云，邬荆平. 2000. 无机及分析化学. 北京：科学出版社

金凤燮. 2003. 酿酒工艺与设备选用手册. 北京：化学工业出版社

科尔索夫 I M. 1983. 定量化学分析. 南京化工学院分析化学教研组译. 北京：人民教育出版社

李华. 2000. 现代葡萄酒工艺学（第二版）. 西安：陕西人民出版社

李华，牛生洋，王华，刘树文. 2003. 羧甲基纤维素钠（CMC）对葡萄酒酒石稳定性的研究. 中国食品添加剂，(6)：34

李华，杨新元，胡博然，陈新军，陈华鹏. 2003. 甘露蛋白对葡萄酒酒石稳定性的研究. 食品科学，24（10）：104

李华. 2004. 葡萄酒与葡萄酒研究进展——葡萄酒学院年报（2004）. 西安：陕西人民出版社

刘建华，刘涛，刘振来. 2001. 葡萄酒的冷稳定工艺研究. 第二届国际葡萄与葡萄酒学术研讨会论文集. 西安：陕西人民出版社. 149

牛生洋，刘树文，李华. 2003. 葡萄酒酒石稳定机制及其应用. 中外葡萄与葡萄酒，(4)：22

司合芸，李记明. 2001. 葡萄酒化学降酸及其稳定性研究. 第二届国际葡萄与葡萄酒学术研讨会论文集. 西安：陕西人民出版社. 158

Usseglio-Tomsset L. 1995. Chimie oenologique. 2eme edition. Paris：Tec & Doc

第 14 章 葡萄酒胶体化学

葡萄酒是一种成分复杂的液体，其中一部分物质，如丹宁、色素、蛋白质、多糖、树胶、果胶质以及金属复合物等以胶体形式存在，是高度分散的热力学不稳定体系。葡萄酒中的大分子主要来源于葡萄浆果、酵母、灰霉菌以及添加剂。

14.1 葡萄酒的胶体现象

14.1.1 分散体系和胶体

一种或几种物质分散在另一种物质之中，所形成的体系称为分散体系。分散体系中被分散的物质称为分散相，所处的介质称为分散介质。按分散相颗粒的大小，大致可把分散体系区分为不同的类型，如表 14-1 所示。

表 14-1 分散体系的分类 *

类 型	颗粒大小/m	主要特征
粗分散体系 （悬浊液和乳状液）	$>10^{-6}$	粒子不能透过滤纸，不扩散，在一般显微镜下可以看见
胶体分散体系 （溶胶、高分子溶液）	$10^{-9} \sim 10^{-6}$	粒子能透过滤纸，但不能透过半透膜，扩散速度慢，在普通显微镜下看不见，在超显微镜下可以分辨
分子或离子分散体系 （真溶液）	$<10^{-9}$	粒子能透过滤纸和半透膜，扩散速度快，无论普通显微镜还是超显微镜均看不见

* 董元彦等 2001。

由以上可知，胶体粒子半径在 $10^{-9} \sim 10^{-6}$ m 范围内，比单个分子要大得多，是许多分子或原子构成的集合体。在胶体分散体系中，凡分散介质为液体的称为液溶胶，简称溶胶。溶胶是一种高度分散的多相体系，比表面很大，比表面能高，使胶体分散体系处于热力学不稳定状态，胶体粒子有自动聚结以降低比表面能并与分散介质分离的趋势。胶体具有丁达尔现象、布朗运动以及电泳现象等特征。

14.1.2 葡萄酒的胶体现象

葡萄酒是一种具有胶体特性的混合液。葡萄酒的胶体现象可通过下列实验来验证。将一外表看来完全澄清的葡萄酒置于黑底的视野中，利用强光从旁照射

（直射的阳光或数百瓦的电灯泡），如果在光束的
垂直方向观察，就会在光透过葡萄酒的途径上看
到一个光柱：葡萄酒似乎变浑浊了，这就是丁达
尔现象（图 14-1）。此现象是胶体溶液的光学特
性，因为光线照射到微粒上时，若微粒小于入射
光波长，就会发生散射，分散粒子愈大，散射光

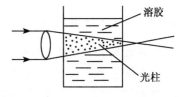

图 14-1　丁达尔(Tyndall)现象

愈强，溶液也就愈浑浊（图 14-2）。如果添加少量的阿拉伯胶，就会增强这
种现象。

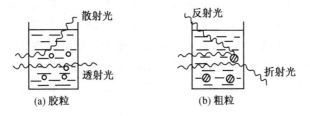

图 14-2　粒子大小与光的性质示意图

　　葡萄酒是一种复杂的液体，其主要成分是水和酒精，另外还含有有机酸、金
属盐类、丹宁、糖、蛋白质、色素和其他物质。从分散体系的角度，我们可以将
葡萄酒看成是以酒精和水的混合体作为分散介质的分散体系，其中一部分成分，
如无机离子、有机酸等（粒子半径 $r<10^{-9}$ m）以真溶液的形式存在，这种分散
体系是均相的热力学稳定体系；另一部分成分，如丹宁、色素、蛋白质、多糖、
树胶、果胶质以及金属复合物等（粒子半径 $10^{-9}<r<10^{-6}$ m），则以胶体的形
式存在，是高度分散的热力学不稳定体系。这些胶体物质颗粒体积比一般分子
大，用超显微镜可以看到。它们能通过滤纸，不能通过半透膜，其中有些粒子容
易自动聚集合变大而聚结沉淀，因此构成了葡萄酒的不稳定因素。如红葡萄酒中
的色素以胶体形式存在，在常温下呈溶解态，但当温度降低时，就会出现沉淀，
使葡萄酒浑浊。虽然这些胶体物质的含量很低，但对葡萄酒的稳定性有很大的影
响。因而通过胶体现象去探讨胶体形成的本质，以便采取相应的措施，在葡萄酒
的生产实践中是相当必要的。葡萄酒中主要大分子的来源和含量见表 2-4。

14.2　胶体的分类和性质

14.2.1　胶体的分类

　　对以液体为分散介质的体系，可按分散相和分散介质之间亲和力大小，将溶
胶分为亲水溶胶和疏水溶胶两大类。

14.2.1.1　亲水溶胶（大分子溶液）

分散相和分散介质间有较强亲和力的溶胶称为亲液溶胶，若分散介质为水，则称为亲水溶胶。此类溶胶一般指高分子化合物溶液，如蛋白质、明胶、纤维素等。当将此类化合物置于介质中时，由于它们与分散介质之间的亲和力较强，能自动溶解成溶胶，并且在这些物质的表面包围着一层溶剂分子。这样，当分散相从分散介质中分离出来时，沉淀物也含有大量溶剂，此类溶胶对电解质稳定性影响较大，并且可逆，因此是热力学上是可逆、单相、稳定的体系。如明胶分散在水中形成亲液溶胶，将水分蒸发后，成为干燥明胶，再加入水，它又自动分散在介质中形成溶胶。因此可以说大分子溶液不是溶胶而是真溶液，只是其粒子体积达到胶体粒子的大小范围，因此表现出胶体的性质，将其归为胶体溶液。目前，我们所说的亲水溶胶就是指高分子溶胶，不包括另一些与水有较强亲和力的溶胶如硅胶等。因此，称其为"大分子溶液"更能反映实际情况。

14.2.1.2　疏水溶胶

分散相与分散介质没有亲和力或只有很弱亲和力的溶胶，为疏液溶胶，若分散介质为水，则称为疏水溶胶，如贵金属（金、银、铂）和铁、铝、铬等的氢氧化物溶胶。此类溶胶性质并不稳定，其中的粒子是由数目很大的小分子、原子或粒子聚集而成，分散相与介质间存在着相界面，具有较大的表面积和表面能，因此在热力学上是不稳定体系。此类胶体遇到微量电解质就会聚集生成沉淀，沉淀物通常不包括分散介质，并且多数情况下是不可逆的，即沉淀物经过加热或加入溶胶等方法处理，不能恢复原态，因而是热力学上不稳定的多相体系。

14.2.2　溶胶的动力学性质

溶胶是一种高度分散的多相体系，具有很大的表面积和表面自由能，在热力学上是不稳定的。所以，一般的溶胶易受外界干扰（加热及加入电解质等），长时间放置会发生聚沉。但是有一些溶胶，如制备得当，却又很稳定，其主要原因是由于胶体粒子的高度分散性而引起的动力学性质。

14.2.2.1　布朗运动

在超显微镜下可以观察到，溶胶中胶体粒子在介质中不断做无规则的运动，此种运动就称为布朗运动（见图14-3）。

产生布朗运动的原因是分散介质对胶粒撞击的结果（见图14-4）。胶体粒子处在介质分子的包围之中，而介质分子由于热运动不断地从各个方向同时撞击胶粒。由于胶粒很小，它受到的撞击不易完全抵消，再加上它自身的热运动，从而使它时而从这一方向上受到较大的冲量，时而从另一个方向上受到较大的冲量，这样就使胶粒时刻以不同方向、不同速度做不规则的运动（图 14-4）。在超显微镜下，介质分子是看不见的，而胶粒的布朗运动却是可见的。实验表明：粒子越小，温度越高，介质的黏度越小，则布朗运动越剧烈。

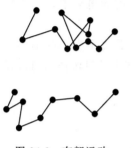

图 14-3　布朗运动

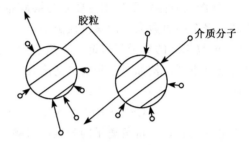

图 14-4　介质分子对胶粒的冲击

　　布朗运动是胶体物系动力稳定的一个原因，由于布朗运动的存在，胶粒不可能停留在某一固定位置上，这样使胶粒不因重力而聚沉。但另一方面，布朗运动又可能使胶粒互相撞击而聚集，颗粒由小变大而沉淀。

14.2.2.2　扩散

　　溶胶和真溶液相比较，除了溶胶的粒子大于真溶液中的分子或离子，浓度又远低于真溶液外，并没有其他本质不同。所以真溶液的一些性质在溶胶中也有所表现，因此溶胶也具有扩散和渗透压。溶胶的扩散作用是通过布朗运动等方式实现的，即胶粒能自发地从高浓度处向低浓度处扩散。

14.2.2.3　稳定性和聚沉作用

　　溶胶在热力学上是不稳定的，然而经过净化后的溶胶，却能在相当长的时间内稳定存在。使溶胶能相对稳定存在的原因是：①胶粒的布朗运动使胶粒不致因重力而沉降；②由于胶团的双电层结构存在，胶粒相互排斥，不易聚沉；③在胶团的双电层中反粒子都是水化的，因此在胶粒的外面有一层水化膜，它阻止了胶粒相互碰撞而导致的胶粒结合变大。

　　胶粒的分散度降低，最后发生沉降的现象称为聚沉。使胶粒稳定存在的原因是胶粒之间的排斥作用；而使胶粒聚沉的原因则是胶粒之间的吸引作用。聚沉是胶粒聚集变大发展的结果，当粒子大小超过胶体粒子范围时，粒子的布朗运动不足以克服重力作用时，粒子就从介质中析出，聚沉的外观表现是颜色的改变或发生浑浊，最后可析出沉淀。影响聚沉的主要因素有以下几种：

（1）电解质的凝聚作用

所有电解质如果达到某一足够的浓度时都能使溶胶聚沉。电解质对溶胶的聚沉能力通常用聚沉值来表示。聚沉值是使一定量的某种溶胶，在规定的时间内明显聚沉所需电解质的最小浓度，聚沉值愈小，电解质使胶体溶液聚沉力愈强。电解质的聚沉作用大体有如下规律：

1）使溶胶发生沉积作用主要是与溶胶带相反电荷的异电离子，异电离子价数愈高，聚沉能力愈大，即聚沉值愈小。

2）价数相同的离子其聚沉能力虽然很接近，但随着离子大小的不同，聚沉能力也略有不同。例如对于带负电的溶胶，一价金属离子的聚沉能力可以排成下列顺序：

$$CS^+ > Rb^+ > NH_4^+ > K^+ > Na^+ > Li^+$$

对带正电的溶胶，一价负离子的凝聚能力顺序如下：

$$F^- > Cl^- > Br^- > NO_3^- > I^- > SCN^-$$

3）与胶粒具有同号电荷的离子对聚沉能力也有影响，特别是有机大离子，这可能与同电离子的吸附作用有关。通常同电离子价数愈高，电解质聚沉能力愈低。

4）混合电解质对溶胶的聚沉作用有三种情况：①当单个电解质的聚沉能力相近时，其混合电解质的聚沉能力一般是具有加和性的；②当单个电解质的聚沉能力相差较大时通常发生对抗作用，即混合电解质聚沉力比加和值弱；③还有一些情况下，一种电解质的聚沉力因另一种电解质的存在而加强，称协同作用。

（2）溶胶的相互聚沉作用

电性相反的两种溶胶混合时，可发生相互聚沉，只有在适当的比例量时才能全部聚沉，随着两者比例量的改变，可发生部分聚沉，它是电性相反的两种溶胶电荷中和的结果。

（3）溶胶的性质

溶胶的浓度增大时，胶粒互相碰撞的次数增加。增加了聚沉成颗粒的机会，因而加速了溶胶的聚沉。

（4）大分子的保护作用和敏化作用

加入大分子溶液对溶胶聚沉有显著影响，如果大分子强烈地吸附在胶粒上覆盖其全部表面，把疏水的颗粒表面变为亲水表面，则将使胶粒与介质的亲和力增大，同时也防止了胶粒之间或胶粒与电解质离子之间的直接接触，因而增加了溶胶的稳定性，称为保护作用。但如果所加大分子物质过少，不足覆盖胶粒表面将所有胶粒包围，则反而会促使溶胶被电解质所聚沉，叫做敏化作用。

葡萄酒中所含的物质不仅来自原料本身，而且还与采取的酿造工艺有关，因此所含物质较多，同时具有亲水和疏水两种溶胶的性质。如来自葡萄本身或酿造过程中形成的高分子物质如蛋白、果胶、色素等，这些属于亲水溶胶；在酿造的过程中自然生成或偶然产生及处理葡萄酒时加入的多酚化合物、磷酸铁、硫化铜、亚铁氰化铁、亚铁氟化铜等属于疏水溶胶。

在一定的条件下，胶体溶液能够保持相对稳定，但是当它的稳定性因素遭到破坏时，体系随之发生变化，有时这种变化正是我们需要的，例如葡萄酒的澄清处理就是使葡萄酒中的胶体物质沉降到容器底部，然后除去得到澄清的酒。

14.2.3　胶体的电学性质

14.2.3.1　带电性

将电极插入溶胶中通以电流，可以观察到胶粒发生迁移的现象。有些溶胶的胶粒向阳极移动，有些向阴极移动，这说明胶粒是带负电或正电的。在电场的作用下，分散相的质点在分散介质中做定向移动的现象称为电泳。与电泳现象相反，可观察到在外加电场下，分散介质会通过固定不动的多孔固体而移动，这种固相不动而液相在电场中发生的定向移动现象称为电渗。通过研究电泳和电渗，可以确定胶粒所带电荷的符号，进一步了解胶粒的结构及电解质对溶胶的稳定性的影响。

胶粒表面带电的主要原因有：

（1）吸附作用

胶粒分散系是一个高度分散的多相体系，比表面大，有较高的表面能，所以很容易吸附杂质。如果溶液中有少量电解质，则胶体粒子就会优先吸附某种离子。

（2）电离作用

当分散相与胶粒相接触时，固体表面分子发生电离，有一种离子进入液相，因而使固体粒子带电，例如蛋白质、炭黑表面的—COOH、—NH_2、或 SO_3H 基团在水中电离形成—NH_3^+、—COO—、或 SO_3^- 而使固相带电。

胶粒的带电性是胶粒能够保持稳定的一个重要因素。每个胶粒都带有电荷，这种电荷使胶粒之间相互排斥，因此几个胶粒就不能结合在一起，虽然胶粒之间有相互结合的趋势。反过来也可以解释它为什么不稳定，当胶粒的电荷降低到临界电荷时，就会产生凝聚现象。

14.2.3.2　双电层结构

溶胶粒子表面由于选择性吸附某种离子或表面上释放出离子，使固、液两相带有不同符号的电荷，在固相与液相界面上形成双电层。葡萄酒中分散粒子的种类和大小非常复杂，是一个高度分散的多相体系；同时，葡萄酒作为酸性体系，

pH 在 2.8～3.6 之间，体系的酸碱度直接影响到胶粒的带电性，例如蛋白质分子在水中带负电，在酒中带正电，丹宁胶粒在低 pH 条件下则带负电荷。根据带电胶粒与体系中其他带电粒子间的相互作用，胶粒在溶液中通常形成双电层结构。葡萄酒中丹宁和蛋白质胶粒双层结构分别见图 14-5、图 14-6。

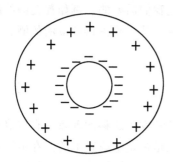 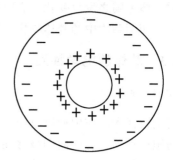

　　　　图 14-5　丹宁胶粒双电层结构　　　　　　　图 14-6　蛋白质胶粒双电层结构

14.3　葡萄酒中的铁沉淀

当葡萄酒中的铁超过一定量（通常为 8 mg/L）时，在与空气接触的情况下，葡萄酒就会发生轻微的浑浊现象（铁破败）。葡萄酒中的铁沉淀是由于形成了两种不溶性物质：磷酸铁胶体和铁与多酚、色素等形成的不溶性复合物。在由铁引起的沉淀中，都需要三价铁（Fe^{3+}、正铁）的存在，而二价铁（Fe^{2+}、亚铁）则不会在葡萄酒中形成不溶性成分。

白葡萄酒中的铁破败主要由磷酸铁胶体引起（白色破败），而在红葡萄酒中，除磷酸铁外，还有铁与多酚、色素等形成的不溶性复合物（蓝色破败）。由于亚铁是可溶的，所以，在还原条件下，即将葡萄酒置于无氧条件或光线直射下，铁沉淀就能重新溶解。

以磷酸铁沉淀为例，虽然我们还不了解其具体的结构，但是可以认为它的形成需要有正铁离子和磷酸根离子的存在，而且它们的离子浓度积，应大于磷酸铁的溶度积：

$$[Fe^{3+}][PO^{3-}_4] > P_s \qquad\qquad (14\text{-}1)$$

因此，要形成磷酸铁沉淀，不仅需要氧化态的铁，而且还需要溶液中游离的正铁离子浓度要高。

14.3.1　铁在葡萄酒中的状态

葡萄酒中的铁包括亚铁（Fe^{2+}）与正铁（Fe^{3+}）两种形式，以离子态和络合物两种状态存在。将白葡萄酒维持在厌氧状态，经过若干时间，即使在葡萄酒中加入硫氰化钾，葡萄酒的颜色也不会变红；但如果将葡萄酒与空气接触，其中溶解足够的氧后，其颜色就会变红，这就是葡萄酒典型的硫氰化铁反应：

$$3K(SCN) + Fe^{3+} \Longrightarrow Fe(SCN)_3 + 3K^+ \qquad (14-2)$$

硫氰化钾 　　　　　　硫氰化铁（红色）

如果在变红的葡萄酒中加入盐酸，由于可将络合物中的正铁离子释放出来，则葡萄酒的颜色会进一步变深。上述实验说明，即使在通气处理的葡萄酒中，Fe^{3+} 存在状态是大多数与葡萄酒中的有机酸形成可溶性复杂的络合物，只有少量的才以游离的 Fe^{3+} 存在。

利用硫氰化铁反应，可以确定葡萄酒中铁的状态。实际上，如果在葡萄酒中加入适量的双氧水并用无机酸进行酸化（将所有的铁氧化为三价铁），用硫氰化铁反应可估计葡萄酒的总铁，如果只进行酸化，则可估计葡萄酒的三价铁，两者的差值，就是二价铁。不加双氧水，也不酸化，就可估计游离三价铁离子。

在溶液中，如果同时存在铁的氧化态（Fe^{3+}）与还原态（Fe^{2+}），则两者之间有以下平衡：

$$Fe^{2+} \Longrightarrow Fe^{3+} + e^- \qquad (14-3)$$

而且 $[Fe^{3+}]/[Fe^{2+}]$ 取决于溶液的氧化还原电势。正常葡萄酒的氧化还原电势一般为 $0.10\sim0.15$ V，而通气后的葡萄酒的氧化还原电势，很少会达到 0.5 V。在同时含有 Fe^{2+} 和 Fe^{3+} 的溶液中，当 $E=0.75$ V 时，其 $[Fe^{3+}]/[Fe^{2+}]=1$，即 0.75 V 是 Fe^{3+}/Fe^{2+} 氧化还原体系的标准电势。如果我们用 $[Fe^{3+}]$ 和 $[Fe^{2+}]$ 来分别表示通气后葡萄酒中的 Fe^{3+} 和 Fe^{2+} 的浓度，则当 $E=0.5$ V 时，溶液中 $[Fe^{3+}]/[Fe^{2+}]$ 要比通气后葡萄酒中的 $[Fe^{3+}]/[Fe^{2+}]$ 小得多。在葡萄酒中，该比值常常接近于 1，在 $0.2\sim5.0$ 之间变化。因此，在葡萄酒中，大多数三价铁以络合状态存在，只有一少部分才以游离状态存在，而且只有游离态的三价铁，才与葡萄酒的氧化还原电势相符。正是这很少一部分与氧化还原电势相关的三价铁，才引起铁的沉淀。随着游离态的三价铁的沉淀，络合物会释放出游离态的三价铁，直至达到最终的平衡。在这一平衡中，沉淀物的离子浓度积不再高于其溶度积。

例如，在葡萄酒中，铁可与酒石酸结合为可溶性络合物酒石酸铁钾 $[K(FeC_4O_6H_2)]$，其中的铁比钾更牢固的结合在分子中，这种络合物在溶液中可以发生两种不同的电离：

首先，络合物电离为钾离子和络离子。

$$K(FeC_4O_6H_2) \Longrightarrow (FeC_4O_6H_2)^- + K^+ \qquad (14-4)$$

其次，络离子还可以进一步电离为 $C_4O_6H_2^{4-}$ 和 Fe^{3+}

$$(FeC_4O_6H_2)^- \Longrightarrow C_4O_6H_2^{4-} + Fe^{3+} \qquad (14-5)$$

第一种电离是常见的，也很重要；第二种电离的情况虽很少，但对于铁的沉淀却非常重要。在这种络合物中，铁一方面与酒石酸分子中的—CHOH 结合，另一方面也与其中的—COOH 结合。络合物在水溶液中可以分裂为几个部分，由于电离程度不同，可以使金属发生不同程度的"掩蔽"，这种金属的掩蔽现象具有特异性，能形成完全络合物或稳定络合物和不完全络合物或不稳定络合物，在两个极端类型中还有许多中间类型。

如果我们用 C 代表络离子，则有以下平衡：

$$Fe^{3+} + C \rightleftharpoons CFe^{3+} \tag{14-6}$$

因此有

$$\frac{[Fe^{3+}][C]}{[CFe^{3+}]} = K \tag{14-7}$$

常数 K 越大，络合物就越不完全；相反，最完全的络合物的常数 K 为零。例如，亚铁的络合物亚铁氰离子 $[Fe(CN)_6]^{4-}$，就是完全的络合物。在溶液中，该络合物不会电离出任何 Fe^{2+}。

随着 pH 的升高，正铁络合物的稳定性也升高；相反，其稳定性则下降。亚铁也能在葡萄酒中生成络合物，但比正铁的络合物易于电离，因此更不稳定。

14.3.2　铁在通气葡萄酒中的反应

由上述分析可知，铁在葡萄酒中的反应，包括一系列的化学、物理化学和胶体反应（图 14-7）。

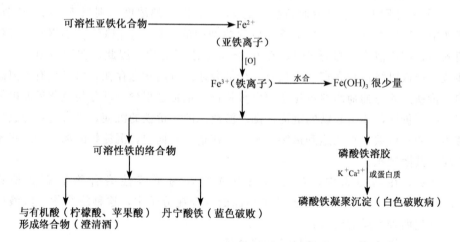

图 14-7　铁在通气葡萄酒中的反应示意图

Ribereau-Gayon 等（1976）研究了白色破败与葡萄酒 pH 的关系。它们将一种 pH＝3.1、铁含量为 34 mg/L 的白葡萄酒，长期在无氧条件下储藏，使之不含氧及三价铁。然后将该葡萄酒分装在一系列不同的容器中，并用硫酸或氢氧化钾将它们的 pH 分别调整到 2.5～4.2 中的一个值，在空气中充分摇动盛酒容器 1 min，以使葡萄酒饱和氧气，在 12 ℃的条件下，敞口静置 8 d。

在此期间，葡萄酒都变得浑浊，浑浊的程度以 pH＝3.3 尤甚，且愈远离 pH＝3.3 浑浊愈轻。测定所有样品中铁（Fe^{3+}）的总量，然后用明胶下胶使葡萄酒澄清，再测定澄清葡萄酒中铁（Fe^{3+}）的含量（即生成络合物的铁的含量），由前者减去后者，就可以得出存在于磷酸铁胶体中的铁的含量，也即引起酒浑浊的铁的数量（图 14-8）。

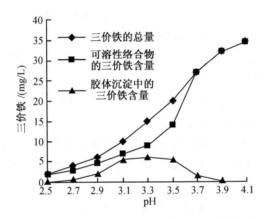

图 14-8 在通气葡萄酒中铁的络合物与铁的沉淀

结果表明，铁的总量（Fe^{3+}）和结合在络合物中铁（Fe^{3+}）的含量随 pH 的升高而增加，但从 pH＝3.3 开始，络合铁的升高速度更快，直到最后与总铁相等。因此，不难理解，沉淀铁量开始也随 pH 的升高而升高，直到 pH＝3.3 达到其最大值，然后随 pH 的升高而下降，这是因为随着络合铁量的增加，降低了葡萄酒中能与磷酸根结合的游离态三价铁的含量。

对于可能出现铁破败的葡萄酒，进行合理的亚铁氰化钾处理，就可防止铁破败（李华 2000）。

14.4 葡萄酒中的铜沉淀

在含有游离 SO_2 的白葡萄酒中，尤其在装瓶的情况下，常常发生浑浊现象，并渐渐形成一种棕红色的沉淀（铜破败）。如果将这种酒暴露于空气中，或者在空气中搅拌使其饱和氧气，这种浑浊或沉淀在几小时或几天内便消失了。温度的升高和日光能促进和加速这种沉淀的产生。这种浑浊或沉淀的产生，主要是因为酒中含有一定数量的铜所致。如果白葡萄酒含 0.5 mg/L 的铜便可以引起浑浊或沉淀。有时装瓶的白葡萄酒保存了很久仍是澄清的，但经摇动就会变浑浊，这也是一种由铜引起的破败病，原因是由于铜的胶体凝絮产生了浑浊与沉淀。

葡萄酒中的铜主要来源于酿造器具及葡萄果实表面的杀菌剂（如波尔多液），后者带来的铜大致为 0.5 mg/L 左右。在发酵过程中，大部分被还原为硫化铜而沉淀，故新葡萄酒中铜含量约为 0.2～0.3 mg/L。

铜破败病是由于葡萄酒中所含有的铜被还原为亚铜所致。因此，葡萄酒产生破败病必须具有两个条件：一定量的铜及一定的二氧化硫存在，变化过程可用系列反应式表示：

$$① \quad Cu^{2+} + RH \longrightarrow Cu^+ + R + H^+$$

RH 代表还原物质，通过还原，将铜变为亚铜；

$$② \quad 6Cu^+ + 6H^+ + SO_2 \longrightarrow 6Cu^{2+} + H_2S + 2H_2O$$

亚铜将 SO_2 还原为 H_2S；

$$③ \quad Cu^{2+} + H_2S \longrightarrow CuS + 2H^+$$

生成了 CuS，它可以形成胶体溶液。

CuS 在电解质和蛋白质的作用下，由于胶体的絮凝便产生浑浊和沉淀。如果将葡萄酒通以空气，便可以使浑浊消失。这是因为氧化作用使不溶解的 CuS 变为溶解的 $CuSO_4$：

$$CuS + 2O_2 \longrightarrow CuSO_4$$

将该反应所生成的沉淀进行分析，发现它与 CuS 相似：都溶解于煮沸的硝酸中，但不溶解于煮沸的稀硫酸中。在电解质的影响下，通常为黑色的 CuS 在稀溶液中会生成棕色沉淀，类似于铁引起的破败病。

铜破败病的产生，除了葡萄酒中含有硫和铜外，氨基酸和蛋白质也是一个很重要的条件。由于半胱氨酸和胱氨酸会形成一种氧化还原体系：

$$2R—SH \rightleftharpoons R—S—S—R + 2H$$

R—SH 代表：$HS—CH_2—CHNH_2—COOH$　　　（半胱氨酸）；

R—S—S—R 代表：$S—CH_2—CHNH_2—COOH$

$$S—CH_2—CHNH_2—COOH$$ 　　（胱氨酸）

在日光影响下亚硫酸将胱氨酸还原为半胱氨酸，然后半胱氨酸与铜生成不溶解的络合物。

以上结论可以用下列实验证明：如果葡萄酒中含有几毫克的铜，加入胱氨酸，尤其是半胱氨酸，就会很快引起破败病，沉淀成絮状。沉淀物溶解于碱性溶液中，与盐酸共热时，产生硫化氢反应；可见，含氮物质，尤其是半胱氨酸是产生铜破败病必不可少的物质之一。

在葡萄酒中，铜破败产生的以上两种机制，可同时存在。用于防止铁破败的亚铁氰化钾处理，也可同时防止铜破败。

14.5　葡萄酒的蛋白沉淀

在蛋白含量高的葡萄酒中，由蛋白引起的浑浊、沉淀，称为蛋白破败。蛋白破败主要出现在多酚类物质含量低的白葡萄酒中。

葡萄酒中的蛋白对高温和低温都同样敏感。在 30 ℃放置较长时间，蛋白就可出现聚沉，而在 70 ℃左右，只需 20 min，蛋白就发生不可逆的聚沉，而被从葡萄酒中除去。

当温度降低到 0 ℃左右时，葡萄酒也可能出现浑浊，而当温度回升到室温时，浑浊就会消失。因此，蛋白对低温的反应是可逆的。

如果将葡萄酒的温度在 2 min 内升高到 75 ℃，然后迅速降低温度，并在低温下保持 5～7 d，可以完全稳定葡萄酒，而且其效果比膨润土处理的要好，尽管膨润土处理可除去更多的在酒精中可沉淀的含氮化合物。但是澎润土处理可避免对葡萄酒的高温处理。

根据 Koch 和 Bretthaurer 的研究结果（Usseglio-Tomasset 1995），用红葡萄酒工艺酿造的葡萄酒中，不含可溶性蛋白。同样，用浸渍工艺酿造的白葡萄酒，由于不含蛋白，所以不会出现蛋白破败。这一结论正好证明多酚物质参与了蛋白的不溶性作用。进一步的研究证明，浸渍发酵的葡萄酒中，并不是没有蛋白，在分离时，其蛋白含量可达 20～40 mg/L，其中 1/3 的相对分子质量大于 200 000。在葡萄汁和葡萄酒中，由于蛋白、多糖和丹宁胶体的参与，而形成相对分子质量高的大分子复合物。

葡萄酒中蛋白不溶性的机制可能与高温对葡萄汁中的纯蛋白的变性机制不同。用高温处理将纯蛋白从葡萄汁中除去，并不能预测其用丹宁和其他胶体沉淀时的表现。

在葡萄酒中，除来源于葡萄的蛋白外，还有源于酵母菌的蛋白，而且这部分蛋白或多或少地与其他胶体相结合。对它们在葡萄酒中的变化，还了解得不多。

14.6　红葡萄酒的色素沉淀

Ribereau-Gayon 和 Peynaud 最早发现，将澄清的红葡萄酒在 0 ℃左右放置足够长的时间，就会出现浑浊，在升温以后，它又会变澄清。将红葡萄酒长期冷处理后，通过离心，分离出沉淀物。这种沉淀物可溶于热水或酒精，呈深红色。如果在一个装有红葡萄酒的容器中，放入一个装满蒸馏水的、容积不超过葡萄酒体积 10％的赛璐玢袋子，然后将容器密封，经过足够长的时间，葡萄酒中所有除胶体以外的成分就会通过赛璐玢进入到袋子中，因此，在赛璐玢袋子中，除没有胶体成分外，其他成分都与袋子外的葡萄酒中的成分一样。但是，在袋子中的葡萄酒，不仅颜色较浅，而且在冷处理后，也不会出现浑浊或沉淀。而如果将袋子中的葡萄酒（即渗析葡萄酒）放置足够长的时间后，再进行冷处理，它又会浑浊。Ribereau-Gayon 和 Peynaud 的这一经典实验证明，葡萄酒色素的一部分以胶体存在，在色素胶体沉淀后，一些色素分子又会慢慢地聚合，而形成新的色素胶体。

14.7　葡萄酒的氧化沉淀

霉变葡萄浆果中的酪氨酸酶和漆酶，特别是漆酶，都可强烈地氧化葡萄酒色素和丹宁，并将它们转化为不溶性胶体，从而引起葡萄酒的浑浊沉淀，这就是葡萄酒的氧化破败。通过热处理或 SO_2 处理破坏氧化酶、防止葡萄酒与空气接触等，都可防止氧化破败。

14.8　小　　结

葡萄酒是一种成分复杂的液体，其中一部分物质，如丹宁、色素、蛋白质、多糖、树胶、果胶质以及金属复合物等以胶体形式存在，是高度分散的热力学不稳定体系。葡萄酒中的大分子主要来源于葡萄浆果、酵母、灰霉菌以及添加剂。

胶体具有丁达尔现象、布朗运动、扩散等物理特性。胶粒具有带电性，并且具有双电层结构，研究葡萄酒中胶体的稳定性必须从多个方面考虑各种因素的综合效用。就葡萄酒的稳定性而言，大多数浑浊现象是由于胶体聚凝引起的，葡萄酒的下胶就是利用胶体的相互作用以澄清葡萄酒，实践中常用蛋白类、土类以及聚合物类物质作为下胶剂。充分理解、掌握葡萄酒胶体性质对于葡萄酒的澄清处理，保持酒的稳定性具有重要的理论意义，并能有效地指导生产实践。

主要参考文献

董元彦，李宝华，路福绥. 2001. 物理化学（第二版）. 北京：科学出版社
李华. 2000. 葡萄酒与葡萄酒研究进展——葡萄酒学院年报（2000）. 西安：陕西人民出版社
李华. 2000. 现代葡萄酒工艺学（第二版）. 西安：陕西人民出版社
李华. 2002. 葡萄酒与葡萄酒研究进展——葡萄酒学院年报（2002）. 西安：陕西人民出版社
李华. 2004. 葡萄酒与葡萄酒研究进展——葡萄酒学院年报（2004）. 西安：陕西人民出版社
张春晖，李锦辉，李华. 1999. 葡萄酒的胶体性质与澄清. 食品工业，(4)：16
章燕豪. 1988. 物理化学. 上海：上海交通大学出版社
Ribereau-Gayon J, et al. 1976. Science et technique du vin. Paris：Bordas
Roger B. Boulton, Vernon L. Singleton. 2001. 葡萄酒酿造学原理及应用. 赵光鳌译. 北京：中国轻工业出版社
Shaw D J. 1980. Introduction to colloid and surface chemistry. 3rd Editon. Butterworth
Usseglio-Tomsset L. 1995. Chimie oenologique. 2eme Edition. Paris：Tec & Doc

第 15 章　葡萄酒的氧化还原体系

从生物化学的角度，生命和衰老都是氧化现象的结果，因为所有的氧化都是释放能量的过程。事实上，无论对于好氧细胞还是厌氧细胞，都需要获得以磷酸化物质形式储藏的能量。而这一氧化能对于细胞的发育、生长和衰老都是必需的。

我们知道，葡萄酒也具有生物的特性，也离不开氧化还原现象，无论该现象是自然的还是人为的因素引起的。从对葡萄的机械处理开始，葡萄果肉细胞就会与空气中的氧接触，其氧化酶就会活动，而氧化酶的活动会对葡萄酒的陈酿潜力带来不利的影响。

因此，在葡萄酒酿造过程中，葡萄汁或葡萄酒的氧化，都会严重影响葡萄酒的质量。氧化还原电势（E_h）是表示溶液中氧化还原状态的一个指标，葡萄酒氧化愈强烈，氧化还原电势就愈高。氧化还原电势的测定是物理化学方法的一种，该方法相对快捷、准确，可以了解葡萄酒的氧化还原反应和状态，及其对葡萄酒质量和稳定性的影响。

15.1　氧化还原电势

我们知道，凡有电子转移（得失或共用电子对偏离、偏向）的反应叫氧化还原反应。氧化还原反应往往是可逆的，某物质失去电子后成为氧化型，氧化型再得到电子又成为还原型，这样的体系常称为氧化还原体系。在氧化还原反应中，如果反应物的组成原子或离子失去电子，则该物质称为还原剂；如果反应物的组成原子或离子获得电子，则该反应物称为氧化剂。还原剂失去电子的趋向，或氧化剂获得电子的趋向，称为氧化还原电势，单位为伏（V）。例如，氯化亚铁和氯化铁的混合溶液就构成了一个氧化还原体系。在该体系中，存在着以下平衡：

$$Fe^{2+} \Longrightarrow Fe^{3+} + e \tag{15-1}$$

式中，e 代表一个电子。

一般而言，可用式（15-2）表示氧化还原平衡反应：

$$RH_m \Longrightarrow Ox^{n+} + ne + mH^+ \tag{15-2}$$

式中，RH_m 表示还原型，Ox^{n+} 表示氧化型，n 表示电子数量，m 表示质子数量。

如果在 $FeCl_2$ 和 $FeCl_3$ 的混合溶液中浸入一个电极（金片或铂片），则该电极就会产生电势，其大小取决于溶液中亚铁离子浓度与正铁离子浓度的比值。如果体系有固定电子的趋势，即体系为氧化体系（$Fe^{3+} + e \rightarrow Fe^{2+}$），电极的电荷就会是正电荷；相反，如果体系有释出电子的趋势，即体系为还原体系（$Fe^{2+} \rightarrow Fe^{3+} + e$），电极的电荷就会为负电荷。

15.1.1　原电池

在氧化还原反应中，电子从还原剂转移到氧化剂，如果在适当的装置中进行反应，就能产生电流用以做功。比如，将 Zn 片和 Cu 片分别插入 0.1 mol/kg 的 $ZnSO_4$ 和 $CuSO_4$ 溶液中，用离子可以自由通过的多孔隔膜把两种溶液隔开，这种装置称为原电池。用导线将 Zn 片和 Cu 片分别连接到电流计的两端，就可以看到电流计的指针发生偏转，说明原电池对外做了电功。原电池将化学能转变为电能的过程称为放电。

Cu-Zn 电池由两个电极组成，其中 Zn 电极发生氧化作用而失去电子，电势较低，称为负极；Cu 电极得到电子发生还原作用，电势较高，称为正极。

更一般而言，当把金属片 M 放入它的盐溶液时，一方面金属片 M 表面的一些原子有一种把电子留在金属片上、而自身以离子 M^{n+} 的形式进入溶液的倾向（金属越活泼，溶液越稀，这种倾向越大）；另一方面盐溶液中的 M^{n+} 离子又有一种从金属片 M 表面获得电子而沉积在金属片表面的倾向（金属越不活泼，溶液越浓，这种倾向越大）。这两种倾向达到平衡时的反应如下：

$$M \Longleftrightarrow M^{n+} + ne \tag{15-3}$$

若金属失去电子的倾向大于获得电子的倾向，结果是金属离子进入溶液，使金属片带负电，靠近金属片附近的溶液带正电；反之，则金属片带正电，靠近金属片附近的溶液带负电。这样在金属片和溶液之间就产生了电势，这就是电极电势。金属的电极电势除与金属本身的性质和金属离子在溶液中的浓度有关外，还与温度有关。在 25 ℃时，在氧化还原体系中，当氧化剂与还原剂的物质的量浓度比为 1 时，所产生的电势为该体系的标准电极电势。测定一个单独电极对一个溶液的电势是不可能的，但却有可能选择一种电极作为标准，人为地给它一个确定的数值，其他电极同它比较，就可测得彼此之间的相对值。这种作为参考的标准电极就是标准氢电极。

15.1.2　氢电极

一般用标准氢电极作为标准，以测定其他电极的相对电极电势数值。把镀有铂黑的铂片插入含有氢离子（$[H^+] = 1$ 或 $a_{H^+} = 1$）的溶液中，并用标准压力（$p = 100 \, kPa$）的干燥氢气不断冲击到铂电极上，就构成了标准氢电极(图 15-1)。电极表示式为

$$Pt, H_2(p = 100 \text{ kPa}) \mid H^+ (a_{H^+} = 1)$$

电极反应：

$$\frac{1}{2}H_2(p) \longrightarrow H^+ (a_{H^+} = 1) + e^- \quad (15\text{-}4)$$

$(a_{H^+} = 1)$ $(m_{H^+} = 1.0 \text{ mol/kg})$，电化学规定，在指定温度下标准氢电极的电极电势 $E_{H_2}^{\ominus} = 0$。

15.1.3　电极电势

将标准氢电极作为负极，给定的电极作为正极组成电池：

$$Pt, H_2(p = 100 \text{ kPa}) \mid H^+ (a_{H^+} = 1) \parallel \text{给定电池}$$

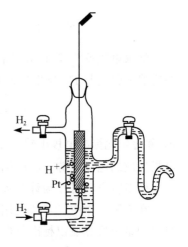

图 15-1　氢电极示意图

规定该电池电动势的数值和符号就是给定电极电势 E 的数值和符号。如给定电极实际上进行的是还原反应，则电极电势 E 为正值；如给定电极实际上进行的是氧化反应，则电极电势 E 为负值。

将任何氧化还原物质与标准氢电极组成原电池，都可测定出其氧化还原电势及其标准电极电势。

标准电极电势是指电极在 298K 标准状态（$a = 1$，$p = 100 \text{ kPa}$）下的电极电势。根据上述方法，一系列待测电极的标准电极电势都可测定出来。

15.1.4　能斯特（Nernst）方程

在氧化还原体系中，对还原型物质的氧化，与释放质子的酸的脱氢作用的表现相似。所以，在氧化还原体系中，pH 也会影响氧化还原电势，正如能斯特（Nernst）方程［式（15-6）］所表述的一样。一般把 pH＝0，溶质为 1 mol 浓度时的氧化还原电势称为标准氧化还原电势，用 E_0 表示。而当 pH 不等于 0 时的标准氧化还原电势用 E_0' 表示，若无特殊指明，通常指 pH＝7 时的标准氧化还原电势，也叫生化标准电极电势。

有氢离子参加的电极反应，可用式（15-5）表示：

$$M \Longrightarrow Ox^{n+} + ne + mH^+ \quad (15\text{-}5)$$

其电极电势为

$$E_h = E_0 + \frac{mRT}{nF}2.303\lg\frac{[Ox^{n+}]}{[RH_m]} - \frac{0.059\,16m}{n}pH \quad (15\text{-}6)$$

式中，E_h 为带测溶液的电极电势，E_0 为标准电极电势，R 为摩尔气体常数（8.315 J/K·mol），T 为热力学温度，F 为法拉第常数（96 494 C）。

在 298 K 时，

$$E_{\mathrm{h}} = E_0 + \frac{0.059\,16}{n}\lg\frac{[\mathrm{Ox}^{n+}]}{[\mathrm{RH}_m]} - \frac{0.059\,16m}{n}\mathrm{pH} \qquad (15\text{-}7)$$

如果电极反应是在 pH 固定的条件下进行，则式（15-7）中包含 pH 的一项为定值，将它与 E_0 合并令为 E_0'，则：

$$E_{\mathrm{h}} = E_0' + \frac{0.059\,16}{n}\lg\frac{[\mathrm{Ox}^{n+}]}{[\mathrm{RH}_m]} \qquad (15\text{-}8)$$

E_0' 称为生化标准电极电势，是氧化态和还原态物质活度均为 1，pH 固定条件下电极反应的电极电势。pH 不同，E_0' 也不相同。

能斯特方程可作为计算氧化还原电势的通用方程。

在实际工作中，习惯上用甘汞电极作为参考电极来测定电势，将甘汞电极所测得的结果换算成以标准氢电极为标准的电势。

表 15-1 列出了部分与葡萄酒相关的氧化还原体系，pH=7 的标准氧化还原电势。

表 15-1　298K，pH=7.00 时的 E_0'

半 反 应		$E_0'(\mathrm{pH}=7.0)/\mathrm{V}$
$1/2\mathrm{O}_2 + 2\mathrm{H}^+ + 2\mathrm{e}^-$	$\mathrm{H}_2\mathrm{O}$	0.816
$\mathrm{Fe}^{3+} + \mathrm{e}^-$	Fe^{2+}	0.771
氧化型 2,6-二氯靛酚(DCIP)$+ 2\mathrm{H}^+ + 2\mathrm{e}^-$	还原型 2, 6-DCIP	0.222
$\mathrm{Cu}^{2+} + \mathrm{e}^-$	Cu^+	0.170
$\mathrm{SO}_4^{2-} + 4\mathrm{H}^+ + 2\mathrm{e}^-$	$\mathrm{H}_2\mathrm{SO}_4 + \mathrm{H}_2\mathrm{O}$	0.170
$\mathrm{S} + 2\mathrm{H}^+ + 2\mathrm{e}^-$	$\mathrm{H}_2\mathrm{S}$	0.140
$\mathrm{S}_4\mathrm{O}_6^{2+} + 2\mathrm{e}^-$	$2\mathrm{S}_2\mathrm{O}_3$	0.090
脱氢抗坏血酸$+ 2\mathrm{H}^+ + 2\mathrm{e}^-$	抗坏血酸	0.060
延胡索酸$+ 2\mathrm{H}^+ + 2\mathrm{e}^-$	琥珀酸	0.031
草酸$+ 2\mathrm{H}^+ + 2\mathrm{e}^-$	苹果酸	-0.102
核黄素$+ 2\mathrm{H}^+ + 2\mathrm{e}^-$	白核黄素	-0.182
丙酮酸$+ 2\mathrm{H}^+ + 2\mathrm{e}^-$	乳酸	-0.190
乙醛$+ 2\mathrm{H}^+ + 2\mathrm{e}^-$	乙醇	-0.197
$2\mathrm{SO}_4^{2-} + 4\mathrm{H}^+ + 2\mathrm{e}^-$	$\mathrm{S}_2\mathrm{O}_6^{2-} + 2\mathrm{H}_2\mathrm{O}$	-0.200
$\mathrm{NAD}^+ + 2\mathrm{H}^+ + 2\mathrm{e}^-$	$\mathrm{NADH} + \mathrm{H}^+$	-0.320
$\mathrm{H}^+ + \mathrm{e}^-$	$1/2\mathrm{H}_2$	-0.420
乙酸$+ 2\mathrm{H}^+ + 2\mathrm{e}^-$	乙醛	-0.600
$\mathrm{SO}_3^{2-} + 3\mathrm{H}_2\mathrm{O} + 4\mathrm{e}^-$	$\mathrm{S} + 6\mathrm{OH}^-$	-0.660
$2\mathrm{SO}_3^{2-} + 2\mathrm{H}_2\mathrm{O} + 2\mathrm{e}^-$	$\mathrm{S}_2\mathrm{O}_4^{2-} + 4\mathrm{OH}^-$	-1.120

了解表 15-1 中各氧化还原对的标准氧化还原电势，对葡萄酒酿酒师是非常有益的。例如，由表 15-1 可以看出，在葡萄酒中普遍存在的含硫化合物的氧化

还原对，都表现出较低的标准氧化还原电势，而且大部分为负值。这一特性使它们具有较强的还原能力，但是，对于对氧化还原敏感（氧化还原缓冲能力弱）的葡萄酒，它们也可使葡萄酒具还原味。

　　总之，在氧化还原体系中，氧化还原电势（E_h）是表示溶液中氧化还原状态的一个指标，单位为伏（V）。E_h 的大小与溶液中氧化剂与还原剂的相对含量有关，并受离子浓度、溶液的 pH 和温度的影响。葡萄酒氧化越强烈，氧化还原电势越高；相反，当葡萄酒中无空气时，E_h 则会逐渐下降到一定值，这个值就是极限电势。通过测定氧化还原电势，可以了解葡萄酒储存过程中氧化还原程度，E_h 越低，表明葡萄酒的还原能力越强。对于瓶储的葡萄酒，只有当氧化还原电势降低到其极限电势时，才能表现出其特有的陈酿香气。

　　在了解了氧化还原电势的概念后，需要提出衡量溶液氧化还原状态的另一个概念——rH。rH 是溶液中所含氢气气压的负对数，可表述如下：

$$rH = \frac{E_h + 0.06pH}{0.03} = -\lg p_{H_2} \qquad (15\text{-}9)$$

　　所以，与氧化还原电势一样，rH 也用于表示一个体系的氧化还原状态。但在使用 rH 时，必须标明溶液的 pH，否则 rH 就没有任何意义。因为在式（15-9）中，有两个变量，即 pH 和 E_h，所以对于不同的 pH，相同的 rH 可对应不同的氧化还原电势。

　　例如，如果一个葡萄酒的 pH＝3.5，E_h＝0.24 V，由式（15-9）就可计算出该葡萄酒的 rH：

$$rH = \frac{E_h + 0.06pH}{0.03} = \frac{0.24 + 0.06 \times 3.5}{0.03} = 15$$

15.2　氧化还原体系分类

通常将氧化还原体系分为以下三类。

15.2.1　自氧化体系

　　一些物质可以与具有电势的电极发生电子转移，这些物质单独就可构成一个氧化还原体系。如一些重金属（如铁、铜等）构成的氧化还原体系 Fe^{2+}/Fe^{3+}、Cu^{2+}/Cu^+，就属于这一类。该类氧化还原体系还包括一系列用作氧化还原滴定指示剂的氧化还原颜料，如溴苯酚-靛酚蓝、次甲基蓝、靛蓝胭脂红、二苯胺磺酸钠等。这些颜料的氧化态和还原态具有不同的颜色，能因氧化还原作用而发生颜色反应。如常用的氧化还原指示剂二苯胺磺酸钠，它的氧化态呈红紫色，还原态是无色的。当用 $K_2Cr_2O_7$ 溶液滴定 Fe^{2+} 到化学计量终点时，稍过量的

$K_2Cr_2O_7$ 即将二苯胺磺酸钠由无色的还原态氧化为红紫色的氧化态，指示终点的到达。

　　参与细胞呼吸作用的核黄素和含有核黄素的脱氢酶，与黄素蛋白一样，也属于这一类。该类氧化还原体系都是自氧化体系，在有氧状态下，其氧化不需要催化剂的作用。

15.2.2　催化剂催化的氧化还原体系

　　这类体系包括一些电活性弱，但在有即使是少量的自氧化体系的物质（作为催化剂）参与的情况下，也可形成氧化还原平衡，从而产生电势的物质。这类物质都含有与二酮基相平衡的烯二醇基，包括维生素C、还原酮、酒石酸等（图15-2）。

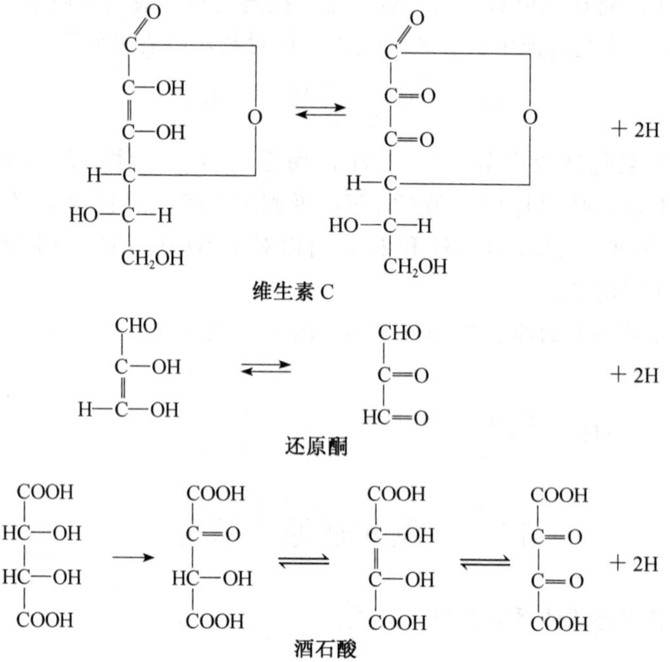

图15-2　催化剂催化的氧化还原体系

　　与细胞呼吸作用密切相关的细胞色素，也需要催化剂的作用，才具有电活性，而形成氧化还原体系。

15.2.3　酶催化的氧化还原体系

　　酶催化氧化的还原体系包括只有在酶的作用下，才具有电活性的物质，如脱氢酶可以将氢从氧化态分子转移到还原态分子，从而产生电势，而成为氧化还原体系。这类物质包括在乳酸菌作用下的乳酸/丙酮酸体系、在相应脱氢酶作用下的乙醛/乙醇和乙偶姻/丁二醇体系等。

15.3　氧化还原缓冲能力

葡萄酒的氧化还原缓冲能力非常重要，因为它反映葡萄酒在其酿造过程中，抵抗由于物理化学处理所带来的过度还原或氧化的能力。同时葡萄酒的氧化还原缓冲能力也是其是否具有陈酿潜力的标志。如果葡萄酒没有保持其氧化还原电势或没有限制其氧化还原电势变化的能力，则氧化还原电势在葡萄酒的酿造过程中就没有任何意义了。

对氧化还原体系的氧化还原缓冲能力的测定，可通过用氧化剂或还原剂溶液的滴定曲线来进行（图 15-3）。氧化还原滴定曲线与其他滴定曲线一样，随着标准溶液的不断加入，溶液的性质不断发生变化，这一变化也是遵循量变引起质变这一规律的。因此在氧化还原滴定曲线上，可观察到一个拐点，这个拐点就是曲线的对称中心，且在拐点附近的曲线几乎为直线，其斜率 $\dfrac{d\,[Ox]}{dE}$ 或 $\dfrac{d\,[Red]}{dE}$ 为最小，该斜率就可用于测定氧化还原体系的最大氧化还原缓冲能力，即用于引起氧化还原电势变化的相当于一价氧化剂或还原剂的物质的量（图 15-3）。

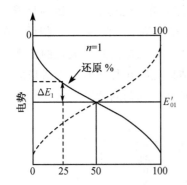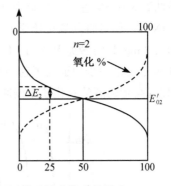

图 15-3　电子数量对氧化还原和氧化还原体系缓冲能力的影响

氧化还原体系的氧化还原缓冲能力，取决于溶液中的电子和质子数量。

图 15-4 是用还原剂 $TiCl_3$ 滴定的几种葡萄酒的氧化还原曲线（Maujean 2004）。由该图可以看出：在氧化还原电势为 $200\sim400$ mV 时，霞多丽（Chardonnay）的斜率最大，即它的氧化还原缓冲能力最小。而对于红色品种，特别是对于黑比诺染色葡萄酒（Pinot noir tache），当氧化还原电势在 $300\sim320$ mV 时，氧化还原滴定曲线比较平缓，它们较强的还原抵抗能力与葡萄酒中含有二甲花翠素和花

色素有关。黑比诺染色葡萄酒的标准氧化还原电势 $E_0' = 302\ \text{mV}$，也就是其最大缓冲能力。

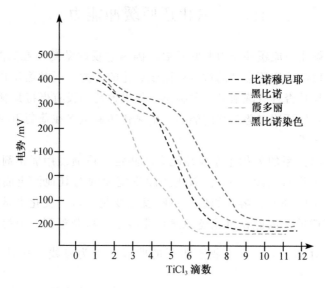

图 15-4　几种葡萄酒的氧化还原缓冲能力

图 15-5 是用氧化剂 2,6-DCIP 滴定葡萄酒的氧化还原曲线（Maujiean 2004）。对这些曲线的分析可以看出：在葡萄酒中加入 16 mg/L 的 SO_2，可以使其氧化还原电势降低到 370 mV 左右，但该葡萄酒没有任何抵抗氧化的能力，因为只需加入几滴 2,6-DCIP，就可将其氧化还原电势恢复到原来的值上（曲线 A）；相反，在葡萄酒中加入 8 mg/L 的 SO_2 和 8 mg/L 的维生素 C，就能提高其对氧化的抗性（曲线 B）。曲线 C 更进一步地证实了这一结果。该结果说明在装瓶时加入适量的维生素 C，可以提高葡萄酒的氧化还原缓冲能力，从而防止葡萄酒的还原味。

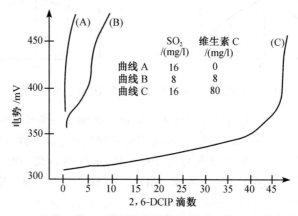

图 15-5　SO_2 和维生素 C 对葡萄酒氧化还原电势及其抗氧化能力的影响

15.4　葡萄酒的氧化还原体系

15.4.1　氧在葡萄酒中的溶解

氧气具有氧化性，可与许多物质发生氧化反应。在葡萄酒的生产过程中，氧可以通过破碎、倒罐、压榨、分离、换桶、装瓶等过程溶解于葡萄汁或葡萄酒中，搅拌作用加速了氧在葡萄酒中的扩散。

据 Ribereau-Gayon（1976）的研究结果，氧在葡萄酒中的溶解，有以下规律：

（1）在不搅拌的情况下，如果利用虹吸并将虹吸管的出口插入葡萄酒中对葡萄酒进行换罐，不会引起葡萄酒中溶解氧明显升高。

（2）如果将葡萄酒与同体积的空气充分搅拌，只需半分钟，葡萄酒中的氧就可达到饱和状态，其速度比在水中要快。这是因为酒精与空气形成较为持久的泡沫的缘故。葡萄酒之间氧的溶解度变化不大；与在水中一样，氧在葡萄酒中的溶解度随温度的升高而降低。在 20 ℃时，氧在葡萄酒中的溶解度为 5.6～6.0 ml/L，在 12 ℃为 6.3～6.7 ml/L。葡萄酒中干浸出物含量越高，氧的溶解度越低。

（3）当将不含氧的葡萄酒的表面与空气接触时，如果葡萄酒的表面为 100 cm^2，只需 15 min，进入葡萄酒氧量的浓度可达数 ml/L；如果葡萄酒的表面处于运动状态，进入葡萄酒的氧量就会加大。

（4）葡萄酒中始终含有少量的溶解态的 CO_2，正常的 CO_2 含量不能抵抗氧在葡萄酒中的溶解；但如果葡萄酒中的 CO_2 含量超过 100 mg/L，氧在葡萄酒中的溶解速度就会降低。

（5）在换罐时，如果将酒管出口插入接受容器的底部，葡萄酒中增加的氧就不超过 0.1～0.2 ml/L。但如果将出口管放在接受容器的上部，葡萄酒中氧的增加量就会加大；葡萄酒的压力越大，氧的增加量就越大。

（6）如果在接受葡萄酒的木桶中熏硫，硫磺燃烧所消耗的氧最多是木桶中氧总量的 5%～10%，因此在木桶中熏硫并不能显著降低在换桶过程中氧的溶解量。所以，熏硫防止葡萄酒的氧化，不是通过降低葡萄酒的溶解氧，而是通过 SO_2 防止葡萄酒中最易被氧化的成分的氧化而实现的。

（7）在装瓶过程中，根据葡萄酒对酒瓶内液面的压力不同，溶解在葡萄酒中的氧量的变化范围为 0.2～1.5 ml/L。在装瓶时，如果使空气进入葡萄酒，即使量很小，也容易引起葡萄酒的"瓶内病"。

（8）在葡萄酒的酿造过程中，总是需要如利用重力或酒泵进行换罐等各种处理。在各种处理后，如果不进行直接测定，很难确定葡萄酒中氧的溶解量。通过液面的升降，进入葡萄酒的氧量可以忽略，但如果葡萄酒在设备或管道中形成气泡，就可能使溶解氧量明显提高。

（9）在用酒泵输送葡萄酒时，如果酒泵中葡萄酒的液面低于酒泵液面，或管道的接头连接不好，造成吸气，就会使葡萄酒饱和氧（6～7 ml/L）。

（10）在对葡萄酒进行处理时，应充分考虑上述因素对葡萄酒溶解氧的影响。因为只要有少量的氧进入葡萄酒，就可能使葡萄酒产生氧化特征，甚至引起铁破败等。

（11）最后，只有当葡萄酒在完全密闭的容器中存放数周以上后，葡萄酒中才可能不含溶解氧。

总之，葡萄酒的成分、环境因素、工艺操作都可对葡萄酒中溶解氧产生影响。

15.4.2　葡萄酒中溶解氧的测定

葡萄酒中溶解氧水平是一个极其重要的参数，测定的方法大致可分为化学反应法和极谱测定法。Ribereau-Gayon（1976）曾提出一种化学测定方法，该方法使用连二硫酸钠作为氧化剂，胭脂红作为指示剂，连二硫酸钠与氧反应后可生成酸式亚硫酸钠。

极谱测定法是由 Clark（1960）提出的。目前各种型号溶解氧测定仪大都采用该方法测定溶解氧含量。利用溶解氧测定仪测定葡萄酒中的溶解氧，具有使用简便、响应迅速、读数准确等优点。溶解氧测定仪包括两个电极：银电极（阴极）和金电极（阳极），内部充满氯化钾电解液，同时包含一个对氧具有选择性的膜。其电解反应式如下：

（1）在阴极：$O_2 + 2H_2 + 4e^- \longrightarrow 4OH^-$

（2）在阳极：$Ag + Cl^- \longrightarrow AgCl + e^-$

溶解氧测定仪使用时，需在阳极和阴极间加上 0.7 V 左右的极化电压，阳极会产生扩散电流，该电流强度与电极内相中氧浓度成正比。当膜的性质、厚度、面积、温度等条件不变时，透过膜进入电解池（内相）的氧保持着恒定的扩散速度，于是，扩散电流的变化就可反映被测体系中氧浓度的变化。

15.4.3　溶解氧的变化

葡萄酒含有一千多种成分，包括氧化物、还原物、氧化还原催化剂、胶体、有机酸及其盐、酶及其活动底物、微生物的营养成分等。这些物质在葡萄酒成熟过程中会发生一系列变化，特别是还原态物质可过度氧化产生过氧化味，从而影响酒的质量。还原态物质主要是丹宁、色素和一些重金属元素。在葡萄酒的储藏、陈酿过程中，空气中的氧可以通过多种途径溶解于葡萄酒中。溶解氧与葡萄酒中的各种成分很快化合，一般经过 3～4 d 时间，溶解氧就会消失一半，而以结合态氧存在。

在葡萄酒中，溶解氧主要发生下列变化，直接氧化其他物质形成水：

$$1/2O_2 + 2H^+ + 2e \longrightarrow H_2O$$

经活化后，氧化为双氧水，即：

$$1/2O_2 + H_2O + e \longrightarrow H_2O_2$$

由于葡萄酒中的氧以结合状态存在，所以葡萄酒的氧化反应很缓慢。

据 Ribereau-Gayon（1976）的研究结果，葡萄酒中溶解氧的变化有以下特征：

在 15 ℃，氧饱和的红葡萄酒在 4 d 中就可消耗一半的氧，与含有 10 mg/L 左右游离 SO_2 的白葡萄酒的结果相似；

葡萄酒消耗氧的速度，随温度变化而有很大的变化。在 70 ℃ 的条件下，葡萄酒中的氧在几分钟内就被消耗，而在较低的温度条件下，葡萄酒中的氧可以保留几个月。

此外，葡萄酒中铁和铜对其氧耗速度具有催化作用。

我们用 SJG-203A 型溶解氧分析仪，测定了在赤霞珠干红葡萄酒浸渍发酵结束后，其溶解氧的变化，其典型溶解氧变化曲线见图 15-6。从图中可以看出，起始溶解氧浓度很高，达到了 7.5 mg/L，接近葡萄酒中最大溶解氧浓度，这是采取开放式转罐，使空气中的氧融入葡萄原酒的缘故。同期测定的氧化还原电位表明，此时葡萄原酒的氧化还原电位约 300 mV。但是，葡萄原酒中溶解氧浓度在一周内消耗殆尽，降至 0.2 mg/L。可见，新鲜葡萄原酒存在大量消耗氧的物质，其耗氧能力很强。

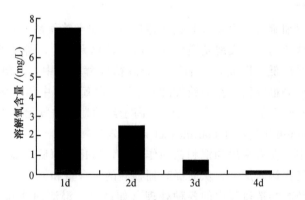

图 15-6　浸渍发酵结束后赤霞珠葡萄酒中溶解氧的变化

15.4.4　氧化还原电势与葡萄酒

葡萄酒的氧化还原电势表现出其氧化还原反应的数量和强度。葡萄酒化学成分非常复杂，构成了一个复杂的氧化还原体系，该体系对葡萄酒的质量和稳定性都有重要的影响。在该体系中，包括表 15-1 的所有氧化还原对。

　　无论是氧化反应，还是还原反应，都可在 rH 上表现出来，并导致葡萄酒质量的变化，直至达到平衡使氧化还原电势稳定。

　　一般情况下，葡萄酒的 rH 为 18～20，具有还原特性。如果 rH 达到 24 以上，则葡萄酒就已被氧化。

　　由于氧化还原电势与葡萄酒中的反应数量（无论是自然的，还是人为的）密切相关，可用氧化还原电势来控制葡萄酒的酿造过程。

15.4.4.1　氧化还原电势与葡萄酒的酿造

　　如果葡萄汁暴露在空气中，则其还原特性降低，从而提高其 rH。葡萄汁和葡萄酒中的还原物质（维生素 C、SO_2、多酚等）会很快被空气中的氧氧化。

　　在连续压榨获得的葡萄汁中，氧的溶解量和氧化还原电势都比过滤葡萄汁的高。SO_2 和澄清剂（包括膨润土、酪蛋白等）处理，都会降低葡萄汁的氧化还原电势。

　　在破碎后，葡萄醪的氧化还原电势很快达到 325 mV 左右，在空气中 12 h 后就可达 454 mV，这是因为形成了过氧化物。在发酵过程中，其氧化还原电势可降低到 215 mV（Rodopulo 1983）。

　　在白葡萄酒的酿造过程中，由于葡萄浆果的固体部分含有大量的氧化剂和氧化酶，它们可提高葡萄汁的氧化还原电势，常常降低葡萄酒的质量。所以应尽量避免葡萄汁与固体部分的接触，而且尽量减少与空气接触的机会，也就是取汁过程应尽可能地快。

　　由于酵母菌细胞会产生一些氧化还原物质（如半胱氨酸、谷胱甘肽等），同时酵母菌的剧烈活动会将发酵基质中的溶解氧转化为 CO_2，所以酒精发酵时的氧化还原电势相对较低。因此，在葡萄酒的酒精发酵过程中，与氧含量降低的同时，氧化还原电势也降低。在酒精发酵 6 d 后，白葡萄酒中的氧化还原电势和氧含量分别为 340 mV 和 3.49 mg/L(O_2)，高于红葡萄酒的氧化还原电势和氧含量 [305 mV，0.70 mg/L(O_2)]（Garanov et al. 1974）。

　　在葡萄酒中，在重金属如铜和铁的作用下，氧化还原反应继续进行，其强度在葡萄酒与空气接触时加大，从而提高葡萄酒的氧含量和 rH。

　　由于在葡萄酒酿造过程中的各种处理（如过滤、澄清剂处理等），新葡萄酒的氧化还原电势较高，为 300～350 mV。

　　储藏过程中的温度与葡萄酒中的溶解氧量有着密切的关系。在较低温度条件下，反应速度减缓，电势升高；而在较高温度条件下（20～25 ℃），氧的反应速度加快，电势降低（Dikanovic-Lucan et al. 1995）。

　　与空气接触的葡萄酒，氧的溶解不会立即引起葡萄酒电势的升高，而需要一定的时间以后才会提高葡萄酒的 rH。因此，由氧分子引起的氧化反应（初级氧

化）相对较慢，而所谓次极氧化反应（即由结合态氧引起的氧化反应）要强烈得
多，从而产生很多中间产物。

葡萄酒的成熟与氧化还原反应密切相关。对葡萄酒的热处理明显加剧其氧化
还原反应，特别是热处理在有氧条件下进行时。用 40 ℃、50 ℃和 60 ℃的温度处
理葡萄酒 30 min，就可使葡萄酒积累一些电势低的还原性物质。而将葡萄酒的温
度保持在相对较低（30 ℃）的温度下，并与空气接触，就会使之积累一些过氧
化物（Moditis et al. 1977）。而溶解态氧分子对葡萄酒的危害，要比过氧化物的
小得多。

葡萄酒的转化是在成熟过程中进行的。在密闭的橡木桶中，葡萄酒的成熟是
在电势足够低（即 140~150 mV）的条件下进行的。在这一过程中，对氧的需求
可忽略不计。如果在葡萄酒中加入维生素 C 或 SO_2，其电势会进一步降低。在氧
化还原反应中，维生素 C 和 SO_2 表现出调节作用。

一些研究人员认为，在葡萄酒的感官质量和氧化还原电势之间，存在着一定
的相关性。Palic 等（1990）认为，优质红葡萄酒的 rH 为 18.90~22.03。Di-
canovic-Lucan 和 Palic（1995）研究了克罗地亚市场上的葡萄酒的感官质量与 rH
的关系。结果表明，普通葡萄酒的 rH 为 16.42~22.03；优质葡萄酒的 rH 为
18.20~22.55；而顶级葡萄酒的 rH 为 18.49~21.20，对于优质葡萄酒和顶级葡
萄酒，其感官质量与 rH 的相关系数分别为 0.69 和 0.80。

Dicanovic-Lucan 和 Palic（1995）根据研究文献，用表 15-2 总结了在葡萄酒
酿造的各个阶段，其氧化还原电势的变化。

表 15-2　葡萄酒酿造和储藏过程中的氧化还原电势

葡萄酒的酿造阶段	氧化还原电势(mV)
葡萄汁(醪)	370~655
	325
酒精发酵	215
白葡萄酒	350（第 6 天）
红葡萄酒	340（第 6 天）
	17（rH）
成熟	300~350
成品桶装葡萄酒	365~380
成品瓶装葡萄酒	275~280
	106~320
	13.5~23.5（rH）
成品白葡萄酒	14~19（rH）
成品红葡萄酒	14.94~22.03（rH）

15.4.4.2　氧化还原电势与葡萄酒的瓶内陈酿

在葡萄酒装瓶时，必须考虑葡萄酒的还原反应，因为在装瓶后葡萄酒的 rH 将持续降低。所以测定葡萄酒的 rH，可以深入理解葡萄酒在装瓶后的成熟过程。

葡萄酒的瓶内成熟，在很大程度上取决于在装瓶前和装瓶时氧的"供给"。葡萄酒的装瓶对瓶装葡萄酒的氧化还原现象的启动及其反应速度，都具有重要的作用。在红葡萄酒中，具有还原能力的酚类化合物，可被氧化，所以可抵抗葡萄酒过度地氧化。

与醛类，特别是乙醛共同起作用的铁和铜，可催化酚类化合物的氧化，使它们形成多聚体。这一氧化聚合反应可以降低还原性单体和寡聚体的酚类化合物，从而降低葡萄酒的涩感；而氧化多聚体的浓度并不升高或升高的幅度非常小。

实际上，在多聚体的分子量提高的过程中，如由其单体的 10 倍提高到 20 倍时，其在葡萄酒氧化还原电势计算式［式（15-6）］中的浓度并不提高，但还原酚的浓度却降低：

$$E_h = E_0 + \frac{mRT}{nF} 2.303\lg\frac{[\mathrm{Ox}^{n+}]}{[\mathrm{RH}_m]} - \frac{0.059\,16m}{n}\mathrm{pH}$$

由于 $\dfrac{[\mathrm{Ox}^{n+}]}{[\mathrm{RH}_m]}$ 的比值小于 1，而且随着氧化聚合的聚合度的增加，该比值也会增加，因而 $\dfrac{mRT}{nF}2.303\lg\dfrac{[\mathrm{Ox}^{n+}]}{[\mathrm{RH}_m]}$ 的负值也会越来越大，其结果是降低了葡萄酒的氧化还原电势。随着葡萄酒年龄的增加，其 pH 也会提高，从而进一步降低葡萄酒的氧化还原电势。

对于白葡萄酒和起泡葡萄酒，虽然酚类化合物含量很低，但仍然含有一些简单的酚和酚酸。在自由基的作用下，这些物质也能进行氧化。这些氧化反应的产物是醌，而后者可阻止进一步的缩合反应。所以，白葡萄酒的陈酿，也会伴随着氧化还原电势的下降。但对于起泡葡萄酒，由于 CO_2 是降低氧化还原电势（其降低幅度约为 100 mV 左右）的主要因素，故由氧化反应引起的电势下降，就不太重要了。

15.5　小　　结

氧化还原反应是自然界一种重要的化学反应。它的实质是发生了电子的转移。

所有的氧化和还原反应实质，是电子从一种化学成分（原子、分子、离子）转移到另一种化学成分。当一个原子的电子亲合性相对高于另一原子时，它就能从电子亲合性相对低的原子获得电子，从而实现电子的转移。电子的得失可改变电荷，所以电子的转移过程可用电势测定。

氧化还原电势（E_h）是测定化学体系氧化还原能力的一个指标，反映氧化剂得到电子（还原剂失掉电子）的能力强弱，单位为 mV 或 V。此外，利用溶液中氢气气压的负对数 rH，也可反映氧化还原体系的氧化还原能力。

氧化还原反应通过对葡萄酒的物理化学性质的影响，而对葡萄酒的感官质量有很大的影响。所以，氧化还原电势以及氧化还原缓冲能力，应作为酿酒师控制葡萄酒质量的重要指标。实际上，通过这些指标可制定葡萄酒的最佳还原处理方案，特别是 SO_2 处理，或与维生素 C 相结合的 SO_2 处理。

需要特别强调的是，从将葡萄转变为葡萄酒的第一步开始，到葡萄酒酿成的每一步，都必须防止空气中氧过多地进入葡萄酒。所以，应尽快地完成对葡萄的机械处理，并且尽早用 SO_2（在需要时可与丹宁结合使用）保护葡萄汁（醪）。通过这样的还原处理，可抑制氧化酶的活动，从而防止酚类化合物的氧化。在葡萄汁的澄清和分离过程中，会溶解少量的氧，后者可被酵母菌（一个十足的"电子工厂"）还原，以获取其繁殖所需要的能量。

所以，将葡萄转化为葡萄酒的最初的处理阶段，实际上相当于氧化阶段，在其后紧接的是还原阶段。在以后的各种工艺过程中，也同样是先氧化，后还原。特别是在葡萄酒酿造的最后的装瓶阶段，不可避免地将使葡萄酒与空气接触，所以一方面应尽量减少葡萄酒与空气接触的时间，防止过多的氧进入葡萄酒；另一方面，还要通过调整葡萄酒中 SO_2 的含量，以及在需要时加入维生素 C 等还原处理，以有利于葡萄酒在瓶内的还原反应。

主要参考文献

何金兰，杨克让，李小戈. 2002. 仪器分析原理. 北京：科学出版社

胡则桂，巴音花. 1994. 葡萄酒中的溶解氧. 山东食品发酵，（2）：56

康文怀，李华，秦玲. 2003. 葡萄酒中溶解氧与酚类物质的研究进展. 酿酒，30（4）：44

李华. 2000. 现代葡萄酒工艺学（第二版）. 西安：陕西人民出版社

李良助. 1989. 有机合成中的氧化还原反应. 北京：高等教育出版社

莫里斯 J G. 1981 生物学工作者的物理化学，北京：科学出版社

王镜岩，朱圣庚，徐长法. 2002. 生物化学下册（第三版）. 北京：高等教育出版社

俞惠明，王平来，王小峰. 2002. 如何控制和利用氧酿造优质葡萄酒. 宁夏科技，（1）：3

浙江大学普通化学教研组. 2002. 普通化学（第五版）. 北京：高等教育出版社

周鲁. 2002. 物理化学教程. 北京：科学出版社

Clark W M. 1960. Oxidaton-reduction potentials of organic systems. Baltimore，Maryland：Williams & Wilkins Company

Dikanovic-Lucan Z，Palic A Z. 1992. Lebensm Unters Forsch，195：133

Dikanovic-Lucan Z，Palic A. 1995. Redox potential in wine making process：a review. Bulletin de l' O. I. V. ，775～776：764

Garanov N，Liechev V. 1974. Bulletin de l' O. I. V. ，(47)：392

Maujean A. 2004. Theorie de l' oxydo-reduction appliquée a l' oenologie. Ruvue Francaise d' oenologie，203：10

Moditis I Z，Loza B M，Tolmachev V A. 1977. Pishchevaya Teknologija，4：106

Palic A，Vojnovc V，Vahcic N. 1990. Monatsschr. Brauwissench，2：73

Peynaud E. 1981. Connaissance et travaille du vin. 2eme Edition. Dunod

Ribereau-Gayon J，et al. 1976. Science et technique du vin. Paris：Bordas

Rodopulo A K. 1983. Vinodel. Vinograd. SSSR，(1)：43

Roger B. Boulton，Vernon L. Singleton. 2001. 葡萄酒酿造学原理及应用. 赵光鳌译. 北京：中国轻工业出版社

Usseglio-Tomsset L. 1995. Chimie oenologique. 2eme edition. Paris：Tec & Doc

第16章　二氧化硫

早在公元 769 年，随着橡木桶的出现，酿酒师们就已经开始使用 SO_2。1890年，巴斯德认为 SO_2 是惟一能安全用于饮料的杀菌剂（杨明 1990）。随着研究的深入，SO_2 的应用愈来愈广泛，一方面是因为应用方便、经济，更重要的是 SO_2 在葡萄酒中有多种功能，特别是防腐杀菌和抗氧化性，直到今天仍被认为是葡萄酒中不可替代的添加剂。但是，由于过量的 SO_2 不但影响葡萄酒的风味，而且也影响人体的健康（Dahl et al. 1986，Huerta-Diaz-Reganon et al. 1998，Plahuta 1994），世界卫生组织（WHO）、国际葡萄与葡萄酒组织（OIV）等国际组织和各国都对葡萄酒中 SO_2 的最高限量进行了严格的规定。在葡萄酒的酿造过程中，减少甚至不用 SO_2 成为今后发展的趋势。

16.1　SO_2 的溶解及其影响因素

SO_2（Sulfur dioxide），又名亚硫酸酐，相对分子质量 64.06，常温下是一种无色、不燃、带刺激性及令人窒息气味的气体。它以液态放在高压钢制容器内，或放在很厚的玻璃罐内来保存和运输。在 20 ℃ 和 3.36 kgf/cm²[①] 的压力下，即 3.30 bar[②] 仍能保持液态。在标准压力下的沸点为 −10 ℃，液体的相对密度为：$d_4^{20℃} = 1.383$。

在葡萄酒中的大部分 SO_2，都是在葡萄酒的酿造过程中人为添加的，但是也有少部分是由酵母菌的硫代谢产生的。

在水溶液中，SO_2 有以下平衡：

$$H_2O + SO_2 \Longleftrightarrow H^+ + HSO_3^- \tag{16-1}$$

根据质量作用定律，有

$$\frac{[H^+][HSO_3^-]}{[H_2O][SO_2]} = K' \tag{16-2}$$

在水溶液中，可以认为，水的浓度是一个常数，则可将式（16-2）改写：

$$\frac{[H^+][HSO_3^-]}{[SO_2]} = K \tag{16-3}$$

因此，除 HSO_3^- 以外，溶液中还含有一部分分子形态的 SO_2，其比例取决

---

① kgf/cm² 为非法定单位，1 kgf/cm² = 9.806 65×10⁴ Pa，下同。

② bar 为非法定单位，1 bar = 10⁵ Pa，下同。

于溶液的 H^+ 浓度，即取决于 pH。所以，根据解离常数 K 或其负对数 pK，就可计算出在任何 pH 下分子态 SO_2 的比例。如果用 L 代表游离 SO_2 的浓度（可用分析方法测定），则有以下关系：

$$\begin{cases} pH = pK + \lg \dfrac{[HSO_3^-]}{[SO_2]} \\ [HSO_3^-] + [SO_2] = L \end{cases}$$

以上两式就构成了计算以 $[HSO_3^-]$ 存在和以分子态 $[SO_2]$ 存在的 SO_2 的方程组。

由于在葡萄酒的 pH 范围内，亚硫酸的第二个氢不会解离（pK=6.91），所以可以认为亚硫酸的 pK=1.81。这样，对于每一个 pH，就能获得分子态 SO_2 占游离 SO_2 的百分比（表 16-1）。

表 16-1　分子态 SO_2 占游离 SO_2 的百分比

pH	分子态 SO_2/%	pH	分子态 SO_2/%
3.0	6.06	3.8	1.01
3.2	3.91	4.0	0.64
3.4	2.51	4.2	0.41
3.6	1.60	4.4	0.26

在式（16-3）中，解离常数 K 的值会随着温度的升高而降低，从而引起分子态 SO_2 含量的升高。但是温度的升高，不仅仅会提高分子态 SO_2 含量，同时还会由于提高结合态 SO_2 的解离度，而使游离 SO_2 的含量升高。

Sudraud 的实验证实，同样的一个在 16 ℃含 64 mg/L 游离 SO_2 的葡萄酒，在 48 ℃时游离 SO_2 为 120 mg/L，在 80 ℃时游离 SO_2 为 200 mg/L（Usseglio-Tomasset 1995）。

酒度的升高，也会导致 K 值的下降（表 16-2）。

利用表 16-2，可以分析影响亚硫酸离解平衡的因素，从而判断其杀菌力，因为亚硫酸的杀菌力主要是由分子态 SO_2 引起的。

表 16-2　酒度和温度对 H_2SO_3 的 pK 的影响[*]

酒度/%	温度/℃							
	19	22	25	28	31	34	37	40
0	1.78	1.85	2.00	2.14	2.25	2.31	2.37	2.48
5	1.88	1.96	2.11	2.24	2.34	2.40	2.47	2.58
10	1.98	2.06	2.21	2.34	2.44	2.50	2.57	2.66
15	2.08	2.16	2.31	2.45	2.54	2.61	2.67	2.76
20	2.18	2.26	2.41	2.55	2.64	2.72	2.78	4.86

[*] pK 为热动力学常数 K_t 的负对数。Usseglio-Tomasset 1995。

16.1.1 离子强度的影响

决定解离平衡的并不是热动力学常数，而是混合常数，而混合常数又受溶液离子强度的影响。对于每种葡萄酒，用可交换酸度很容易计算近似离子强度；利用该近似离子强度，就能计算出足够精确的混合常数。葡萄酒的离子强度的变化范围在 $0.016 \sim 0.056$ 之间。由于亚硫酸的 $n=1$，根据式 (11-19)，可得

$$pK_m = pK_t + \frac{A\sqrt{I}}{1 + B\sqrt{I}} \tag{16-4}$$

当酒度为 10%，温度为 $19\,℃$ 时，$A=0.5510$，$B=1.6871$。取葡萄酒离子强度的低限，即 $I=0.016$，则：

$$pK_m = pK_t + \frac{A\sqrt{I}}{1 + B\sqrt{I}} = 1.98 - \frac{0.5510\sqrt{0.016}}{1 + 1.6871\sqrt{0.016}} = 1.92$$

取葡萄酒离子强度的高限，即 $I=0.056$，则：

$$pK_m = pK_t + \frac{A\sqrt{I}}{1 + B\sqrt{I}} = 1.98 - \frac{0.5510\sqrt{0.056}}{1 + 1.6871\sqrt{0.056}} = 1.87$$

如果做相应的计算，就会发现，在 $pH\,3.0$ 时，对于 $I=0.016$ 的葡萄酒，含有 7.68% 的分子态 SO_2；而 $I=0.056$ 的葡萄酒，含有 6.96% 的分子态 SO_2。

所以，葡萄酒的离子强度，即盐的浓度，可降低分子态 SO_2 的浓度，但影响不大。

16.1.2 酒度的影响

为了考察酒度对分子态 SO_2 浓度的影响，考虑离子强度为 0.038，温度为 $19\,℃$，根据表 16-2 中的数据，在水中，亚硫酸的混合常数为

$$pK_m = pK_t + \frac{A\sqrt{I}}{1 + B\sqrt{I}} = 1.78 - \frac{0.5041\sqrt{0.038}}{1 + 1.6378\sqrt{0.038}} = 1.71$$

酒度为 10% 时：

$$pK_m = pK_t + \frac{A\sqrt{I}}{1 + B\sqrt{I}} = 1.98 - \frac{0.5510\sqrt{0.038}}{1 + 1.6871\sqrt{0.038}} = 1.90$$

酒度为 20% 时：

$$pK_m = pK_t + \frac{A\sqrt{I}}{1 + B\sqrt{I}} = 2.18 - \frac{0.5510\sqrt{0.038}}{1 + 1.7433\sqrt{0.038}} = 2.09$$

在 $pH=3.0$ 时，以上根据不同酒度的 pK_m，分别代表分子态 SO_2 的含量为 4.88%、7.36% 和 10.95%。因此，酒度对 SO_2 的杀菌作用有很重要的影响，因为随着酒度的升高，SO_2 中分子态 SO_2 的比例也升高。

16.1.3　温度的影响

下面，我们计算当离子强度为 0.038、酒度为 10% 时，温度分别为 19 ℃、28 ℃、40 ℃时，亚硫酸的混合 pK_m。

在 19 ℃时：

$$pK_m = pK_t + \frac{A\sqrt{I}}{1+B\sqrt{I}} = 1.98 - \frac{0.5510\sqrt{0.038}}{1+1.6871\sqrt{0.038}} = 1.90$$

在 28 ℃时：

$$pK_m = pK_t + \frac{A\sqrt{I}}{1+B\sqrt{I}} = 2.34 - \frac{0.5612\sqrt{0.038}}{1+1.6974\sqrt{0.038}} = 2.26$$

在 40 ℃时：

$$pK_m = pK_t + \frac{A\sqrt{I}}{1+B\sqrt{I}} = 2.66 - \frac{0.5763\sqrt{0.038}}{1+1.7125\sqrt{0.038}} = 2.58$$

在 pH = 3.0 时，上述不同的 pK_m 值，分别代表分子态 SO_2 为 7.36%、15.40% 和 27.55%。所以，当温度从 20 ℃升高到 40 ℃时，葡萄酒中分子态 SO_2 的浓度几乎升高了 4 倍。这就是瓶内巴氏杀菌，即使温度不是很高，能够提高葡萄酒的生物稳定性的原因。

16.2　结　合　SO_2

在葡萄醪和葡萄酒中，HSO_3^- 可以与含羰基的化合物结合，生成亚硫酸加成物，称为结合 SO_2。

$$R'—\overset{\overset{R}{|}}{C}=O + HSO_3H \rightleftharpoons R'—\overset{\overset{R}{|}}{\underset{\underset{OH}{|}}{C}}—SO_3 + H^+ \qquad (16\text{-}5)$$

（1）SO_2 与糖化合物的结合。在发酵基质中，SO_2 可与糖化合物（用 C 表示）形成不稳定化合物。

$$SO_2 + C \rightleftharpoons SO_2C \qquad (16\text{-}6)$$

（2）SO_2 与乙醛的结合。SO_2 与乙醛生成相对稳定的乙醛亚硫酸加成物，可以除去过多乙醛产生的过氧化味。

$$CH_3—CHO + HSO_3H \longrightarrow CH_3—COHHSO_3H \qquad (16\text{-}7)$$

SO_2 与乙醛的反应速度要比其与糖的反应速度快得多。当亚硫酸、乙醛和葡萄糖同时存在时，SO_2 优先与乙醛结合，最后才与葡萄糖发生反应。同时，乙醛亚硫酸加成物十分稳定，采用氧化法和碘量法直接滴定来测定 SO_2 含量的方法很难检测出这部分结合 SO_2。这也是造成在发酵过程和储酒过程中总 SO_2 下降的主要原因之一。

（3）SO_2 与花色素的结合。生成无色的不稳定物质：亚硫酸色素化合物。

$$花色素苷(红色) + HSO_3H \rightleftharpoons 亚硫酸氢盐加成物(无色) \qquad (16\text{-}8)$$

当有乙醛存在时，该不稳定化合物分解，重新释放出 SO_2。

因此，SO_2 在葡萄酒中存在多种形态，并且受多种因素（如糖、色素、细菌、氧、pH、温度等）的影响，尤其是 pH 和温度的影响。也有研究认为，乙醛量与 SO_2 量密切相关，它决定了在不同形态下 SO_2 的浓度（Barria et al. 1992）。同时，游离 SO_2 只占很少的一部分，大部分 SO_2 以结合态存在。

16.3　SO_2 在葡萄酒中的作用

SO_2 在葡萄酒中的作用十分复杂，特别是游离 SO_2，主要表现为：抗氧化作用、稳定作用、溶解作用、对葡萄酒风味的影响等。

16.3.1　抗氧化作用

由于葡萄醪和葡萄酒中含有色素、丹宁、酒精、芳香物质等多种易氧化成分，所以，在空气中它们很容易与氧结合而被氧化，引起葡萄酒外观和风味的不良变化。而葡萄酒中铁、铜的存在又促进了该过程，加速了葡萄酒的氧化。因此，在葡萄酒中通常加入 SO_2 充当抗氧化剂，以防止葡萄酒的氧化变质，维持酒的稳定性。1974 年"食品法规中的抗氧化剂"对抗氧化剂所下定义是"任何能推迟、妨碍或阻止因氧化而引起食品酸败或变味的物质"。SO_2 在红葡萄酒中的抗氧化性，一般认为是 SO_2 对葡萄酒中氧化酶活性的抑制及对溶解氧的较快消耗。而越来越多的研究对此提出质疑，并一致认为：在规定添加量的前提下，SO_2 在红葡萄酒中几乎表现不出抗氧化性，而酒中的酚类物质比 SO_2 更易于吸收且消耗溶解氧。

16.3.1.1　SO_2 对氧化酶活性的抑制

SO_2 具有还原作用，能抑制葡萄酒中多种氧化酶的活性，从而抑制酶促氧化。多酚氧化酶是葡萄酒中的主要酶类，主要来源于葡萄原料，并以酚类物质为氧化底物。SO_2 对酶的抑制机制，目前尚不清楚：可能是 SO_2 不可逆地与醌生成无色加成物，降低酶与一元酚和二羟基酚作用的活力，从而推迟褐变；也可能是 SO_2 与酶直接作用，通过破坏酶活性部位中必需的 Cu^{2+} 而直接导致酶失活。Boulton 等认为，亚硫酸氢根形式的 SO_2 使多酚氧化酶不可逆的失活并抑制了它的活性。葡萄中的多酚氧化酶主要是酪氨酸酶和漆酶。近年研究表明，酪氨酸酶

对 SO_2 很敏感，发酵前轻微地通气或加入 SO_2 便可破坏其活性。而漆酶不仅活性较强，溶解性强，且对 SO_2 水平不敏感，在发酵后的葡萄酒中仍会起作用。此外，酶在消耗酚类物质的同时本身也被破坏，即在氧化底物的同时，酶本身也逐渐减少。

16.3.1.2　SO_2 对非酶氧化反应的抑制

虽然葡萄酒中存在着多种易氧化组分（如亚铁离子、亚硫酸、抗坏血酸、多酚物质和乙醇），但被氧化的难易程度不同。通常认为，SO_2 在葡萄酒中有极强的嗜氧性，与葡萄酒中的其他组分相比，更易与氧发生反应而被氧化，从而保护葡萄酒的其他组分。但近年来的研究结果表明，在葡萄酒中，特别是在红葡萄酒中，SO_2 并不表现对非酶氧化反应的抑制作用。

与氧反应的 SO_2 是亚硫酸根（SO_3^{2-}）形式，在葡萄酒 pH 条件下它的含量极少。其进行的氧化还原反应为：

$$SO_3^{2-} + H_2O \Longrightarrow SO_4^{2-} + 2H^+ + 2e^-$$

$$E_0 = -0.08 \text{ V}$$

$$1/2O_2 + 2H^+ + 2e^- \Longrightarrow H_2O$$

$$E_0 = 1.229 \text{ V}$$

根据以上反应，1 mg 氧消耗 4 mg SO_2，但实际上葡萄酒中氧的消耗量要高得多。Poulton 在模拟葡萄酒条件下，对亚硫酸氧化的研究表明：SO_2 消耗饱和氧浓度一半大约用 30 d，而白葡萄酒消耗饱和氧的一半只需 2 d，红葡萄酒所需要的时间更少，所以葡萄酒中游离 SO_2 实际不具备耗氧能力。葡萄酒条件下（pH＝3.0～4.0，110 g/L 乙醇）亚硫酸反应动力学研究也证实了这结论，因为，在此条件下，抗坏血酸与氧反应的速率比 SO_2 与氧反应的速率几乎快1700 倍。

根据氧化还原电势理论，一个化合物的氧化还原电势是它对电子亲和力的量度，氧化还原电势是相对于氢来测量的。因此，一个正的氧化还原电势就表示这个化合物与氢相比，对电子有更大的亲和力，而且将会从氢接受电子。一个负的氧化还原电势则表示该化合物对电子有较低的亲和力，这样，这个分子就会把电子供给氢。亚硫酸与抗坏血酸的被氧化能力相同，但低于酚类物质。

$$抗坏血酸 \Longrightarrow 脱氢抗坏血酸 + 2H^+ + 2e^-$$

$$E_0 = -0.06 \text{ V}$$

$$儿茶酚 \Longrightarrow 1,2 苯醌 + 2H^+ + 2e^-$$

$$E_0 = -0.792 \text{ V}$$

由上述反应可以看出，酚类物质的氧化还原电势低于亚硫酸的氧化还原电势，理论上则更易被氧化。

另外，葡萄酒中酚类物质自氧化过程中产生了大量的过氧化氢，而乙醇在葡萄酒中的含量十分丰富，过氧化氢首先将乙醇氧化为乙醛，SO_2 和氨基酸也能够被氧化。葡萄酒中过氧化物的形成可能导致在不存在亚硫酸的情况下，乙醛浓度有相应的增加。与氧和亚硫酸的反应不同，过氧化氢在 pH 较低时与分子形式的亚硫酸反应，而不是与离子形式的亚硫酸反应。Wildenradt 等已经证实在模拟葡萄酒条件下，当焦没食子酸和抗坏血酸在有游离 SO_2 存在时被氧化，过氧化物与 SO_2 的反应能限制乙醛生成。Pontallier 也在试验中观察到：当游离 SO_2 浓度超出 35～40 mg/L 时，会抑制葡萄酒中乙醛的产生。

近期的多项试验研究也证明了上述结论。Fabre 利用生物耗氧量（BOD）法测定葡萄酒中各组分对氧的吸收，结果表明：多酚是葡萄酒中氧的主要吸收物质，其次是 SO_2、乙醇和乙醛。Vivas 和 Glories 研究了添加 SO_2（50 mg/L）对葡萄酒耗氧能力的影响，结果表明，添加 SO_2 对红葡萄酒的耗氧能力几乎没有影响；而同浓度的 SO_2 在白葡萄酒和桃红葡萄酒中却表现出明显的抗氧化效果。这可能和葡萄酒中酚类物质组分、酚类物质浓度有关，也可能与葡萄酒中的酶有关。Vivas 等通过对红葡萄酒自由基清除和抗氧化性研究证明：在红葡萄酒生产中使用的浓度（50 mg/L）条件下，SO_2 没有有效的自由基清除特性，抗坏血酸则依赖其浓度有一定的自由基清除能力，而葡萄酒中的酚类物质却有很强的自由基清除活性。Vivas 等通过对不同红葡萄酒酒样大量通气（氧化）后的多项有效分析表明：SO_2（50 mg/L）没有抗氧化效果；SO_2 对分子氧及其不同的激活反应形式（O_2^-、OH 和 H_2O_2）并不十分有效，而葡萄酒中的一些酚类物质，特别是儿茶酚，低聚花色苷对氧的吸收及消耗比 SO_2 更快。Sato 等通过对不同原产地葡萄酒的比较分析证明：游离 SO_2 及总 SO_2 含量和葡萄酒颜色直接相关（R＝0.7517），而与超氧自由基清除活性没有相关性，但总酚含量（特别是红葡萄酒）与葡萄酒超氧自由基清除活性明显相关（R＝0.9908）。Manzocco 等通过试验得出结论：白葡萄酒中酚类物质除浓度低外，与红葡萄酒中的酚类物质具有相似的抗氧化性；在葡萄酒模型和葡萄酒中添加 SO_2，会极大地提高葡萄酒本身的酚类物质对氧的消耗率。Mastrocola 等也认为加入 SO_2，可极大地提高葡萄酒中酚类物质对氧的消耗能力；在陈酿过程中，葡萄酒的抗氧化活性的下降，同酚类物质的聚合作用有关。

16.3.2　稳定作用

SO_2 具有选择抗菌特性，一定浓度的 SO_2 可杀死细菌和酵母菌等微生物，或者抑制它们的活性。在酸性介质中，具有抑制微生物活动能力的主要是亚硫酸或分子态 SO_2，而离子态（HSO_3^- 和 SO_3^{2-}）与结合态的亚硫酸盐（SO_2 与糖或醛的结合）的效用很低。从表 16-1 可以看出：pH 愈高，分子态 SO_2 占游离 SO_2 的比例就越低，所以，pH 愈高，达到抗菌效果要求的游离 SO_2 浓度也愈高。因此，在允许添加浓度的前提下，可以通过在一定程度上降低 pH 的方式，降低 SO_2 的用量。

微生物种类不同，对 SO_2 的敏感性也不同。细菌的抗性最差，其次是柠檬形克勒克酵母（*Klockeya apiculata*），抗性最强的是酿酒酵母（*S. cerevisiae*）。因此，通过添加适当的 SO_2 量，不仅可以有选择地杀死不同的微生物或者抑制它们的活性，有效地控制酒精发酵和苹果酸-乳酸发酵，而且可以防止醋酸菌、乳酸菌等细菌性病害以及酒花病、甜葡萄酒再发酵等酵母性病害，提高葡萄酒的生物稳定性。在白葡萄酒的酿造过程中，正是由于添加的 SO_2 抑制了酵母的活动，推迟了发酵，使葡萄汁处于静置状态，SO_2 在一定程度上起到了澄清及沉淀大分子的作用。

16.3.3　溶解及酸化作用

在葡萄醪中，SO_2 可加速色素、丹宁、矿物质、有机酸等的溶解，加强红葡萄酒酿造中的浸渍作用，提高葡萄酒的色度、酸度以及浸出物的含量。而对于白葡萄酒，在酿造过程中则应尽量避免在取汁分离前，直接对破碎或未破碎原料进行 SO_2 处理，以防止浸提出较多的丹宁，影响葡萄酒的质量。

SO_2 对酸度的提高是其杀菌作用和溶解作用的综合体现：一方面，SO_2 抑制了杂菌对有机酸的分解；另外一方面，SO_2 本身在基质中可转化为酸，并且可通过杀死植物细胞，促使有机酸盐的溶解，游离出有机酸根，增加酸的含量。

16.3.4　对风味的影响

适量使用 SO_2，可以有效地改善葡萄酒的风味，提高葡萄酒的质量。主要表现为：防止葡萄酒中有害微生物引起的酸败；与氧结合，减少溶解氧的含量，降低葡萄酒的氧化还原电势，保护芳香物质，防止氧化，并促进了陈酿香气的形成；与过量乙醛结合，降低过氧化味等。但过量使用 SO_2，将会对葡萄酒质量及人体健康产生不良的影响。

16.4　降低 SO_2 的用量

由于 SO_2 的特殊作用和效应，长期以来在葡萄酒酿造中具有不可替代的地位。但随着研究的深入，特别是消费者对有机葡萄酒的需求不断提高，SO_2 的副作用，包括其对人体健康和对葡萄酒质量的不良影响，愈来愈引起人们的关注。因此，如何通过工艺控制，降低 SO_2 的使用量，寻求 SO_2 的替代品等方面的研究，已成为近来国内外研究的热点领域。

16.4.1　SO_2 对葡萄酒质量的影响

由乳酸菌引起的苹果酸-乳酸发酵（MLF），对改善葡萄酒的风味、提高生物稳定性有显著的作用，部分干白葡萄酒和几乎所有的干红葡萄酒都需要进行MLF。但游离 SO_2 对乳酸菌有强烈的抑制作用。我们的研究表明，当游离 SO_2 浓度为 20 mg/L 时，对 MLF 影响不大，当浓度为 50~100 mg/L 时，这一发酵明显推迟；当浓度更高时，MLF 不能进行。近来，相关的报道（Henick et al. 1994，Eglinton et al. 1996，Carbo et al. 1998）也证实了这一点。

SO_2 有挥发性，具有刺激性的"硫味"和"灼烧"感（游离 SO_2 为 15~40 mg/L 时便可察觉出来）。另外，在酵母的代谢过程中，也能产生 H_2S。H_2S 通常含有臭味、大蒜味或洋葱味，每升葡萄酒中含几十至几百微克 H_2S 便对感官刺激明显，对风味破坏极大。SO_2 与乙醛的结合，限制了甘油与乙醛的缩醛反应，抑制了利口葡萄酒陈酿香气的形成。

花色素是红葡萄酒中重要的呈色物质，而 SO_2 易与花色素结合，生成无色的加成产物。虽然陈酿期间，与 SO_2 结合的花色苷游离而重新呈色，但色泽减弱以后要恢复原来的颜色需要很长时间，无法弥补颜色损失。此外，SO_2 可抑制颜色更为稳定的花色苷-丹宁聚合物的形成，对葡萄酒的颜色产生更深刻的影响。总之，SO_2 降低红葡萄酒的色度，其降低程度决定于 SO_2 浓度和花色苷含量（Krueck et al. 1990）。

SO_2 能抑制咖啡酸和谷胱甘肽的酶促反应，使易氧化的酚留在酒中，增加了陈酿过程中葡萄酒的褐变可能性；SO_2 也会与橡木成分发生反应生成木素磺酸，木素磺酸释放 H_2S，后者与木材中的吡嗪反应生成具霉味的硫吡嗪，浸出后污染葡萄酒；在葡萄酒的发酵和成熟过程中，SO_2 与硫胺素反应而破坏其有效性，降低葡萄酒中维生素的含量。

此外，在葡萄酒中普遍存在的含硫化合物的氧化还原对，都表现出较低的标准氧化还原电势，而且大部分为负值。这一特性使它们具有较强的还原能力，但是，对于对氧化还原敏感（氧化还原缓冲能力弱）的葡萄酒，它们也可使葡萄酒具还原味。

Usseglio-Tomasset（1995）认为，对于白葡萄酒，由于 SO_2 可与乙醛结合，降低过氧化味，以及其抗菌和抗氧化作用，在适量使用的条件下，可保持葡萄酒的质量和风格。但对于红葡萄酒，即使是少量的 SO_2，也会影响葡萄酒的颜色，而且对其香气和口感都会带来不良影响。所以，虽然 SO_2 能保证白葡萄酒的质量，但 SO_2 绝不是红葡萄酒的理想添加剂。

因此，目前的研究主要集中在尽量降低 SO_2 的使用量，使之发挥最大的效应

（如尽量降低结合 SO_2 的比例）以及寻求 SO_2 的替代品等方面。

16.4.2　SO_2 对人体健康的影响

20 世纪 80 年代以来，人们开始关注硫对健康的影响。1981 年，Baker 等人注意到亚硫酸盐可以使一部分哮喘病人诱发哮喘，严重时有生命危险。Tayler 等报道，亚硫酸盐还可能引起荨麻疹和腹泻等有害反应。经 FASEB 重新评价亚硫酸盐安全性后认为：SO_2 对动物（鼠）半数致死量（LD_{50}）为 3 g/kg 体重。气体 SO_2 毒性较大，其对眼和呼吸道黏膜有强烈刺激作用，1L 空气中含数十毫克 SO_2 即可因窒息而死。我国《食品添加剂卫生标准》（GB2760-1996）规定：SO_2 在车间空气中最高允许浓度为 1.5 mg/m³，SO_2 可用于葡萄酒与果酒中，其最大使用量 0.25 g/kg，其在酒中残留量不得超过 0.05 g/kg（以游离 SO_2 计）。国际葡萄与葡萄酒组织（OIV）规定：葡萄酒中总 SO_2 残留量，在红葡萄酒含还原物最高 4 g/L 时允许 175 mg/L；桃红和白葡萄酒含还原物最高 4 g/L 时允许 225 mg/L；红、桃红和白葡萄酒含还原物大于 4 g/L 时允许 400 mg/L；特殊的白葡萄酒允许 400 mg/L。世界卫生组织（WHO）规定酒中 SO_2 的最大日摄入量（MDI）为 0.7 mg/(kg·d)。因此，对于葡萄酒而言，允许每瓶的安全剂量为：红葡萄酒（如游离 SO_2 不超过 30 mg/L），一天之内可饮两瓶；白甜葡萄酒（如游离 SO_2 为 50 mg/L），一天之内只能饮一瓶。美国食品与药物管理局（FDA）把 SO_2 从食品添加剂 GRAS "一般认为安全" 一类中去除，并规定如果产品中游离 SO_2 含量超过 10 mg/L 时就必须在标签上注明 SO_2 含量。

也有专家提出，正常剂量葡萄酒中所摄入的 SO_2 不会有害，对 SO_2 敏感程度因人而异。人体在正常代谢中可产生 25 mg 的 SO_2，这些硫化物可在 24 h 内排泄掉。但为了安全与健康，尽可能地保持葡萄酒中较低的 SO_2 水平。

16.4.3　降低葡萄酒中 SO_2 的用量

在进行 SO_2 的处理过程中，除了依据不同的情况选择合适的 SO_2 浓度和添加时间外，还应注意与其他措施相配合，充分发挥 SO_2 的有效性，降低其用量。

尽量保持原料的卫生状况，葡萄采摘后应及时去除腐烂果和病果。保持环境卫生，发酵、储存容器和相关用具使用前后都应清洗、消毒。工作人员应注意个人卫生。生产的各个步骤（如转罐、灌装等过程）要随时注意卫生，尽量减少有利于微生物的生存及繁殖的条件。

发酵时选用优选酵母菌系，有些酵母和细菌代谢中产生可与 SO_2 结合的中间产物，而有些酵母能在发酵的过程中产生一部分 SO_2，采用优良的酵母菌系，就可减少或避免这种不良影响。陈酿过程中应注意添满、密闭，或充入氮气或 CO_2

气体或两者的混合气体（N_2、CO_2）封罐，以防止葡萄酒的氧化，抑制好气微生物的生长。

在使用 SO_2 时，必须使之与原料混合均匀。只有 SO_2 均匀地分布在基质中，才可能最大限度地发挥其功效。具体地讲，发酵前，对于白葡萄汁，应在压榨分离的同时加入 SO_2，即一边出汁装罐（澄清罐或发酵罐），一边加入 SO_2。而酿造红葡萄酒时，则应一边装罐，一边对破碎除梗后的原料进行 SO_2 处理，最好在装罐结束后，进行一次倒罐。在发酵结束和储藏过程中，在需要时，必须利用倒罐或者转罐的机会进行 SO_2 处理，使 SO_2 与基质混合均匀。

在发酵结束时，必须尽早进行 SO_2 处理。酒精发酵结束时，如不需进行苹果酸-乳酸发酵（MLF），SO_2 处理必须在酒精发酵一结束就立即进行。另外一方面，如果酒精发酵结束时，葡萄酒需要进行苹果酸-乳酸发酵，则 SO_2 的处理必须在苹果酸-乳酸发酵结束时立即进行，也可利用分离转罐的机会加入 SO_2。在上述两种情况下，都应在 10～15 d 以后进行一次转罐，以除去沉淀于酒脚中的酵母和细菌。但需要与酒脚一起储藏的葡萄酒则不需进行分离转罐。

应尽量避免多次、少量地加入 SO_2。多次少量添加只会增加葡萄酒中结合 SO_2 的量，而起不到其有效的保护作用。因此，最好是定期测定葡萄酒中 SO_2 的含量，以确定其相应的水平，减少 SO_2 的添加次数，但每次应加入足够的量。

总之，在进行 SO_2 的处理时，根据不同情况选用适宜使用浓度的同时，还要考虑"尽量发挥 SO_2 有效性"，减少用量，规范 SO_2 的使用。

16.4.4　使用 SO_2 替代品

16.4.4.1　山梨酸和维生素 C

这是目前在与 SO_2 结合使用的条件下，允许应用的两种 SO_2 代用品。山梨酸（CH_3—CH=CH—CH=CH—$COOH$）具有抑菌作用，所以在白葡萄酒装瓶时使用，可防止瓶内再发酵。但一般不在红葡萄酒中应用，以避免其被细菌转化而使葡萄酒带有老鹳草气味。由于山梨酸无抗氧化等作用，所以通常与 SO_2 配合使用。但有研究表明，有时山梨酸和 SO_2 结合使用，发生的反应会同时耗尽山梨酸和亚硫酸氢盐。在有氧条件（特别是光照条件）下，HSO_3^- 基形成，这些自由基的磺化烯烃键同时促进山梨酸的氧化。这个包括山梨酸的反应非常独特，通常的抗氧化剂不能显著地影响它，有氧条件下保持的含 SO_2 和山梨酸的食品对自动氧化是非常敏感的。无氧条件下，食品中的山梨酸和 SO_2 结合导致亚硫酸盐离子（SO_3^{2-}）和山梨酸中二烯之间的缓慢亲核反应，产生 5-磺基-3-己烯酸（图16-1）。欧盟规定，山梨酸在葡萄酒中的最高限量为 200 mg/L。

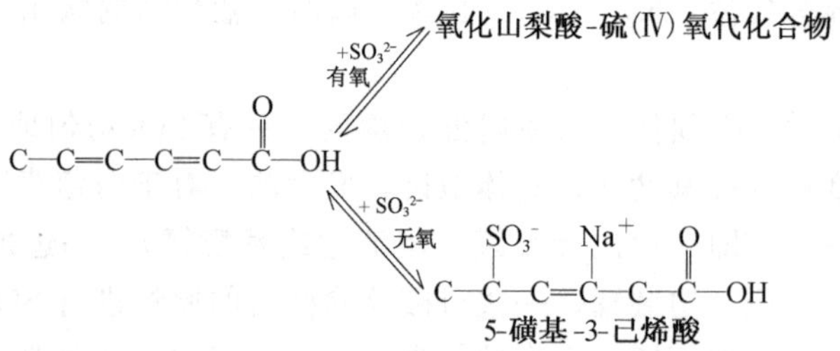

氧化山梨酸-硫(Ⅳ)氧代化合物

$$C-C=C-C=C-C-OH$$

5-磺基-3-己烯酸

图 16-1 山梨酸和二氧化硫（亚硫酸氢根离子）之间的反应

维生素 C 具强烈的抗氧化作用，但对酶无任何确定性抑制，也无抗微生物活性。在葡萄酒模拟系统和葡萄酒中进行的大量研究表明，维生素 C（抗坏血酸）及其钠盐在葡萄酒中既有抗氧化作用，又有过氧化作用。起初添加浓度较低时，其表现出抗氧化性，随着添加浓度的增加，反而表现促氧化作用而加速葡萄酒的褐化（Peng et al.1998，Main 1994，Datzberger 1992）。Bradshaw 等（2001，2002，2003）在研究中也证实，维持葡萄酒中合适的 SO_2 水平时，维生素 C 的加入反而加速了葡萄酒的氧化变质。

Oliveira 等（2002）通过对葡萄酒氧化还原电势滴定实验认为，SO_2 的抗氧化能力没有维生素 C 强；同时，两者也没有表现出抗氧化协同作用。其原因可能是脱氢抗坏血酸易与多种氨基酸和蛋白质等含氮物质发生反应，而大大加速葡萄酒的氧化，也可能是与 HSO_3^- 结合形成了葡萄酒非酶氧化反应的基质。虽然抗坏血酸氧化酶能催化抗坏血酸氧化，生成脱氢抗坏血酸，但是后者易于通过温和的还原作用重新转变成抗坏血酸。因此，抗坏血酸被氧化成脱氢抗坏血酸并不意味着完全失去维生素 C 活性，仅当脱氢抗坏血酸内酯进一步水解生成 2,3-二酮古洛糖酸后，维生素 C 的活性才完全消失。所以，维生素 C 只能在装瓶时应用，且其最大使用浓度为 100 mg/L。在装瓶时加入适量的维生素 C，可以降低 SO_2 的用量，提高葡萄酒的氧化还原缓冲能力，从而防止葡萄酒的还原味。

16.4.4.2 酶制剂的应用

近年来，氧化还原酶的开发为食品工业增添了新的活力。目前，在葡萄酒酿造中应用的酶，主要是果胶酶和葡萄糖氧化酶（GOX），并显示出用酶代替 SO_2 的可能性（Pickering 1998）。

果胶酶是一群复杂的酶，含有聚半乳糖醛酸酶（EC 3.2.1.15）、果胶甲基酯酶（EC 3.1.1.11）、果胶酸裂解酶（EC 4.2.2.2），来源于霉菌，主要用途是果汁及果酒的澄清，对色素的浸提也有作用。1930 年美国 Z. J. Kertesz 和德国 A. Mehlitz 首次同时建立了用果胶酶澄清苹果汁的工艺，从而将果汁处理业发展为一个高技术的工业。果胶在植物中作为一种细胞间隙充填物质而存在，它是

由半乳酸醛酸以 α-1,4 键连接而成的链状聚合物，其羧基大部分（约 75%）被甲酯化，而不含有甲酯的果胶成为果胶酸。果胶的一个重要特性是在酸性和高浓度糖存在下可形成凝胶，使得果汁加工中压榨和澄清发生困难，而利用果胶酶处理破碎果实，可降低黏度，使悬浮物质失去保护胶体而沉降，加速果汁过滤，促进澄清，减少 SO_2 的用量。

GOX（EC 1.1.3.4）来源于黑曲霉和青霉，纯度高的酶制剂为淡黄色粉末，易溶于水，完全不溶于乙醚、氯仿、丁醇和甘油等物质，50% 丙酮和 60% 甲醇可使其沉淀。溶液摇动时呈棕绿色。主要用于保持食品的风味和颜色。GOX 稳定的 pH 范围为 3.0～4.0，最适 pH 为 5.0，如果没有葡萄糖等保护剂的存在，pH 大于 8.0 或小于 3.0，GOX 将迅速失活。GOX 的作用温度为 30～60 ℃，该酶对 EDTA、KCN 及 NaF 不受阻抑，但 AgCl、对氯汞苯甲酸和苯肼对酶有阻抑作用。

GOX 可催化葡萄糖氧化形成过氧化氢（H_2O_2）、葡萄糖酸内酯，葡萄糖酸内酯进一步与水反应生成葡萄糖酸。自 20 世纪 50 年代以来，GOX 已被安全有效地应用在食品及饮料工业中。其最初用于脱氧啤酒中，现也被用于葡萄汁及葡萄酒中。GOX 是一种需氧脱氢酶，它能在葡萄糖存在的条件下，清除分子态氧。在其催化的葡萄糖氧化过程中，分子态氧被还原为 H_2O_2，而 H_2O_2 是一种强氧化剂且对 GOX 具有抑制作用，一般通过添加过氧化氢酶将其转化为水和氧气。

$$\text{葡萄糖} + O_2 \xrightarrow{\text{葡萄糖氧化酶}} \text{葡萄糖酸内酯} + H_2O_2 \qquad (16\text{-}9)$$

$$2H_2O_2 \xrightarrow{\text{过氧化氢酶}} H_2O + O_2 \qquad (16\text{-}10)$$

从式（16-9）和式（16-10）中可以看到，这一抗氧化系统十分有效：每消耗二个葡萄糖分子就可以除去一分子的氧。因此大多数 GOX 的商业制品中也同时含有过氧化氢酶。有研究表明，为了充分除去白葡萄酒中的氧，GOX 的浓度必须达到 20～40 国际单位/升，而 0.1 g/100 mL 的葡萄糖含量已能保证酶的作用。如果白葡萄酒的乙醇浓度为 11.3%～14.4%，而温度为 25 ℃，那么酶系能稳定几个小时。如果温度提高到 30 ℃，乙醇浓度为 14.4%，那么 3 h 后酶开始失活。当 pH = 2.8 时，酶很快失活。SO_2 似乎对酶具有抑制作用，当存在 40 mg/L 游离 SO_2 时，酶消除氧的速度降低 20%。几秒钟巴氏杀菌（60 ℃）就能使白葡萄酒中的酶系完全失活。

同时，GOX 也有一定的抑菌作用。在酶促反应中生成的葡萄糖酸，引起体系 pH 降低，有一定的抗菌作用，但该酶的抗菌作用主要来自于反应中生成的 H_2O_2，而且 H_2O_2 与金属离子反应后生成的活性氧自由基更具有杀伤力。葡萄糖氧化酶对革兰氏阳性及革兰氏阴性细菌均有效，但其效能的发挥很大程度上取决于所作用的细菌是否能产生 H_2O_2 的清除剂，如过氧化氢酶、谷胱甘肽、抗坏血酸等。但因其产生了 H_2O_2，长期与食品接触会引起食品的氧化酸败。故该酶一般不用于食品的储藏过程中，只用于加工过程中。

因此，利用 GOX-过氧化氢酶体系可除去果汁和饮料中的氧气，防止产品氧化变质，防止微生物的生长，以延长食品保质期。该酶系对白葡萄酒和桃红葡萄酒是有效的，但对于红葡萄酒的作用却很微弱，这可能与红葡萄酒中丰富的具有还原能力的酚类物质有关：酚类物质既具有抗氧化作用，又对多种酶有抑制作用。

也有利用溶菌酶（EC 3.2.1.17）的报道。溶菌酶是从蛋白中提取出的一种蛋白质，且已应用于食品工业多年。在与 SO_2 的对照中，溶菌酶的功效随着 pH 的增加而增加。该酶可以水解细菌细胞壁肽聚糖的 β-1,4-糖苷键，导致细菌自溶死亡，而且即使是已经变性的溶菌酶也有杀菌效果，这是由于它是碱性蛋白的缘故，故可用于食品防腐。不同来源的溶菌酶的抗菌谱和对不同类型的肽聚糖的活性是不同的，尤其是对革兰氏阳性细菌效果较好。而对于革兰氏阴性细菌来说，由于菌体细胞壁肽聚糖的外表还有一层由脂多糖、磷脂、糖脂组成的外膜覆盖，故杀菌效果不如对于革兰氏阳性细菌好，但是当溶菌酶与乙二胺四乙酸（EDTA）一起使用或者用紫苏醛修饰后或与半乳甘露聚糖交联后可以使溶菌酶穿过这层外膜，从而提高防腐效果。实验证实，溶菌酶是葡萄酒中乳酸菌的有效抑制剂。

16.4.4.3　抑菌剂的研究

西北农林科技大学葡萄酒学院通过对酿酒酵母（*S. cerevisiae*）自我抑制现象的研究，获得并鉴定出一系列由酵母代谢产生的、能抑制酵母菌和细菌活动并具有特殊香气的物质，将其中符合国家食品添加剂标准的物质按一定比例配制成新型酵母和细菌抑制剂，并获得了国家发明专利（专利号：ZL9511740.3）（李华等 2002）。有关这方面国外也有报道（Threlfall et al. 2002，Toit et al. 2002）。

16.4.4.4　抗氧化剂的研究

如上所述，在规定添加量的条件下，SO_2 在葡萄酒特别是红葡萄酒中并不能表现出有效的抗氧化作用，又由于其对人体的潜在危害，许多学者在该方面进行了大量的研究，以寻找能够替代 SO_2 的新型抗氧化剂（王华等 2003）。Vivas 等在红葡萄酒抗氧化保护试验中认为：用量为 $50\sim100$ mg/L 的 2,4,5-THBP（2,4,5-三羟基苯丁酮），对抑制红葡萄酒的氧吸收及清除自由基都有良好的效果。Cys（半胱氨酸）、GSH（谷胱甘肽）等含硫氨基酸或多肽，均含有—SH（巯基），是很好的自由基和过氧化物清除剂。葡萄酒模拟系统和葡萄酒中进行的多项研究也表明：含硫氨基酸或多肽能够有效地抑制氧化变质。Cys 主要通过与铜离子结合形成稳定的化合物而抑制多酚氧化酶（PPO）的活性，但对非酶氧化作用较低。GSH 能够防止葡萄酒的氧化变质，但依赖于其本身的浓度，且不抑制多酚氧化酶活性。同时，葡萄酒储藏过程中，含硫氨基酸或多肽对香气的下降有一定的抑制作用，有利于香气的形成。但是含硫氨基酸或多肽多是酵母属及多种菌类的重要的氮营养源和硫营养源而易被代谢掉，从而失去作为抗氧化剂所特有的性能；并且该代谢过程中还会产生 H_2S、NH_3 等有毒气体。另外，Cys、GSH 在高浓度时成为黏剂替代物易产生难闻气味（Son et al. 2001）。

一些学者还在诸如利用氨基酸代替的可能性（Postolatii 1992）、热处理（Plahuta et al. 1994）、葡萄酒酿造中控制性通气（纯氧或空气）处理、利用脂肪酸代替 SO_2 抑制苹果酸-乳酸发酵、用微膜过滤法或结合漂浮法可获得无菌汁或无菌酒（Alcain-Martinez et al. 1995）、用澄清剂代替 SO_2 生产酒（Main 1994）等方面进行了深入的研究和探索。所有这些研究表明：在葡萄酒生产过程中，少用或不用 SO_2 已成为今后葡萄酒发展的趋势。

16.5 小 结

SO_2 处理在葡萄酒中应用得十分广泛，其作用也很复杂。特别是防腐杀菌和抗氧化性，一直被认为是保证葡萄酒质量不可替代的重要手段，这与其在葡萄酒中的作用基础（特别是分子态 SO_2）有密切关系。但过量的 SO_2 对葡萄酒质量和人体健康有害。随着法规及消费者要求低 SO_2 含量葡萄酒的压力的增大，要求降低 SO_2 用量，甚至不用 SO_2 的趋势愈来愈明显。虽然有关这方面的物理化学研究很多，也取得了一定的成果，但直到目前还尚未找到一种能够完全代替 SO_2 的安全高效的方法或物质，仍有待进一步研究及探讨。

主要参考文献

黄建彬. 2002. 工业气体手册. 北京：化学工业出版社
李华. 1990. 葡萄酒酿造与质量控制. 北京：天则出版社
李华. 2000. 现代葡萄酒工艺学（第二版）. 西安：陕西人民出版社
李华，王华，杨和财. 2002. 新型酵母和细菌抑制剂的研究. 中外葡萄与葡萄酒，(4)：50
葡萄酒. GB/T 15037-1994. 国家技术监督局
钱旭红，莫述诚. 2001. 现代精细化工产品技术大全. 北京：科学出版社
万素英等. 1998. 食品抗氧化剂. 北京：中国轻工业出版社
万素英. 2000. 食品防腐与食品防腐剂. 北京：中国轻工业出版社
王华，李华，郭安鹊. 2003. 二氧化硫在红葡萄酒中的抗氧化性研究. 中国食品添加剂，(5)：31
王美芝，张建军. 1999. 酶对葡萄酒风味及颜色的稳定作用. 中外葡萄与葡萄酒，(3)：67
王璋编. 1991. 食品酶学. 北京：中国轻工业出版社

杨明. 1990. 二氧化硫对红葡萄酒质量的影响. 葡萄栽培与酿酒，(2)：53

尹卓容，王飚. 2000. 葡萄酒生产中合理使用 SO_2. 中外葡萄与葡萄酒，(2)：54

Alcain-Martinez F J，Sanchez-Pineda de las Infantas M T. 1995. Flotation and its application in winemaking：implication of flotation in winemaking. Alimentaria，264：19

Bakker J，Bridle P，Bellworthy S J，et al. 1998. Effect of sulfur dioxide and must extraction on color，phenolic composition and sensory quality of red table wine. Journal the Science of Food and Agricultural，78 (3)：297

Barria S，Claudio-Francisco. 1992. Utilization of hydrogen sulphide and sulfur dioxide in partial doses during the fermentation of Sauvignon grapes at two temperatures. Chile：Suntiago

Bradshaw M P，Cheynier V，Scollary G R，Prenzler P D. 2003. Defining the ascorbic acid crossover from anti-oxidant to pro-oxidant in a model wine matrix containing (＋)-catechin. Journal of Agricultural and Food Chemistry，51 (14)：4126

Bradshaw M P，Prenzler P D，Scollary G R. 2001. Ascorbic acid-induced browning of(＋)-catechin in a model wine system. Journal of Agricultural and Food Chemistry，49 (2)：934

Bradshaw M P. 2002. Ascorbic acid - an oxymoron of antioxidants. Australian & New Zealand Grapegrower & Winemaker，461a：24

Carbo R，Jose Alonso M M，Castro J J de，et al. 1998. Influence of total sulfur dioxide in malolactic fermentation. Alimentaria，292：89

Dahl R，Henriksen J M，Harving H. 1986. Red wine asthma：a controlled challenge study. Journal of Allergy and Clinical Immunology，78 (6)：1126

Datzberger K，Steiner I，Washuettl J，et al. 1992. The influence of wine additives on color and color quality of young red wine. Zeitschrift fuer Lebensmittel Untersuchung und Forschung，194 (6)：524

Eglinton J M，Henschke P A. 1996. Saccharomyces Cerevisiae strains AWRI 838，Lalvin Ec1118 and Moarivin PDM do not produce excessive sulfur dioxide in white wine fermentation. Australian Journal of Grape and Wine Research，2 (2)：77

Fennema O R. 2003. 食品化学（第二版）. 王璋译. 北京：中国轻工业出版社

Henich Kling T，Yun Hee Park. 1994. Considerations for the use of yeast and bacterial starter cultures：SO_2 and timing of inoculation. American Journal of Enology and Viticulture，45 (4)：464

Huerta-Diaz-Reganon M D，Masoud-Musa T. 1998. Characteristics of sulfur dioxide and its use in winemaking. Alimentaria，284：85

Koehler H J，Gessner M，Miltenberger R. 2000. Red wine manufacture，Ⅱ. the secret of red wine color. Deutsche-Weinmagazin，(15)：28

Krueck A，Seckler J. 1990. Color killers in wine manufacture. Weinwirtschaft Techik，126 (7)：24

Main G L. 1994. Juice fining treatments to reduce browning and use of sulfur dioxide in white wine production. Dissertation Abstracts International B，54 (7) 3414：136

Oliveira C M, Silva Ferreira AC, Guedes De Pinho P, Hogg T A. 2002. Development of a potentiometric method to measure the resistance to oxidation of white wines and the antioxidant power of their constituents. Journal of Agricultural and Food Chemistry, 50 (7): 2121

Peng Z, Duncan B, Pocock K F, Sefton M A. 1998. The effect of ascorbic acid addition on oxidation browning of white wines and model wines. Australian Journal of Grape and Wine Research, 4 (3): 127

Picking G. 1998. The use of enzymes to stabilize colour and flavor in wine-an alternative to SO_2 Australian Grapegrower & Winemaker, 417: 101

Plahuta P, Lemut M, Plahuta D. 1994. Reduced application of additives in wine production. Proceeding of the 16th Bitenc' s Food Days and 1st Symposium of Food and Nutrition Professionals, 69

Postolatii T A. 1992. Effect of preservatives on the transformation of aroma compounds in must and young wine. Sadovodstvo-i-Vinogradarstvo-Moldavii, (1): 28

Son S M, Moon K D, Lee C Y. 2001. Inhibitory effects of various antibrowning agents on apple slices. Food Chemistry, 73: 23

Threlfall R T, Morris J R. 2002. Using dimethyldicarbonate to minimize sulfur dioxide for prevention of fermentation from excessive yeast contamination in juice and semi-sweet wine. Journal of Food Science, 67 (7): 2758

Toit Mdu, Toit Cdu, Krieling S J, Pretorius I S. 2002. Biopreservation of wine with antimicrobial peptides. Bulletin-de-l' O. I. V. , 75 (855~856): 284

Usseglio-Tomsset L. 1995. Chimie oenologique. 2eme edition. Paris: Tec & Doc

第 17 章　葡萄酒的陈酿

发酵结束后刚获得的葡萄酒，酒体粗糙、酸涩，饮用质量较差，通常称之为生葡萄酒。生葡萄酒必须经过一系列的物理、化学变化以后，才能达到最佳饮用质量。实际上，在适当的储藏管理条件下，我们可以观察到葡萄酒的饮用质量在储藏过程中的如下变化规律：开始，随着储藏时间的延长，葡萄酒的饮用质量不断提高，一直达到最佳饮用质量，这就是葡萄酒的成熟过程。此后，葡萄酒的饮用质量则随着储藏时间的延长而逐渐降低，这就是葡萄酒的衰老过程（图 17-1）。因此，葡萄酒是有生命的，有其自己的成熟和衰老过程。

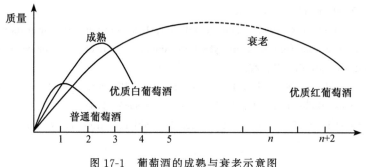

图 17-1　葡萄酒的成熟与衰老示意图

所以，在将葡萄转变为葡萄酒以后，由于一系列复杂的化学反应，使葡萄酒的特性发生深刻的变化，从而使葡萄酒获得完全不同的感官特征，这一过程就是葡萄酒的成熟（Maturation）。在成熟过程中，为了保证葡萄酒的正常成熟，防止各种病害和衰老，所进行的一系列必要的管理和处理，就是葡萄酒的陈酿（Aging）。不同的陈酿方式，可使葡萄酒获得完全不同的感官特征。

17.1　还原陈酿与氧化陈酿

根据在陈酿过程中有无空气（氧）的参与，我们可以将陈酿方式分为两大类。第一类是还原陈酿，就是尽量将葡萄酒与空气隔绝，并用如 SO_2 处理等还原处理防止葡萄酒的氧化，使葡萄酒在还原条件下成熟的方式。这样陈酿的葡萄酒，在装瓶以后才能形成其最佳的感官质量。绝大多数的葡萄酒就是用这种方式陈酿的。第二类陈酿方式是氧化陈酿，即在有氧条件下，将葡萄酒在橡木桶或其他容器中长期陈酿的方式。氧化陈酿通常只适用于一些特种葡萄酒，如利口酒、蜜甜尔和味美思等高酒度葡萄酒。这类葡萄酒，通常需要在深度氧化以后，才能获得其特殊的感官特性，如哈喇、马德拉等氧化味。由于深度氧化，完全破坏了葡萄酒的氧化还原体系，在装瓶以后，即在还原条件下，葡萄酒仍然保持较高的氧化还原电势。当然，在氧化陈酿和还原陈酿两种极端方式之间，还有很多中间类型。

目前，我们对葡萄酒在陈酿过程中所发生的一系列变化及其感官特征形成的原因，还了解得很少。但是，葡萄酒感官特征的变化、其陈酿时间的长短，肯定与葡萄酒的种类（包括品种、产地等）和年份有关。

对于红葡萄酒，多酚和酸度似乎是保持其长寿的因素，因为它们可多年保持其质量。但这两个因素也不是决定性因素，因为对于多酚含量和酸度一样的葡萄酒，有的变化很快，而有的则变化很慢。

本章中，我们主要讨论还原陈酿。

17.2　酯化反应

由酸和醇，特别是乙醇进行的酯化反应，无疑是葡萄酒陈酿过程中重要的反应之一。但是，大部分中性酯（乙酸乙酯、乳酸乙酯等），都是由酵母菌和细菌活动产生的生化酯类。然后，在葡萄酒的陈酿过程中，所产生的主要是酸性酯类（酒石酸乙酯、琥珀酸乙酯等），而且其酯化作用非常缓慢，需要很长的时间，才可能有 1/10 的酸处于酯化状态。

一般认为，酯化反应是一种单分子反应，不同于酸碱中和的离子反应，故而反应速度非常慢。当然，在陈酿过程中，由于酯基转移作用，而使酯的种类发生变化。酯化反应速度与温度成正比。温度愈高，反应愈快。在常温下，达到反应平衡需 3 年以上的时间，而在 100 ℃的条件下，只需 48 h 就可达到反应平衡。另外，酯化反应随着羧酸和醇类碳原子的增加而减慢。只有未解离的酸才可能进行酯化反应，而酸根不能进行酯化反应。因此，只有游离的有机酸才可能进行酯化反应。

醇与酸的反应是一种可逆反应，正反应叫酯化，逆反应叫水解。在一定条件下，反应可以达到平衡。如果用 R—COOH 表示有机酸，它与乙醇的反应有以下平衡：

$$R—COOH + C_2H_5OH \rightleftharpoons R—COOC_2H_5 + H_2O$$

同样，在葡萄酒的陈酿过程中，不可能使酯化反应时行到底，只能达到一个限度，也就是酯化与水解达到平衡。平衡状态与参加反应的各种物质的浓度有关，而且服从质量作用定律：

$$K = \frac{[E] \times [H_2O]}{[Ac] \times [Al]}$$

式中，E、H_2O、Ac 和 Al 分别代表酯、水、酸和醇。

　　K 是一个平衡常数，与温度无关，而且也不受有机酸性质的影响，当乙醇成酯时，K 大约等于 4。

　　如果 1 mol 单酸与 1 mol 乙醇反应，则在反应平衡时有 x mol 的酯和 x mol 的水、$(1-x)$ mol 的酸和 $(1-x)$ 的乙醇。根据质量作用定律，有

$$\frac{x^2}{(1-x)^2} = 4 \tag{17-1}$$

$$x^2 = 4(1-2x+x^2) = 4 - 8x + 4x^2$$
$$3x^2 - 8x + 4 = 0 \tag{17-2}$$

解式（17-2），得

$$x = \frac{8 \pm \sqrt{64-48}}{6} = \frac{8 \pm 4}{6} = \frac{2}{3} \text{ 或 } 2$$

　　所以，在反应平衡时，有 2/3 的酸成酯，1/3 的酸为游离酸。但是，Garofolo 和 Piracci 通过实验证明，在葡萄酒的 pH 条件下，平衡常数 $K = 2.8 \sim 2.9$。

　　此外，根据 Berthelot 经验公式，可以计算出达到平衡时，不同酒度的葡萄酒中成酯酸的百分比：

$$Y = 0.9A + 3.5 \tag{17-3}$$

　　Y 为葡萄酒初始游离酸中将会成酯的百分数，A 为 100 g 不含干浸出物葡萄酒中酒精的克数，且设定葡萄酒干浸出物的含量为 20 g/L。

　　例如，酒度为 10% 的葡萄酒中，酒精含量为 79.1 g/L，由于葡萄酒的密度接近于 1，所以 100 g 葡萄酒中含酒精 7.91 g，又由于葡萄酒的干浸出物为 20 g/L，所以不含干浸出物的葡萄酒的质量为 $100-2=98$ g，这样 100 g 不含干浸出物的葡萄酒中的酒精含量就为 $7.91/0.98 = 8.07$ g。根据 Berthelot 经验公式，在反应达到平衡时，成酯酸占葡萄酒中初始游离酸的量就为：

$$Y = 0.9 \times 8.07 + 3.5 = 10.76\%$$

　　葡萄酒初始游离酸的量，可用在发酵结束后的滴定酸量（总酸）表示。

　　过去，通常认为，在陈酿过程中形成的酯，对葡萄酒的感官质量具有重要的作用。但近年来发现，陈年葡萄酒的感官质量与酯类的含量并没有相关性，进一步的研究证实，对于所有的葡萄酒，都不存在这种相关性；此外，除乙酸乙酯外，将葡萄酒中的主要的酯，按葡萄酒的正常浓度范围配成溶液，并不表现出特殊的气味和口感。

　　在发酵过程中，如果将发酵形成的气体，收集在酒精水溶液中，虽然该溶液

可表现出与葡萄酒相似的气味，但并不含酯。这一事实说明，在发酵过程中产生的酯，并不是发酵香气的构成成分。

17.3　酚类物质与葡萄酒的陈酿

酚类物质（Phenols）种类繁多、结构复杂，在葡萄酒酿造学中起着极其重要作用，参与和决定了葡萄酒的感官特性和葡萄酒的变化等。

17.3.1　色素

17.3.1.1　pH 和 SO_2 对花色素苷的影响

花色素苷的存在形态随 pH 不同和游离 SO_2 的有无而发生变化。如 pH＝1 时，花色素苷的存在形态是红色的分子物质——花色烊（A^+）；在 pH＝4～5 范围内，主要是无色的分子结构——拟盐基（AOH^-）；当 pH 为 6～7 时，主要是紫色的无水盐基（AO）；当 pH 为 7～8 时，花色素苷则转化为黄色的查儿酮，该反应是不可逆的。在葡萄酒 pH 范围内，花色素苷的花色烊（A^+），拟盐基（AOH^-）和无水盐基（AO）呈可逆的平衡状态（图 17-2）。

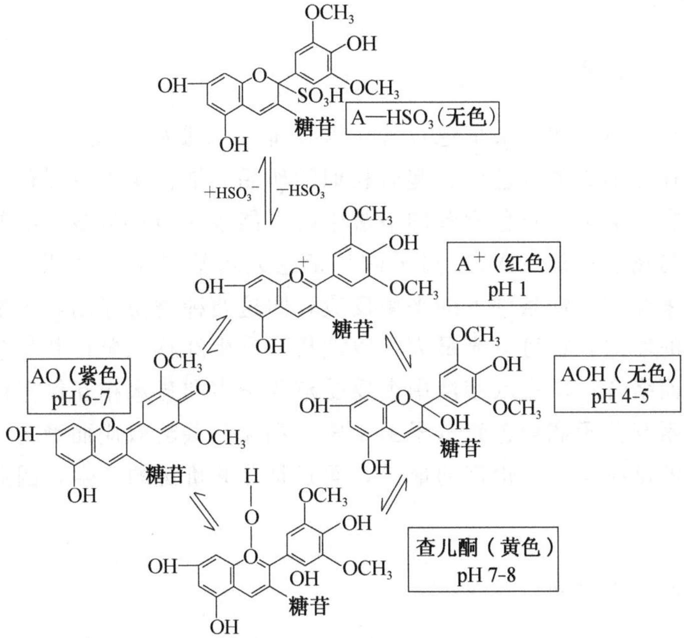

图 17-2　花色素苷不同形态间的平衡

花色素苷与亚硫酸盐离子（SO_3H^-）缩合可形成无色的化合物，引起葡萄酒颜色的衰退（图17-2）。但该变化是可逆的，随着游离SO_2的逐渐减少，花色素苷的呈色作用又逐渐增强。

17.3.1.2　花色素的降解

花色素本身并不稳定，会发生降解反应，导致花色素含量降低。目前，花色素的降解机理仍不完全清楚，降解反应受外界条件影响显著，如浓度、pH、温度、氧化条件、光照以及溶剂类型等。

降解反应的产物包括查尔酮（碱性溶液中）、酚酸和肉桂酸（pH＝3～7的水溶液中）以及黄烷酮醇（含有酒精溶液中）等。引起花色素苷降解的反应有以下几种：

（1）热降解反应：对含有花色素的溶液进行加热，可导致溶液退色，这可能是由于在加热中，花色素转化成查尔酮或无色结构的结果，且这种转化不可逆；

（2）氧化性降解反应：在含有酒精的酸性溶液中，花色素的颜色会逐渐衰退，这种反应主要受醇类物质浓度的影响，氧和光照条件似乎仅是催化剂；

（3）丙酮降解途径：在含有丙酮的酸性溶液中，花色素可形成一种具有橘黄色的呈色物质。

17.3.1.3　花色素苷的共呈色作用

共呈色作用在花和水果呈色过程中起着非常重要的作用。一些研究表明，共呈色作用在葡萄酒的颜色中也起着相似的作用。辅色素本身无色或是颜色较浅，但是当它们被加到花色素苷的溶液中时，能极大地加深溶液的颜色。这是由于辅色素与花色素烊（A^+）离子或其紫色无水基（AO）发生共呈色作用，结果使花色素苷在酸性条件下的平衡反应，向这两种物质移动，表现为辅色素引起吸光值的增加，在可见光最大吸收波长下产生红移现象。共呈色作用属于络合反应，而络合反应在水溶液中主要受范德华力和疏水相互作用的影响，从而导致花色素苷分子和辅色素分子由于氢键和π-π共轭效应而稳定。由于共呈色作用发生的反应不是共价键的形成，而只是非共价键的产生，因此易受基质环境的影响。

17.3.1.4　色素-丹宁间的聚合

红葡萄酒中的颜色是由游离的花色素苷和其他酚类物质及其形成的聚合体所表现出来的，尤其丹宁-花色素的复合物对陈年葡萄酒中的颜色发挥着重要作用。色素在几种形态之间可相互转化，其中呈红色烊可与其他不同物质（氨基酸、儿茶酸等）聚合。由于色素 C4 位置上被其他基团取代，稳定性明显增加。花色素苷（A）可与丹宁（T）形成复和物（T－A），该复合物比游离的花色素苷更为稳定，其颜色取决于 A 的状态。在丹宁-花色素复合物中，红色的花色烊 A^+ 这种存在形式所占的比例较多，在游离的花色素中所占的比例较少（见表 17-1）。

表 17-1　不同 pH 条件下游离花色素苷和结合态花色素苷的百分含量

pH	A^+	AOH	AO	$T-A^+$	$T-AOH$	$T-AO$
3.0	36	64	0	74	25	1
3.4	18	82	0	53	39	8
3.8	8	88	4	31	48	2

依丹宁（T）与花色素苷（A）的结合位点不同，可得丹宁-花色素复合物分为 T－A 和 A－T 两种形式。在厌氧条件下，丹宁与花色素苷结合形成 T－A，该途径可使红葡萄酒变为橙色。在半有氧条件下，丹宁与花色素苷结合则会形成 A－T，即具有花色烊结构的色素-丹宁的络合物——更具稳定性的红色络合物。

游离花色素苷在葡萄酒陈酿的过程中逐渐减少，而聚合的花色素苷的含量逐渐增加，从而使得葡萄酒的颜色不断加深，且对 pH 的变化和 HSO_3^- 变得不敏感。在陈酿过程中，花色素苷的聚合作用主要是乙醛充当键桥而发生的聚合作用。因为在陈酿过程中，由于橡木桶的微孔透气或是发酵罐的倒罐，使得葡萄酒中溶入大约 40 mg/L 的氧气。在酚的作用下，乙醇被氧化为乙醛。研究表明，乙醛对花色素苷单独无影响，但是在有其他酚类物质存在的情况下，则对花色素苷有显著的影响。在模式溶液中加入已知的花色素苷和其他酚物质，同时加入一定量的乙醛，发现生成颜色很深的物质，且溶液中的花色素苷、酚类物质和乙醛的含量都减少，故可以断定这种反应是涉及花色素苷、酚物质和乙醛间的反应。有趣的是 Ribereau-Gayong（1976）在研究上述现象时，发现乙醛的产生，不仅需要氧气和乙醇，同时还必须有酚类物质，否则模式溶液中就得不到乙醛。如果加入少量的 Fe^{3+} 或是 Cu^{2+}，则能加速上述反应的进行。

在乙醛的分子 CH_3CHO 中，由于羰基中的 O 原子具有一定的诱导效应，使得羰基中的 C 原子带上部分的正电荷，成为强的亲电基团。而花色素苷、丹宁和黄酮具有相同的基本结构，都有 A，B 环：由于 A 环上 5、7 位上的羟基与苯环 π 键具有 p-π 共轭效应，增加 π 环上的电子云的密度，特别是 6、8 位上的电子云密度，故 6、8 位易被亲电基团取代。结果乙醛在 A 环 6 位或是 8 位发生取

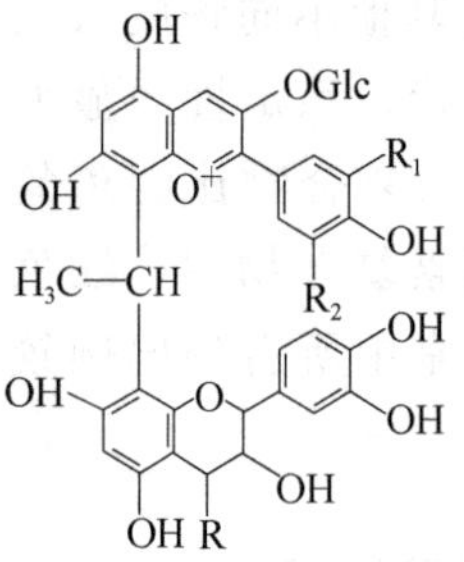

图 17-3　乙醛充当键桥花色素苷与丹宁间的反应产物

代，形成 $H_3C—C—$ 键桥（图 17-3）。

关于乙醛键桥反应假说，1976 年 Timberlake 和 Bridle 首次提出，Fulcrand 等进一步证实了这一假说。

在酚类化合物的聚合反应中，SO_2 有一定的抑制作用。SO_2 对聚合反应抑制作用可能原因有：

（1）SO_2 有强的还原性，可首先与氧气结合，使得氧气不能与乙醇发生反应生成乙醛，从而抑制乙醛与多酚物质之间发生的聚合反应。

（2）SO_2 能与花色素苷、丹宁等物质结合从而抑制它们的活性，结果不能在乙醛作为键桥的情况下发生聚合反应。

（3）SO_2 能与乙醛结合：$H_3C - CHO + H - SO_3H \longrightarrow H_3C - CHO - HSO_3H$。

由于乙醛能作为一种键桥参与多酚类物质之间的聚合作用，而 SO_2 又能与乙醛化合，故 SO_2 能阻止花色素苷间及与其他多酚物质之间的聚合反应。

因此，在陈酿过程中要适量调整 SO_2 的浓度，不能太高而影响酒的质量，但也不能太低不能抑制各种微生物的活动。

当然在葡萄酒陈酿过程中，除上述聚合作用外，还有酚类物质的自聚合作用。自聚合作用主要是花色素苷分子自身或丹宁分子自身由于亲电取代而发生的聚合作用。

17.3.1.5　色素的环加成反应

花色素苷可通过环加成反应形成一种稳定的复合物，而对 pH 和 SO_2 不敏感。如花色素苷可与乙烯基酚发生反应，形成一个新的含氧杂环，其本身是无色的物质，随后在有氧条件下可很快转化为不饱和结构，从而呈现一定的红色。

17.3.1.6　原花色素的碳阳离子化作用

原花色素是缩合丹宁的基本构成单元。如前所述，它是通过 $C_4—C_8$ 或 $C_4—C_6$ 键聚合形成的。在酸性条件下，原花色素是不稳定的。例如，原花色素 B，通过互变异构作用，在 H^+ 作用下可产生儿茶素和含有碳阳离子化的儿茶素。在还原性条件下，原花色素的中间产物可与硫醇（R—SH）反应，形成具有不良气味的复合物。在有氧、酸性条件下，原花色素的中间产物可转化为红色的花青素，这就是 Bata-Smith 反应。其反应历程见图 17-4。

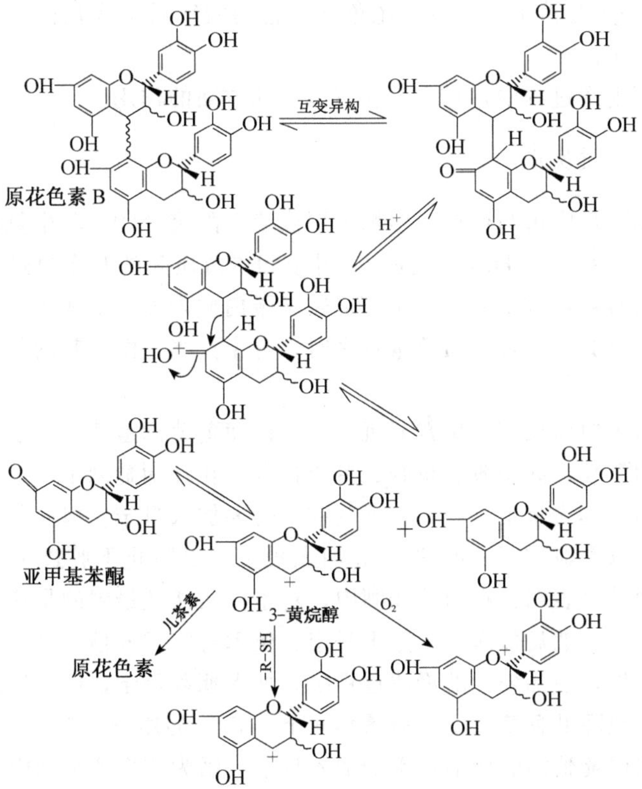

图 17-4　原花色素的碳阳离子化作用

17.3.2　丹宁

目前，葡萄酒中的丹宁，无论是内源丹宁，还是外源丹宁，越来越引起人们的重视。由于"法兰西怪事"，全世界都关注多酚和丹宁对人类健康的作用。此外，人们对葡萄酒的口味也发生了很大的变化：现在越来越喜欢色深、芳香、圆润的葡萄酒。而葡萄酒的这些特征在很大程度上与丹宁有关。丹宁在葡萄酒中有以下作用：沉淀蛋白质，提高结构感，稳定色素，抗氧化，抗自由基，抗菌、防止还原味和光味（李华 2002）。

在葡萄酒中，除来自葡萄浆果中浓缩丹宁（或叫儿茶丹宁或焦儿茶丹宁）（内源丹宁）外，储藏在橡木桶中的葡萄酒，还有来自橡木的丹宁：棓酸丹宁或焦棓酸丹宁等水解丹宁。此外，还有各种可用于葡萄酒酿造过程中的丹宁，即葡萄酒用丹宁。在葡萄酒中，橡木丹宁和葡萄酒用丹宁（外源丹宁）与内源丹宁具有相似的特性和作用。

可用于葡萄酒生产的丹宁主要有两大类。一类是水解丹宁，它们在酸解后生成苯酚和糖。这类丹宁包括棓酸丹宁（五倍子丹宁）和鞣酸丹宁（橡木丹宁和栗木丹宁)。另一类是浓缩丹宁或原花色素,它们酸解后生成花色素,包括葡萄丹宁和白坚木丹宁。

在葡萄酒生产过程中,丹宁主要有以下几方面的作用。

17.3.2.1　蛋白质反应

多酚尤其是丹宁可与蛋白、多糖等形成稳定的聚合物。其中氢键和疏水作用起主要作用。1981年,Haslam提出了丹宁和蛋白质间的互作模式,并一直延用至今。当蛋白质数量较少时,丹宁可覆盖于蛋白质表面,形成了一薄层,有效防止了蛋白质的沉淀。当蛋白质数量较多时,丹宁充当了配位基的作用,蛋白质易形成沉淀。

丹宁可与蛋白质反应发生絮凝沉淀,从而使葡萄酒澄清。丹宁的这一特性被用于葡萄酒的下胶,如明胶、鱼胶、蛋白粉等。在红葡萄酒中,丹宁通过浸渍而进入葡萄酒中,其含量足够高,在下胶前不需要加入丹宁。但白葡萄酒中的丹宁含量较低,所以,应在下胶前的12 h加入丹宁,以防止下胶过量。对不同的丹宁的对比实验结果表明:在白葡萄酒中,对蛋白质活性最强的是葡萄丹宁,特别是葡萄种子丹宁,然后依次是白坚木丹宁、栗木丹宁、五倍子丹宁,橡木丹宁的效果最差。此外,在葡萄汁的澄清过程中,加入葡萄丹宁,还可沉淀其中的氧化酶,从而有效地降低葡萄汁澄清所需膨润土和SO_2的用量。

但是,在白葡萄酒装瓶前,不能加入丹宁。因为如果葡萄酒中含有蛋白,加入的丹宁就会与之反应而在瓶内产生沉淀。所以,为了避免这一危险,应至少在装瓶前3周加入丹宁。但在将丹宁用于白葡萄酒下胶前,必须通过实验来确定丹宁的用量。

丹宁与蛋白质的反应,也可在葡萄酒的品尝中表现出来。丹宁与口腔中的唾液蛋白反应,从而带来涩味和粗糙感。

但是,在葡萄酒中,蛋白质并不与单分子的丹宁反应,而是与由单分子丹宁通过聚合形成的胶体粒子反应。Stephane的实验结果也表明,在葡萄浆果中,丹宁的分子量越大,其涩味也越重。而多糖可阻止丹宁的聚合作用,从而降低葡萄酒的涩感(Cope 2001)。

17.3.2.2　稳定色素

丹宁对色素的稳定主要表现在两个方面。一方面丹宁具有抗氧化作用,可防止色素的氧化,而且能提高来自葡萄原料的天然丹宁稳定天然色素的可能性,能更好地保持葡萄酒的自然颜色;另一方面,丹宁可与色素形成稳定的丹宁-色素复合物,防止色素的聚合沉淀。丹宁-色素复合物对氧和SO_2更为稳定。以上两方面的作用,能稳定和保护葡萄酒在浸渍过程中提取的色素,从而使葡萄酒的颜色稳定。但是，只有浓缩丹宁，即葡萄丹宁和白坚木丹宁才有此作用。根据葡萄原料的质量不同，丹宁的用量而有所变化，常用量为 0.2 g/L。

在浸渍发酵前加入丹宁可使葡萄酒的颜色加深，而在苹果酸-乳酸发酵后加入丹宁，可通过丹宁的抗氧化作用而保护葡萄酒的颜色。但是，丹宁的这一作用，只有在发酵结束 6 个月后才能看出来，而且随着时间的推移，其效果也会越来越明显。这也说明丹宁是通过对颜色的稳定而起作用的。其他的丹宁可通过防止葡萄酒的氧化而对颜色起作用，特别是当原料的卫生状况较差时（Poinsaut et al. 1999）。

17.3.2.3　多糖胶体反应

在葡萄酒中，那些能使葡萄酒醇厚、具结构感的丹宁（即优质丹宁），是能与多糖胶体结合的丹宁，而这些丹宁也是多聚体胶体。所以，丹宁与多糖的反应形成的丹宁多糖复合物，能降低葡萄酒的苦涩味，提高其醇厚和结构感。

此外，用阿拉伯树胶稳定红葡萄酒中的色素，也是利用了丹宁能与多糖反应的原理。

17.3.2.4　氧反应

氧化是酚类物质的一个主要特征。在葡萄中，主要发生酶促氧化，在葡萄酒中主要发生非酶促氧化。在酸性介质中，其氧化机制是非常复杂的，氧、温度、过氧化物、金属离子等均可促进氧自由基的形成。分子氧含有自由电子对，可形成过氧自由基以及其他形式的自由基。自由基的存在可导致蛋白及其他分子的氧化性降解。与其他物质相比，酚类物质易被氧化，从而也达到了消除氧自由基的目的。

丹宁可与自由基结合，扫除自由基，所以可以阻止动物细胞的破坏，延缓衰老。这就是为什么丹宁在医药方面的应用非常广泛。

外源丹宁都是非常强的抗氧剂，它们可以首先与氧结合而防止葡萄酒构成成分的氧化。其抗氧作用由于 SO_2 和山梨酸的存在而加强。

丹宁可通过两种作用抗氧化。一方面部分抑制葡萄中的氧化酶；另一方面通过固定氧而防止葡萄酒构成成分的氧化。Poinsaut（2000）的实验表明，在白葡萄汁澄清过程中加入 40 mg/L 的焙酸丹宁，可使葡萄汁中的儿茶丹宁（霞多丽 42 mg/L，黑比诺 48 mg/L）比对照样（霞多丽 11 mg/L，黑比诺 16 mg/L）提高近 4 倍。这说明，在葡萄汁中加入丹宁，并不是为了提高其丹宁含量，而是通过防止氧化保护内源丹宁。

17.3.2.5　防止还原味

丹宁可与引起还原味的硫醇和其他硫化物结合，从而去除还原味。最有效的丹宁是鞣酸丹宁和焙酸丹宁，如橡木丹宁，其作用的效果在有氧条件下更好。在起泡葡萄酒中，五倍子丹宁常用于防止由还原引起的葡萄酒的异味。

17.3.2.6　防止铜（铁）破败

丹宁可与铜（铁）离子结合生成丹宁铜（铁）螯合物。螯合的结果是形成沉淀，从而降低铜（铁）离子的含量。以溶解状态存在的螯合物还有抗自由基的作用，所以能继续降低葡萄酒中硫醇的含量。与铜（铁）离子螯合的活性，鞣酸丹宁和棓酸丹宁比原花色素要高。

17.3.2.7　丹宁的聚合反应

在酸性条件下，单体、二聚体、多聚体花青素等相对分子质量小，性质不稳定。即使在避光、隔绝氧气、添加 SO_2 等条件下保存，它们仍然易于形成沉淀，使葡萄酒颜色变浅。在过度氧化条件下，该反应激烈，很容易形成沉淀，相对分子质量达到 3000 以上。在控制性氧化条件下，乙醇可被氧化为乙醛，丹宁在乙醛充当"黏合剂"的条件下，可改善其聚合结构，增强其稳定性，但丹宁聚合程度过高也可产生一些沉淀。

总之，葡萄酒的陈酿成熟与酚类物质密切相关，尤其是酚类物质的总量、不同成分间的比例（丹宁/色素）以及丹宁的类型等。丹宁和色素参与了许多反应，这在很大程度上又依赖于不同的外部条件。这些反应包含色素的降解、颜色的稳定、丹宁的聚合等（图 17-5）。

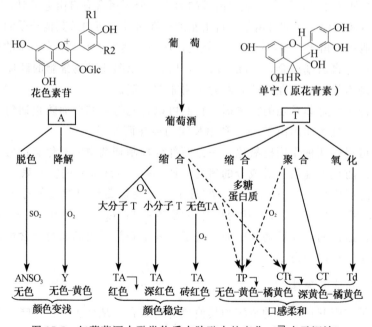

图 17-5　红葡萄酒中酚类物质在陈酿中的变化（↘表示沉淀）

17.4　醇香的形成

葡萄酒的香气在储藏过程中逐渐发生变化：果香、酒香浓度下降，而醇香逐渐产生并变浓。醇香在储藏的第一年夏季就开始出现。并在以后逐渐变浓，但其最佳香气是在瓶内储藏几年以后获得的。

葡萄酒醇香的形成首先与葡萄果皮中的芳香物质有关，但也与葡萄酒氧化还原电位逐渐降低有关。葡萄酒的氧化还原电位在溶解氧消失以后继续下降，而其浓郁的醇香是在氧化还原电位降至最低限时才形成的。

葡萄酒的还原程度受温度的影响。温度稍有升高，葡萄酒中氧的含量和电位就迅速下降，因此在 25 ℃以下，醇香的浓度随着储藏温度的升高而增加。但在 25 ℃以上，葡萄酒，特别是 SO_2 和酸含量高的葡萄酒，就会出现煮味。

葡萄酒的还原程度还受 SO_2 浓度的影响：SO_2 浓度越高，电位越低，醇香的形成越快。有些优质白葡萄酒醇香的形成，甚至需要 $50 \sim 60$ mg/L 的游离 SO_2。

葡萄酒中如果含有微量的铜（小于 1 mg/L），它对醇香的产生也是有利的。此外，在起泡葡萄酒去塞后加入抗坏血酸也有利于醇香的产生。

由于在葡萄酒装瓶以后（在封瓶效果良好的情况下），醇香的发展是在完全无氧、氧化还原电位足够低的条件下进行的，因此，醇香是还原过程的结果。相反，只要将葡萄酒进行轻微的通气，其醇香就会消失或发生深刻的变化。所以，葡萄酒的醇香是由一些可氧化物引起的，它们只有当处于还原状态时才具有使人愉快的气味。而柔和、圆润的口味，一方面是由于红葡萄酒中多酚物质的沉淀，另一方面也是由于产生醇香的物质的出现。在储藏过程中适当的氧化可产生一些还原性物质，从而有利于葡萄酒在瓶内的还原作用。

醇香产生的最佳温度条件，决定于葡萄酒的种类，红葡萄酒为 20 ℃，白葡萄酒为 25 ℃。总之，优质葡萄酒的醇香的形成和发展需要以下几个条件（Ribereau-Gayon et al. 1976）：

(1) 源于优良葡萄品种浆果果皮的芳香物质或其前身；

(2) 密封良好；

(3) 具适当的还原条件；

(4) 在装瓶以前适当的氧化。

17.5　氧在白葡萄酒成熟中的作用

如果说氧在红葡萄酒的成熟过程中起着重要作用的话，在白葡萄酒的成熟过程中，氧则对质量的改良毫无作用。相反，在整个酿造过程中，包括对原料的机械处理、发酵、储藏等，氧都是白葡萄酒的敌人。我们已经讨论过氧对破碎原料和葡萄汁的危害性，葡萄原料破损率、霉变率越高，葡萄汁中氧化酶的含量越高，氧的危害作用越大。发酵结束后，新白葡萄酒很容易因氧化作用而丧失其清爽感和果香味，同时颜色变深。因此。在白葡萄酒酿造过程中，应尽量防止氧化。只有在葡萄酒有可能具 H_2S 味或促使酵母菌将剩余的残糖转化为酒精，使发酵彻底或促进释放葡萄酒中的 CO_2 时，才对白葡萄酒进行通气处理（Rbereau-Gayon et al. 1976）。

如果将白葡萄酒在橡木桶中储藏，一方面葡萄酒进行缓慢氧化，另一方面，橡木中所含的丹宁等物质进入葡萄酒。这两方面的作用会引起白葡萄酒的下列变化：

（1）果香味逐渐减弱、消失，陈酿味，特别是哈喇榛子味逐渐出现并加重。如果哈喇榛子味较淡，则是使人很愉快的香味；过浓，则多数人不喜欢。此外，现在人们一般要求白葡萄酒清爽，果香味浓，而只有少数人要求陈酿香味。因此，只有少数具有特殊风格的名牌葡萄酒对陈酿味有所要求，但由木桶和氧化所带来的特点不能过于明显。

（2）颜色逐渐加深，呈黄色、金黄色甚至带褐色。这是由于在有氧条件下黄酮类被氧化为黄盐，继而形成棕色素。

所以除少数特殊的白葡萄酒外，在装瓶以前，应严格防止氧化作用。

需指出的是，如果白葡萄酒的储藏条件过于封闭，会阻止由发酵形成的 CO_2 的释放。与红葡萄酒一样，在每次装瓶以前，应测定，如果需要，还应调整白葡萄酒的 CO_2 含量。干白葡萄酒 CO_2 的最佳含量约为 $0.5\sim0.7\,g/L$。

17.6　橡木桶与葡萄酒陈酿

在橡木桶中，葡萄酒表现出深刻的变化：其香气发育良好，并且变得更为馥郁，橡木桶可给予葡萄酒很多特有的物质；橡木桶的通透性可保证葡萄酒的控制性氧化。因此，橡木桶不仅仅是只能给葡萄酒带来"橡木味"的简单的储藏容器。

由于橡木桶的通透性和能给葡萄酒带来水解丹宁，使葡萄酒发生一系列的缓慢而连续的氧化，从而使葡萄酒发生多种变化。在此条件下，可以认为，所有的红葡萄酒都能承受由这一储藏方式带来的变化。如果葡萄酒的酿造工艺遵循了一系列原则（原料良好的成熟度、浸渍时间足够长），在橡木桶中的陈酿，可以使葡萄酒更为柔和、圆润、肥硕，完善其骨架和结构，改善其色素稳定性。相反，如果葡萄酒太柔和，多酚物质含量太低，在橡木桶中的陈酿，则会使其更为瘦弱，降低其结构感，增加苦涩感，大大降低红色调、加强黄色调。

17.6.1　橡木桶对葡萄酒感官质量的影响

在所有的情况下，陈酿方式必须与葡萄酒的种类，特别是与其酚类物质的结构相适应。在橡木桶中的陈酿过程中，除能给葡萄酒带来一系列成分外，主要有以下三方面的改变。

17.6.1.1　澄清和出气作用

橡木桶的容积通常较小，木桶壁具有通透性，便于葡萄酒的自然澄清和除去 CO_2 气体（表 17-2、表 17-3）。

表 17-2　葡萄酒中的 CO_2 含量 [*]

陈酿容器	CO_2含量/(mg/L)
不锈钢罐（未换罐）	930
不锈钢罐（4 次开放式换罐后）	220
新橡木桶	435
第二次用的橡木桶	540

[*] Vivas 1998。

表 17-3　梅尔诺葡萄酒陈酿 3 个月后的浊度 [*]

陈酿容器	浊度/NTU
不锈钢罐（15 000 L）	15
不锈钢罐（500 L）	9
不锈钢罐（200 L）	8
新橡木桶（225 L）	3
老橡木桶（225 L，第 6 次用）	6

[*] Vivas 1998。

17.6.1.2　对稳定性及口感的影响

橡木桶是通过影响葡萄酒中胶体物质而影响葡萄酒的稳定性和口感的。

在冬季，由于温度的降低，葡萄酒中的酒石析出、沉淀。但葡萄酒中的胶体物质可阻止酒石的沉淀。所以，葡萄酒中的酒石长期处于超饱和状态，需要连续的几个冬季和冷处理，才能达到其相对稳定性。

同在不锈钢罐中一样，在橡木桶中陈酿时，色素在低温下也沉淀。葡萄酒中的色素可分为两个部分。一部分可溶于水，另一部分则溶于甲醇。在葡萄酒的成熟过程中，可溶于水的色素含量逐渐降低，这部分色素主要是钾盐、铁盐和降解花色素苷；而溶于甲醇的色素含量则逐渐上升，该部分色素主要为色素的丹宁-

多糖、丹宁-盐复合物。

　　由细胞壁（特别是微生物细胞壁）释放的一些多聚体，可软化葡萄酒中的丹宁。对于涩味重的红葡萄酒，加入 1 g/L 橡木锯末，储藏 3 个月后的软化效果，相当于加入 200 mg/L 酵母多糖的效果。在降低葡萄酒的涩味的同时，葡萄酒中中性多糖的含量也上升 50～150 mg/L。这说明在葡萄酒的陈酿过程中，橡木的木质降解，可参与改善葡萄酒的口感质量。

17.6.1.3　控制性氧化和酚类物质结构的改变

　　葡萄酒在橡木桶中的氧化为控制性氧化。由于橡木桶壁的通透性，氧可缓慢而连续地进入葡萄酒，使葡萄酒中的溶解氧的含量在 0.1～0.5 mg/L，氧化还原电位（E_h）在 150～250 mV。由于含量低但连续的溶解氧的进入和木桶丹宁的溶解，就导致了一系列的反应。这些反应的结果主要表现在：色素的稳定，颜色变暗，丹宁的软化。在用木桶陈酿的过程中，丹宁的缩合度（用 HCL 系数表示）提高，涩味（明胶系数）下降；花色素总量下降，但丹宁-色素复合物（T－A）的比例提高，使颜色更为稳定。与在不锈钢罐中陈酿的葡萄酒比较，在橡木桶中陈酿的葡萄酒的颜色更暗，但色度提高，红色调更强。此外，橡木桶多糖的介入，明显提高葡萄酒的肥硕感。

17.6.1.4　进入葡萄酒的橡木桶的成分

　　在葡萄酒的陈酿过程中，很多橡木的成分会溶解在葡萄酒中，这些成分与来源于葡萄原料的成分有着不同的结构和特性（李记明等 1998）。这些成分主要有：

　　（1）橡木内酯，又叫威士忌内酯，具有椰子和新鲜木头的气味，它代表了新鲜木头的大部分芳香潜力。在橡木的自然干燥或烘干的过程中，橡木内酯的含量略有升高。

　　（2）丁子香酚，具香料和丁香气味。在橡木的干燥和烘干过程中，丁子香酚的含量有时会升高。

　　（3）香草醛，又叫香兰素，具香草和香子兰气味。香草醛在新鲜橡木中的含量很少，其含量在橡木的干燥和烘干过程中大幅度上升。

　　橡木桶给葡萄酒还带来很多其他的气味成分，但它们对葡萄酒的影响较小。橡木的丹宁主要是水解丹宁，它们同时可影响葡萄酒的颜色、口感和氧化-还原反应。

17.6.2　橡木桶在干白葡萄酒陈酿中的应用

　　与红葡萄酒比较，在橡木桶中陈酿的干白葡萄酒的特色来自酵母菌的参与及其与橡木的反应。酵母菌壁含有多糖，特别是葡聚糖和甘露蛋白。在酒精发酵过程中，这些物质，特别是甘露蛋白被释放出来。另外，当葡萄酒在酒泥上陈酿时，由于酵母菌的自溶，甘露蛋白大量进入葡萄酒。如果在陈酿过程中加上搅拌，葡萄酒的酵母胶体的含量会进一步提高。这些物质具有与多酚物质结合的能力。因此，与在不锈钢罐中陈酿的同一葡萄酒比较，在橡木桶中陈酿的葡萄酒的多酚含量就要低一些。在陈酿过程中，葡萄酒的黄色降低，橡木桶的丹宁感被限制，葡萄酒更澄清，更柔和。

在酒泥上陈酿会限制葡萄酒的氧化还原反应。如果在不锈钢罐中的酒泥上陈酿，就会降低氧化还原电位，并迅速产生还原味。相反，在新橡木桶中，则可在酒泥上陈酿数月。在这种情况下，酒泥能抑制氧化反应。搅拌可使橡木桶中葡萄酒的氧化还原电位均匀一致。但是，如果在橡木桶中陈酿时间过长，会提高还原味出现的危险性。

橡木桶可使葡萄酒出现一些特殊的香气：橡木内酯、丁子香酚、香草醛等。但如果这些气味过重，就会使葡萄酒粗糙。在橡木桶中发酵并陈酿的葡萄酒的橡木香气比只在橡木桶中陈酿的葡萄酒要淡一些。这主要是因为在发酵过程中，酵母胶体可固定一部分芳香分子，同时，酵母菌还可将香草醛转化为非挥发性的香草醇。所以，在橡木桶中发酵并陈酿比只在橡木桶中陈酿更为合理。同样，陈酿应在全部酒泥上进行，而不应在细酒泥上进行。

最近的研究发现（Vivas 1998），在酒精发酵过程中，长相思（Sauvignon）的品种香气加强。这表明，酵母菌参与了葡萄品种芳香物质的释放。因而，将葡萄酒在酵母菌的自溶物（酒泥）上陈酿，也可加强葡萄酒的品种香气。

17.6.3　橡木桶在红葡萄酒陈酿中的应用

由于橡木桶的通透性，新橡木桶中的溶解氧为 $0.3 \sim 0.5$ mg/L，氧化还原电位为 $250 \sim 350$ mV。但需指出的是，在添桶时，会带给表面 20 cm 的葡萄酒约 1 mg/L 左右的溶解氧，在换桶时可溶解 $2.5 \sim 5.0$ mg/L 的氧。随着橡木桶使用次数的增加，其通透性逐渐降低。在使用 $3 \sim 5$ 次后，其陈酿葡萄酒的作用就接近于不锈钢罐了（溶解氧<0.1 mg/L，氧化还原电位<200 mV）。

在橡木桶中，葡萄酒的氧化为控制性氧化，并由此引起葡萄酒缓慢的变化。在橡木桶陈酿过程中，可观察到：CO_2 的释放，葡萄酒的自然澄清，色素胶体逐渐下降，酒石沉淀等。此外，酚类物质也发生深刻的变化：T－A 复合物使葡萄酒的颜色稳定；颜色变为淡紫红色且变暗；丹宁之间的聚合使葡萄酒变得柔和。为了防止降解性氧化反应，丹宁和花色素的比例必须达到一定的平衡：花色素的降解会降低红色调，丹宁的部分降解会加强黄色调，从而使葡萄酒变为瓦红色而早熟。要防止葡萄酒的早熟，丹宁/花色素的物质的量浓度比应为 2 左右（即丹宁 1.5~2 g/L，花色素 500 mg/L）。SO$_2$ 处理以不中断控制性氧化为宜，应将游离 SO$_2$ 保持在 20~25 mg/L。

橡木桶，特别是新橡木桶，还会给葡萄酒带来一系列有利于控制性氧化的物质。除对香气的影响（与对白葡萄酒的影响相似）而外，橡木桶特有的水解丹宁，比葡萄酒中的大多数成分更易被氧化。所以，它们首先消耗溶解氧，从而保护葡萄酒的其他成分。它们还能调节葡萄酒的氧化反应，使之朝着使葡萄酒中的酚类物质的结构缓慢变化的方向发展。在这种情况下，明显地减慢了氧化性降解，从而获得在密闭性容器中不可能获得的结果。此外，来自橡木桶壁的多糖逐渐地溶解在葡萄酒中，使之更为肥硕，并明显减弱其涩味。

总之，大多数红葡萄酒须在橡木桶中陈酿，它可使葡萄酒带有橡木味，有时还有优质名酒所需的烟熏味。但是，除对香气的影响外，橡木桶还能深刻地改变葡萄酒的成分和质量。这些改变主要与橡木桶对葡萄酒的氧化还原反应的调节有关（Vivas 2000）。

17.7　葡萄酒的微氧陈酿

干红葡萄酒在陈酿过程中，需要微量氧来促进其成熟，但过量的氧又会导致其氧化，降低其质量。葡萄酒陈酿对微量氧的需求，过去是通过橡木桶的通透性来实现的。随着不锈钢大容器在葡萄酒行业的普及，大都采用不锈钢罐替代价格昂贵的橡木桶来陈酿葡萄酒。但是，不锈钢罐具有密闭性，不能长期给葡萄酒补充微量的氧，若通过开放式倒罐形式来补充氧，可能又会造成葡萄酒中的溶解氧含量或高或低，不利于葡萄酒的陈酿。

微氧技术的出现为解决上述技术问题提供了一条崭新的思路。微氧技术是指在葡萄酒陈酿期间，添加微量氧，以满足葡萄酒在陈酿期间各种化学和物理反应对氧的需求，模拟葡萄酒在橡木桶中陈酿、成熟的微氧环境，达到促进葡萄酒成熟、改善葡萄酒品质的目的。微氧技术在葡萄酒陈酿和成熟过程中起着重要的作用，尤其对干红葡萄酒的成熟作用更加明显。主要表现在：

（1）改善丹宁的口感，使葡萄酒富有结构感；

（2）增强葡萄酒颜色的稳定性，促进丹宁分子的聚合反应，增强其抗氧化能力；

（3）促进香气的融合，即各种一类、二类、三类香气间的融合，促进香气向更加浓厚的方向发展，从而减弱生葡萄酒的果味特征，并使各种气味趋于平衡、融合、协调；

（4）降低使人不愉快的还原性气味；

（5）促进葡萄酒的成熟。

我们用自行设计的微氧控制系统，对 2002 年发酵结束后的赤霞珠干红葡萄酒进行了微氧陈酿研究。实验以在新橡木桶中陈酿的葡萄酒为对照，在密闭玻璃容器中，设 3 个微氧添加方案：即每周一次，10 ml(0.85 mg)/L；每月一次，40 ml(2.80 mg)/L；每两月一次，40 ml/L。结果表明：

（1）添加微量氧对葡萄酒中总酸和挥发酸并未产生任何不良影响，对葡萄酒中游离 SO_2 和总 SO_2 影响不显著。

（2）添加微量氧提高了葡萄酒中溶解氧含量和氧化还原电位。

（3）微氧对葡萄酒中颜色产生了显著的影响，尤其是每月一次，40 ml(2.80 mg)/L 的处理效果最显著，该酒样的色度、色调明显增加，其他酒样在不同程度上呈现出上述趋势。

（4）添加微量氧会促进葡萄酒中花色素苷与其他酚类物质的聚合，导致游离花色素苷含量降低；使葡萄酒中明胶指数显著升高，改善葡萄酒的口感特征；有利于丹宁间的聚合、缩合，导致葡萄酒盐酸指数和聚合指数增加。

（5）感官分析结果表明，合理利用所设计的微氧控制系统，能有效地促进葡萄酒的成熟，使葡萄酒的口感更为柔和、协调，香气更为优雅。

17.8　小　　结

刚刚酿成的葡萄酒为生葡萄酒，它是葡萄（汁）在酵母菌的作用下或者在酵母菌和乳酸菌的作用下的一系列生物化学转化的结果。但是，在生葡萄酒中，还含有一些非葡萄酒的构成成分；一些葡萄酒的构成成分的溶解特性还会不停地变化；葡萄酒的构成成分之间还会发生一系列的化学变化。葡萄酒的成熟，就是这一系列物理、化学反应的结果：

（1）以悬浮状态存在于葡萄酒中的大颗粒物质（非葡萄酒的构成成分）逐渐沉淀，使葡萄酒澄清；

（2）葡萄酒构成成分的溶解特性发生变化而沉淀，以胶体状态存在于生葡萄酒中的物质的絮凝沉淀使葡萄酒趋于稳定；

（3）丹宁与色素的结合，使葡萄酒的颜色趋于稳定；丹宁与其他物质的结合，使葡萄酒的口感更为柔和；

（4）芳香物质的化学反应，使葡萄酒的香气向更浓厚的方向变化，从而减轻生葡萄酒的果味特征，并使各种气味趋于平衡、融合、协调；

（5）橡木桶用于葡萄酒陈酿，存在于木桶中的挥发酚、橡木内酯、萜类、丹宁等，由于溶解、浸渍等作用而进入到葡萄酒中，增加了酒的风味复杂性；并可防止因带菌皮而引起酒的过分还原，还可增强酒的品种香气。

我们的研究结果还表明，在红葡萄酒的陈酿过程中，合理利用微氧技术，能有效地促进葡萄酒的成熟，使葡萄酒的口感更为柔和、协调，香气更为优雅。

因此，葡萄酒成熟过程中的管理，也就是陈酿的任务就是，促进上述物理、化学和物理化学反应的顺利进行；防止任何微生物的活动（需生物性陈酿的谐丽葡萄酒等除外）；防止葡萄酒的衰老和解体（如过强的氧化等）；避免任何对葡萄酒的不必要的处理，保证葡萄酒的正常成熟。

主要参考文献

胡则桂，巴音花. 1994. 葡萄酒中的溶解氧. 山东食品发酵，（2）：56

康文怀，李华，秦玲. 2003. 葡萄酒中溶解氧与酚类物质的研究进展. 酿酒，30（4）：44

李华. 1990. 葡萄酒酿造与质量控制. 北京：天则出版社

李华. 1992. 葡萄酒品尝学. 北京：中国青年出版社

李华. 2000. 现代葡萄酒工艺学（第二版）. 西安：陕西人民出版社

李华. 2002. 葡萄酒与葡萄酒研究进展——葡萄酒学院年报（2002）. 西安：陕西人民出版社

李华. 2002. 葡萄酒中的丹宁. 西北农林科技大学学报（自然科学版），30（3）：137

李华. 2004. 葡萄酒与葡萄酒研究进展——葡萄酒学院年报（2004）. 西安：陕西人民出版社

李记明，李华. 1998. 橡木桶与葡萄酒陈酿. 食品与发酵工业，24（6）：55

俞惠明，王平来，王小峰. 2002. 如何控制和利用氧酿造优质葡萄酒. 宁夏科技，（1）：3

Cope A. 2001. Unlocking the secrets of tannin. Wine Industry Journal，16（3）：55

Fulcrand H，Cheynie V，Oszmianski T，et al. 1997. An oxidized tartaric acid residue as a new bridge potentially competing with acetaldehyde in flavan-3-ol condensation. Phytochemistry，46：223

Haslam E. 1981. The association of proteins with polyphenols. J. Chem. Soc. Chem. Comm.，309

Navarre C. 1998. L' oenologie. Lavoisier

Poinsaut P. 2000. Les tanins oenologiques-Proproetes et applications pratiques. Revue Des Oenoloques，，10（97）：33

Poinsaut P，Gerland C. 1999. Les tanins：Synergies entre tanins des raisins et tanins oenologiques. Revue Des Oenologues，10（93）：11

Ribereau-Gayong J，et al. 1976. Science et Technique du Vin. Bordas

Saucier C，Glories Y，Roux D. 2000. Interaction tanins-colloides：nouvelles avancees concernant de ＜bons＞ et de ＜mauvais＞tanins. Revue Des Oenologues，1（94）：9

Somers T C. 1986. Evans M E. Evolution of red wines I：Ambient influences on colour composition during early maturation. Vitis，25：31

Timberlake C，Bridle P. 1976. Interactions between anthocyanins，phenolic compounds and acetaldehyde and their significance in red wines. Am. J. Enol. Vitic，27：97

Usseglio-Tomsset L. 1995. Chimie oenologique. 2eme edition. Paris：Tec & Doc

Vivas N. 1998. Manual de Tonnellerie. Bordeaux：Edition Feret

Vivas N. 2000. Apports recents a la connaissance du chene de tonnellerie et a l' elevage des vins rouges en barriques. Bulletin de l' O. I. V. , (73): 827

Vivas N. 2001. Les tanins oenologiques, d' hier a aujourd' hui: une revolution discrete que nous devons assimiler dans les pratiques de chais. Revue Des Oenologues, 1 (98): 11

Vivas N, Saint-Criqc de Gaulejac N. 2001. Incidence de differents tanins oenologiques sur la formation de trouble d' originge proteique dans les vins blanc. Revue Des Oenologues, 7 (100): 25